计算机网络安全

梅 挺 著

科学出版社

北京

内 容 简 介

　　本书是在广泛调研和充分论证的基础上，结合当前应用最为广泛的操作平台和网络安全规范写作而成，强调理论与实践相结合，具有科学、严谨的体系结构。全书内容丰富、构思新颖，全面阐述了网络安全理论与实践技术。

　　本书可作为网络安全领域的科技人员与信息系统安全管理人员的参考用书，也可作为高等院校研究生的教学用书。

图书在版编目（CIP）数据

计算机网络安全 / 梅挺著. —北京：科学出版社，2010
ISBN 978-7-03-029681-8

Ⅰ. ①计… Ⅱ. ①梅… Ⅲ. ①计算机网络–安全技术

Ⅳ. ①TP393.08

中国版本图书馆 CIP 数据核字（2010）第 237710 号

责任编辑：杨　岭　冯　铂　　封面设计：陈　敬

科学出版社 出版

北京东黄城根北街 16 号
邮政编码：100717
http://www.sciencep.com

四川煤田地质制图印刷厂印刷
科学出版社发行　各地新华书店经销

*

2011 年 1 月第　一　版　　　开本：787×1092　1/16
2011 年 1 月第一次印刷　　　印张：20.25
印数：1—1500　　　　　　　字数：350 千字

定价：60.00 元

前　言

　　网络安全是一门涉及计算机科学、网络技术、通信技术、密码技术、信息安全技术、应用数学、数论、信息论等多种学科的综合性学科。当前，网络安全问题在世界各国已经引起了普遍关注，已成为当今网络技术的一个重要研究课题。

　　在人类进入信息化时代的今天，人们对信息的安全传输、安全存储、安全处理的要求越来越高。信息安全不仅关系到战争的胜负、国家的安危、科技的进步和经济的发展，而且也关系到每个人的切身利益。我们看到，网络在加速人类社会信息化的同时，也给信息安全保障带来了极大的挑战。近几年来，网络犯罪呈逐年上升趋势。特别，随着电子商务、电子现金、数字货币、网络银行等业务的兴起以及各种专用网（如金融网）的建设，伴随着这些业务产生的互联网和网络信息的安全问题，也已成为人们关注的热点问题。

　　当前，我国的网络安全正面临着严峻的挑战：一方面随着电子政务工程的启动，电子商务的开展以及国家关键基础设施的网络化，使得现有的网络安全设施建设显得日益落后；另一方面，黑客入侵、病毒传播以及形形色色的网络攻击事件日益增多和成功率一直居高不下，从侧面反映出广大网民的网络防护意识和网络安全知识的欠缺。针对这种现状，作者在总结多年的实践经验和长期从事网络安全研究的基础上编写了本书。

　　本书是以 PDRR 模型为基础进行撰写的。在 PDRR 网络安全模型中，网络安全体系结构分成四部分：防护（Protection）、检测（Detection）、响应（Response）和恢复（Recovery）。从这个模型看，网络安全的建设是这样一个有机的过程：在信息安全管理政策的指导下，通过风险评估，明确需要防护的信息、网络基础设施和资产，然后利用入侵检测系统来发现外界的攻击和入侵，对已经发生的入侵，进行应急响应和恢复。PDRR 模型可以明确网络安全的每个组件在实际架构当中的角色和定位，有利于作为指南寻找未来研究和应用中的突破点。在安全防护部分重点介绍系统安全防护、网络安全防护和信息安全防护。系统安全防护指的是操作系统的安全防护;网络安全防护中重点介绍网络安全管理政策、网络安全风险评估以及网络设备的访问权限控制;而信息安全防护则介绍信息安全当中的一些重要概念和内容。检测部分的主要内容是入侵检测系统的理论,包括入侵检测系统的概念、技术和评估以及入侵检测系统的发展前景。在响应和恢复部分中,重点介绍计算机紧急响应小组的建立及其业务;对于一个规模较大的网络来说,这样的一个组织的存在和运作是非常重要的。

　　本书是在广泛调研和充分论证的基础上,结合当前应用最为广泛的操作平台和网络安全规范,强调理论与实践相结合,具有科学严谨的体系结构,全书内容丰富、构思新颖,全面阐述了网络安全理论与实践技术。主要内容包括认证技术、数据安全技术、软件安全技术、Web 安全技术、网络互联安全技术、系统漏洞修复与扫描技术、虚拟网络应用技术、文件加密和数字签名技术、PKI 技术、系统灾难恢复技术、企业服务器安全配置技术等诸多重要技术。

　　本书得到了成都医学院学术著作出版基金资助,也是我主持的四川省教育厅资助项目"加密与纠错编码相结合——代数编码在现代密码学中的应用研究"的成果之一。本书得到了张仕斌教授的关心,并参阅了一些专家的研究成果。在此深表谢意。由于撰写时间仓促,书中疏漏之处在所难免,欢迎读者批评指正。

作　者

2010 年 11 月

目　录

第1章 绪 论

1.1 网络安全基础知识

伴随着科学技术的飞速发展，人们对 Internet 的依赖性越来越强，网络已经成为人们生活中不缺少的一部分。但是，互联网是一个开放、自由的系统，对信息系统的安全考虑并不完善。近年来，随着计算机和网络技术的广泛应用，计算机及其网络系统中被攻击与破坏事件不胜枚举。网络黑客犯罪已经渗入到各行各业，已成为现代社会的隐患，如果不加以保护，轻则干扰人们的日常生活，重则造成巨大的经济损失，甚至威胁到国家的安全。目前，计算机及网络系统安全问题已经引起了世界各国的高度重视，他们不惜投入大量的人力、物力和财力来保障计算机及网络系统的安全性。

1.1.1 计算机及网络所面临的安全威胁

现在讲安全，已经不再像以前那样仅简单地谈计算机病毒，安全的防御也不再是仅安装了病毒软件和防火墙就能达到目的，这是因为计算机及网络系统所面临的威胁正随着计算机和网络技术的广泛应用在不段地增加。

1. 计算机所面临的主要安全威胁

随着个人计算机的普及，个人计算机也已成为黑客攻击的目标之一，就其计算机目前所面临的安全威胁而言，主要涉及以下几个方面。

（1）计算机病毒

计算机病毒是当前计算机系统中最常见、最主要的威胁，几乎每天都有新的计算机病毒产生。计算机病毒有很多种，其主要危害体现在破坏计算机文件和数据，导致文件无法使用，系统无法启动；消耗计算机 CPU、内存和磁盘资源，导致一些正常服务无法进行，出现死机、占用大量的磁盘空间；有的还会破坏计算机硬件，导致计算机彻底瘫痪。

对于计算机病毒的防护，首先是安装计算机病毒防护软件（包括个人版或网络版），自动监测并查杀已感染的病毒。当然，对于高级用户来说也可以进行一些手工清除，但相对来说比较困难。

（2）木马

木马是一种基于远程控制的黑客工具，也称为"后门程序"。以前，我们一直说木马不是病毒，但是现在一些专家把木马也归属于病毒。但是木马和病毒确实存在许多本质上的区别。

目前，木马作为一种远程控制的黑客工具，主要危害包括窃取用户信息（比如计算机或网络帐户和密码、网络银行帐户和密码、QQ帐户和密码、E-mail帐户和密码等）；携带计算机病毒（造成计算机或网络不能正常运行，甚至完全瘫痪）；或被黑客控制，攻击用户计算机或网络。

（3）恶意软件

恶意软件是指一类特殊的程序，是介于计算机病毒与黑客软件之间的软件统称。它通常在用户不知晓也未授权的情况下潜入系统，具有用户不知道（一般也不许可）的特性，激活后将影响系统或应用的正常功能，甚至危害或破坏系统。其主要危害体现在非授权安装（也被称为"流氓软件"），自动拨号，自动弹出各种广告界面、恶意共享和浏览器窃持等。当前，恶意软件的出现、发展和变化给计算机系统和网络信息系统带来了巨大的危害。尽管已经出现了很多防范措施，但对恶意软件一般都很难防范，甚至无法删除。

2. 网络所面临的主要安全威胁

相对于个人计算机而言，网络所面临的安全威胁除具有计算机所面临的以上3种常见的威胁之外，还有就是网络黑客的入侵与攻击。由于互联网固有的缺陷，每个网络都有一定程度的漏洞和风险。黑客对网络的入侵和攻击有多种形式，可以是对网络系统直接或间接的攻击，例如非授权的泄露、篡改或删除等，在机密性、完整性或可用性等方面造成危害；也可能是偶发或蓄意的事件。

（1）系统漏洞威胁

系统漏洞是网络安全领域首要关注的问题，发现系统漏洞也是黑客进行入侵和攻击的主要步骤。据调查，国内80％以上的网站存在明显的漏洞。漏洞的存在给网络上的不法分子的非法入侵提供了可乘之机，也给网络安全带来了巨大的风险。据美国CERT/CC统计，2006年总共收到系统漏洞报告8064个，平均每天超过22个（自1995年以来，漏洞报告总数已经达到30780个）。这些漏洞的存在对广大互联网用户的系统造成了严重的威胁。

当前，操作系统的漏洞是我们面临的最大风险。比如，Windows操作系统是目前使用最为广泛的系统，但经常发现存在漏洞。过去Windows操作系统的漏洞主要被黑客用来攻击网站，对普通用户没有多大影响，但近年来一些新出现的网络病毒利用Windows操作系统的漏洞进行攻击，能够自动运行、繁衍、无休止地扫描网络和个人计算机，然后进行有目的的破坏。比如"红色代码"、"尼姆达"、"蠕虫王"，以及"冲击波"等。随着 Windows 操作系统越来越复杂和庞大，出现的漏洞也越来越多，利用 Windows 操作系统漏洞进行攻击造成的危害越来越大，甚至有可能给整个互联网带来不可估量的损害。

（2）人为因素的威胁

虽然人为因素和非人为因素都对计算机及网络系统构成威胁，但精心设计的人为攻击（因素）威胁最大。人为因素的威胁是指人为造成的威胁，包括偶发性和故意性威胁。具体来说主要包括网络攻击、蓄意入侵和计算机病毒等。一般来说，人为因素威胁可以分为人为失误和恶意攻击。

①人为失误。一是配置和使用中的失误，比如系统操作人员安全配置不当造成的安全漏洞，用户安全意识不强，用户口令选择不恰当，用户将自己的帐号随意转借给他人或信息共享等都会对网络安全带来威胁。二是管理中的失误，比如用户安全意识薄弱，对网络安全不重视，安全措施不落实，导致安全事故发生。据调查表明，在发生安全事件的原因中，居前两位的分别是"未修补软件安全漏洞"和"登录密码过于简单或未修改"，这表明了大多数用户缺乏基本的安全防范意识和防范常识。

②恶意攻击。恶意攻击是当前计算机及网络面临的最大威胁，主要分为两大类：一是主动攻击，它使用各种攻击方式有选择地破坏信息的完整性、有效性和可用性等；二是被动攻击，它是在不影响计算机及网络系统正常工作的情况下，进行信息的窃取、截获、破译等，以获取重要的机密信息。这两类攻击均能对计算机及网络系统造成极大的破坏，并导致机密信息泄露。

3. 网络所面临的主要安全隐患

隐患不等于威胁，但隐患来源于各种安全威胁。隐患所涉及的面要比威胁本身广得多，因为同一种威胁可能在不同方面造成安全隐患。

一般来说，个人网络安全问题仅限于与因特网连接时的网络安全，因此它唯一的安全隐患就是因特网。但对于企业网来说，其安全隐患不仅来自于因特网，内部网的安全隐患也非常值得重视，因为外网中的安全隐患同样也可以在内网中发生。即是说企业网的安全隐患有内、外网之分。正因为如此，企业网的安全策略设计中所考虑的不仅是病毒入侵、外网攻击那么简单了，而是要充分考虑内、外网的安全隐患，而且内、外网的安全隐患不是完全孤立的，在大多数情况下，对外网的安全问题最终来源于内网。

在当今开放式的网络环境中，网络安全隐患可以划分为以下几个大类：病毒、木马和恶意软件的入侵和感染；外部用户的攻击和入侵；内部网络用户的非法操作；数据备份与恢复等安全隐患。这些安全隐患主要表现为：

①由于黑客攻击所带来的机密信息泄露或网络服务器瘫痪。

②由于病毒、木马或恶意软件所带来的文件损坏或丢失，甚至计算机系统破坏。

③重要邮件或文件的非法访问、窃取或截获与操作等。

④关键部门未经授权的非法访问和敏感信息的泄露等。

⑤备份数据和存储媒介的损坏和丢失等。

针对以上的主要几类安全隐患，作为网络用户来说，采取的安全策略就是一定要安装专业的网络病毒防护系统（目前包括木马、恶意软件的检测和清除功能），加强内部网络的安全管理（因为木马、恶意软件也可以通过内部网络进行传播）；配置好防火墙过滤策略和系统本身的各项安全措施（如针对各类攻击所进行的通信协议安全配置），及时安装系统补丁（尽可能堵住系统本身所带来的安全隐患）；有条件的用户还可以在内、外网之间安装网络扫描检测、网络嗅探器（Sniffer）、入侵检测（IDS）和入侵防御（IPS）系统，甚至配置网络安全隔离系统，对内、外网进行安全隔离；加强内部网络的安全管理，严格执行"最小权限"原则，为各用户配置好恰当的用户权利和权限；同时对一些敏感数据进行加密保护，对发送的数据数据进行数字签名；根据网络系统的实际需要配置好相应的数据策略，并按策略认真执行。

1.1.2 网络安全的基本概念

计算机及网络所面临的安全威胁一直伴随着计算机和网络技术的发展而普遍存在着。从 20 世纪 70 年代开始，计算机及网络安全问题就日益突出；到 20 世纪 90 年代，网络安全已经威胁到了世界各国的利益，甚至威胁着世界各国的安全和主权问题，比如，1991 年巴格达军方的指挥系统遭到攻击、1994 年南非全民大选工作遭到干扰、1999 年 4 月国内大规模爆发 CIN 病毒（造成巨大损失）和 2001 年我国南部边境发生撞机事件等。由此可以看出，计算机及网络安全问题涉及到方方面面，包括技术上的问题、法律上的问题和社会问题等。

1. 什么是网络安全

一般意义上讲，安全就是指客观上不存在威胁，主观上不存在恐惧，或者说没有危险和不出事故，不受威胁。对计算机及网络系统来说，其安全问题也是如此，就是要保证整个计算机及网络系统的正确运行和不受威胁。网络安全既要保证网络系统物理硬件与设施的安全，又要保证软件系统与数据信息存储、传输和处理等全部过程的安全，即通常所说的保证网络系统运行的可靠性、信息的保密性、完整性和可用性等，而且还要保证网络服务不中断（连续、可靠、安全地运行）。

由于现代的信息系统都是建立在网络基础之上的，因此网络安全也是信息系统的安全；而当今大家重点强调网络安全，是由于网络的广泛应用而使得安全问题变得尤为突出的缘故。因此，网络安全包括系统运行的安全、系统信息的安全保护、系统信息传播后的安全和系统信息内容的安全等四个方面的内容，即网络安全是对信息系统安全的运行、对运行在信息系统中的信息进行安全保护（包括信息的保密性、完整性和可用性保护等）、系统信息传播后的安全和系统信息内容的安全的统称。

①系统运行的安全是信息系统提供有效服务（即可用性）的前提，主要是保证信息处理和传输系统的安全，本质上是保护系统的合法操作和正常运行。主要涉及计算机系统机房环境的保护，法律、政策的保护，计算机结构设计的可靠安全运行，计算机操作系统和应用软件的安全，电磁信息泄露的防护等，它侧重于保证系统正常的运行，避免因系统的崩溃和损坏而对系统存储、处理和传输的信息造成破坏和损失，避免因电磁泄露，产生信息泄露，干扰他人（或受他人干扰）。

②系统信息的安全保护，主要是确保数据信息的保密性和完整性，包括用口令鉴别、用户存取权限控制、数据存取权限、方式控制、安全审计、安全问题跟踪、计算机病毒防治、数据加密等。

③系统信息传播后的安全，包括信息过滤技术，它侧重于防止和控制非法、有害的信息进行传播后的后果，避免公用通信网络上大量自由传输的信息失控，本质上是维护道德、法律或国家利益。

④系统信息内容的安全，它侧重于网络信息的保密性、真实性和完整性，避免攻击者利用系统的安全漏洞进行窃听、冒充和诈骗等有损用户的行为，本质上是保护用户的利益和隐私。

2. 网络安全的主要特征

由前面内容可知网络安全主要涉及系统的可靠性、可用性和保密性等方面，因此网络系统的安全性也包括软件及数据的保密性、完整性、可用性和可靠性等。

①保密性（confidentiality）：主要是利用密码技术对软件和数据进行加密处理，保证在系统中存储和在网络上传输的软件和数据不被无关人员使用和识别。

②完整性（integrity）：是指保护网络系统中存储和传输的软件及数据不被非法操作，即保证数据不被插入、替换和删除，数据分组不丢失、乱序，数据库中的数据或系统中的程序或数据不被破坏等。

③可用性（availability）：是指在保证软件和数据完整性的同时，还要确保其被正常使用和操作等。

④可靠性（reliability）：是指保证网络系统不因各种因素的影响而中断正常工作。

1.1.3　网络安全体系结构

网络安全体系结构是网络安全层次的抽象描述，是从系统的角度去理解这些网络安全问题的解决方案，对于网络安全解决方案的设计、实现与管理具有全局的指导作用。比如在大型网络安全系统的设计及开发过程中，需要从全局出发考虑安全问题的整体解决方案，才能保证网络功能的完备性和一致性，降低安全代价和管理开销。

1. 网络安全模型

一般说来，安全模型是基于安全策略建立起来的。安全策略是指为达到预期安全目标而制定的一套安全服务准则。目前，大多数网络安全策略都是建立在认证、授权、数据加密和访问控制等概念之上。图 1-1 所示为网络安全的基本模型。通常，通信双方在网络上传输信息，需要先在收发双方之间建立一条逻辑通道，这就要求先确定发送端到接受端的路由，在选择该路由上执行通信的协议（如 TCP/IP 协议）。

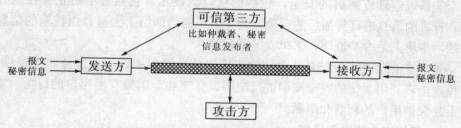

图 1-1　网络安全的基本模型

在图 1-1 中，为了在开放的网络环境中安全地传输信息，需要对信息提供安全机制和安全服务。信息的安全传输包括两个最基本的部分：①对发送的信息进行安全转换，比如信息加密，以实现信息的保密性，或附加一些特征码，以进行发送方身份的验证等；②收发双方共享的某些秘密信息，如加密密钥，除了对可信的第三方外，对其他用户都保密。

在图 1-1 中，为了进行信息的安全传输，通常还需要一个可信第三方，其作用是负责向通信双方分发秘密信息，以及在双方发生争议时进行仲裁。

由此可以看出，一个安全的网络通信模型（方案）必须考虑以下基本内容：

①实现与信息安全相关的信息转换的规则或算法；

②用于信息转换算法的秘密信息（如密钥）；

③实现秘密信息的分发和共享；

④信息转换算法和秘密信息获取安全服务所需要的协议。

2. P2DR 模型

当前，面临的现实是：基于静态密码体系的安全理论无法完整地描述动态的安全模型；现有的安全标准未能涵盖可能的风险；基于经典的、传统的计算机安全防护手段已不足以保障网络安全，信息网络安全防卫体系发生了动摇。20 世纪 90 年代末，美国国际互联网安全系统公司（ISS）提出了自适应网络安全模型（Adaptive Network Security Model，ANSM），并联合其他厂商组成 ANS 联盟，试图在此基础上建立网络安全的标准。该模型可量化、也可由数学家证明、是基于时间的安全模型，亦称为 P2DR（Policy（安全策略）Protection（防护）Detection（检测）Response（响应），如图 1-2 所示）。P2DR 模型是 TCSEC 模型（美国国防部 NCSC 国家计算机安全中心于 1985 年推出的 TC-SEC 模型是静态计算机安全模型的代表，也是目前被普遍采用的安全模型）的发展，是一种常用的网络安全模型，也是一种动态的自适应网络安全模型。模型的基本描述为：

安全＝风险分析＋执行策略＋系统实施＋漏洞监测＋实时响应

模型强调系统安全的动态性，以安全检测、漏洞监测和自适应填充"安全间隙"为循环来提高网络安全，特别考虑人为管理的因素。其特点如下：

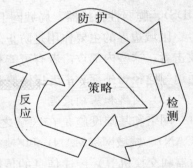

图 1-2 P2DR 安全模型

①安全管理的持续性、安全策略的动态性。以实时监视网络活动、发现威胁和弱点来调整和填补系统缺陷。

②可测性（即可控性）。通过经常性对网络系统的评估把握系统风险点，及时弱化甚至堵塞安全漏洞。

③利用专家系统、统计分析、神经网络方法，对现有网络行为进行实时监控和风险分析。

该模型已成为目前国际上较实际并可指导信息系统安全建设和安全运营的安全模型框架，它表明了这个时代的信息安全是面向网管、面向规约的。

3. 信息安全保证技术框架（IATF）

IATF（Information Assurance Technical Framework）是美国国家安全局（NSA）于 1998 年制定，提出了"深度防御策略"，确定了包括网络与基础设施防御、区域边界防御、计算环境防御和支撑性基础设施的深度防御及目标。IATF 把信息保证技术划分为本地计算机环境（Local Computing Environment，LCE）、区域边界（Enclave Boundaries，EB）、网络和基础设施（Network&Infrastructures，NI）及支撑基础设施（Supporting Infrastructures，SI）四个领域。

（1）本地计算机环境

本地计算机环境一般包括服务器、客户端及其上面的应用（比如打印服务、目录服务等）、操作系统、数据库和基于主机的监控组件（比如病毒检测和入侵检测）。

（2）区域边界

区域边界是指在单一的安全策略的管理下、通过网络连接起来的计算机及网络设备的集合。区域边界是区域与外部网络发生信息交换的部分，它应确保进入的信息不会影响区域内资源的安全，而离开的信息是经过合法授权的。

在区域边界上有效的控制措施包括防火墙、门卫系统、VPN、标识和鉴别、访问控制等；区域边界上有效的监控措施包括基于网络的入侵检测系统（IDS）、脆弱性扫描器、局域网上的病毒检测器等。

区域边界的主要作用是防止外来攻击，它也可以用来对付某些恶意的内部攻击者，这些内部攻击者有可能利用边界来发起攻击，并通过开放后门、隐藏通道等途径为外部攻击者提供便利。

（3）网络和基础设施

网络和基础设施是在区域之间提供连接，包括局域网（LAN）、校园网（CAN）、城域网（MAN）和广域网（WAN）等。其中包括的网络节点（如路由器和交换机等）传递信息的传输部件（如卫星、微波、光纤等），以及其他重要的网络基础设施组件（如网络管理组件、域名服务和目录服务组件等）。对网络和基础设施的安全要求主要是鉴别、访问控制、机密性、完整性、抗抵赖性和可用性。

（4）支撑基础设施

支撑基础设施提供了一个 IA 机制，它是网络、区域及计算环境内进行安全管理、提供安全服务所使用的基础，主要为终端用户工作站、Web 服务、应用、文件、DNS 服务、目录服务等提供安全服务。

在 IATF 中涉及到两个方面的支撑基础设施：一是 KMI/PKI，提供了一个公钥证书及传统对称密钥的产生、分发及管理的统一过程；另一个是检测及响应基础设施，提供了对入侵的快速检测和响应。

在 IATF 中，将信息安全分为 4 个主要环节：保护（Protection）、检测（Detection）、响应（Response）和恢复（Restore），如图 1-3 所示，简称为 PDRR 模型，其重要思想包括：信息安全的 3 大要素是人、政策和技术。政策包括法律、法规、制度和管理等，人是核心，是最为关键的要素；信息安全的内涵包括鉴别性、保密性、完整性、可用性、不可抵赖性、可检查性和可恢复性等目标；信息安全的重要领域包括网络和基础设施安全、支撑基础设施安全、信息系统安全以及电子商务安全等内容；信息安全的核心是密码理论和技术，安全协议是纽带，安全体系结构是基础，监控管理是保障，安全芯片的设计和使用是关键；网络安全的 4 个环节包括保护、检测、响应和恢复。

网络安全与这 4 个环节的处理时间直接相关。在 PDRR 模型中，网络安全是与被攻破保护时间（tP）、检测到攻击的时间（tD）、响应并反击的时间（tR）和系统被暴露的时间（tE）直接联系在一起。

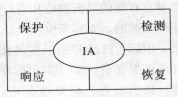

图 1-3　信息安全保证
技术框架（IATF）

根据这些时间描述，可将网络安全划分为两个阶段：一是检测—保护阶段；二是检测—恢复阶段。

在检测—保护阶段，网络安全的含义就是及时检测和立即响应，用数学形式描述如下：

①当 tP>tD+tR 时，说明网络处于安全状态；

②当 tP<tD+tR 时，说明网络已受到危险，处于不安全状态；

③当 tP=tD+tR 时，说明网络处于临界安全状态。

从数学角度来分析，tP 越大说明系统的保护能力越强，安全性也越高，反之安全性能越低；tD 和 tR 的值越大说明系统安全性能越差，保护能力降低，反之，保护能力增强。

在检测—响应阶段，网络安全的含义是及时检测和即时恢复。

4. WPDRRC 安全模型

WPDRRC 安全模型是我国 863 信息安全专家组推出的适合我国国情的信息安全保障体系建设模型。WPDRRC 安全模型是在 PDRR 模型基础上改进的，它在 PDRR 前后增加了预警（Warning）和反击（Counterattack）功能。PDRR 把信息安全保障分为 4 个环节：保护（Protection）、检测（Detection）、响应（Response）和恢复（Restore）等，并认为要保障信息安全就必须保护本地计算环境，保护网络边界和基础设施，以及保护对外部网络的连接和支撑基础设施；而 WPDRRC 安全模型则把信息安全保障划分为 6 个环节：预警（Warning）、保护（Protection）、检测（Detection）、响应（Response）、恢复（Restore）和反击（Counterattack）等。这 6 个环节能较好地反映信息安全保障体系的预警能力、保护能力、检测能力、响应能力、恢复能力和反击能力。

预警能力包括攻击前的预测能力和攻击后的报警能力两个方面。预测能力是指根据所掌握的系统脆弱性和当前犯罪趋势来预测未来可能受到何种攻击和危害能力；报警能力是指当威胁系统的攻击发生时能及时发现并发布警报能力。

反击能力是指取证和打击攻击者的能力，这些能力要求整个系统能快速提供被攻击的线索和依据，及时审查和处理攻击事件，及时获取被攻击的证据，并制定有效的反击策略和进行强有力的反击。然而在当前的网络系统中取证是比较困难的，要实现快速取证就必须发展相应的技术和开发相应的工具。近年来，国际上已经开始形成类似法医学的计算机取证学科，该学科不仅涉及取证、证据保全、举证、起诉和反击等技术的研究，还涉及媒体修复、媒体恢复、数据检查、完整性分析、系统分析、密码分析与破译和追踪等技术的研究。

WPDRRC 安全模型的六个环节具有较强的时序性和动态性，它是典型的信息安全保障框架。事实已表明，信息安全保障不单单是一个技术问题，而是涉及人、政策和技术在内的复杂系统。实际上，人、政策和技术是信息安全的 3 要素，这 3 要素具有较强的层次性，人是核心，属于最底层，技术是最高层，而政策属于中间层。但是技术必须通过人和相应的政策去操纵才能发挥作用。当然，这里所说的技术不是指单一的技术，而是指整个支撑信息安全应用的安全技术体系，该体系包括密码技术、安全体系结构、安全芯片、安全协议、监控管理、攻击和评测技术等。其中，密码技术是整个安全技术体系的核心，安全体系结构是基础，安全协议是纽带，安全芯片是关键，监控管理是保障，攻击和评测的理论与实践是考验。

5. ISO/OSI 安全体系

1982 年，开放系统互联（OSI）参考模型建立之初，就开始进行 OSI 安全体系结构的研究。1989 年 12 月，ISO 颁布了计算机信息系统互联标准的第 2 部分，即 ISO7498－2 标准，并首次确定了开放系统互联（OSI）参考模型的安全体系结构。我国将其称为 GB/T9387－2 标准，并予以执行。ISO/OSI 安全体系包括安全服务、安全机制、安全管理和安全层次等四部分内容。其中，安全机制是 ISO/OSI 安全体系的核心内容之一，通过安全机制实现了 ISO/OSI 安全体系中的安全服务和安全管理。而安全层次描述了安全服务的位置。

（1）安全服务

ISO/OSI 安全体系提供了五种安全服务：认证服务、数据机密性服务、数据完整性服务、访问控制服务和不可否认性服务。

（2）安全机制

ISO/OSI 安全体系中的安全机制分为特殊的安全机制和通用安全机制两大类。特殊安全机制包括加密机制、数字签名、访问控制、数据完整性、鉴别交换、业务流量填充、路由机制和公正机制。

（3）安全管理

GISO/OSI 安全体系中的安全管理包括三个方面的内容：系统安全管理、安全服务管理和安全机制管理。

①系统安全管理：涉及整体 OSI 安全环境的管理。包括：总体安全策略的管理、OSI 安全环境之间的安全信息交换、安全服务管理和安全机制管理的交互作用、安全事件的管理、安全审计管理和安全恢复管理等。

②安全服务管理：涉及特定安全服务的管理，其中包括：对某种安全服务定义其安全目标、指定安全服务可使用的安全机制、通过适当的安全机制管理及调动需要的安全机制、系统安全管理以及安全机制管理相互作用。

③安全机制管理：涉及特定的安全机制的管理。其中包括：密钥管理、加密管理、数字签名管理、访问控制管理、数据完整性管理、鉴别管理、业务流填充管理和公证管理等。

（4）安全层次

ISO/OSI 安全体系是通过在不同的网络层上分布不同的安全机制来实现的，这些安全机制是为了满足相应的安全服务所必须的，其在不同的网络层的分布情况如图 1-4 所示。

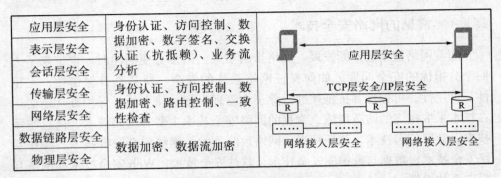

图 1-4　网络安全层次模型及各层主要安全机制分布

表 1-1 是 ISO/OSI 安全体系中安全服务与安全机制的相互关系，在表 1-1

中标明了每一种网络安全基础及应用安全服务与哪些安全机制被认为是适宜的，或单独提供一种机制，或多种机制联合提供。当然，表 1-1 中所列出的对应关系仅是一个参照配置，不是一成不变的。

表 1-1　ISO/OSI 安全体系中的安全服务与安全机制的关系

安全服务	安全机制							
	加密机制	数字签名	访问控制	数据完整性	鉴别交换	业务流量填充	路由控制	公正机制
对等实体鉴别	Y	Y	N	N	Y	N	N	N
数据源发鉴别	Y	Y	N	N	N	N	N	N
访问控制服务	N	N	Y	N	N	N	N	N
连接机密性	Y	N	N	N	N	N	Y	N
无连接机密性	Y	N	N	N	N	N	Y	N
选择字段机密性	Y	N	N	N	N	N	N	N
通信业务流机密性	Y	N	N	N	N	Y	Y	N
带恢复的连接完整性	Y	N	N	Y	N	N	N	N
不带恢复的连接完整性	Y	N	N	Y	N	N	N	N
选择字段连接完整性	Y	N	N	Y	N	N	N	N
无连接完整性	Y	Y	N	Y	N	N	N	N
选择字段无连接完整性	Y	Y	N	Y	N	N	N	N
抗抵赖、带数据原发证据	N	Y	N	Y	N	N	N	Y
抗抵赖、带交互证据	N	Y	N	Y	N	N	N	Y

说明：Y——表示这种机制被认为是适宜的，或单独使用，或与其他的机制联合使用
　　　　N——表示这种机制被认为是不适宜的。

1.1.4　常见的网络安全技术

随着网络技术的不断发展，网络带给了人们诸多方便的同时，也带来了人们十分担忧的安全问题。如何保证网络系统的安全，使其具有保密性、完整性、可用性、可控性和抗抵赖性，除了在管理上和法律上给予保护外，还必须在技术采取相应的防范措施。常见的网络安全技术主要有密码技术、信息隐藏技术、数字签名技术、认证技术、网络攻防技术、网络安全防御技术、操作系统安全技术、数据与数据库安全技术、软件安全技术、Web 安全技术和网络互联安全技术等。

1.2　网络安全的规划与管理

1.2.1　网络安全的规划与服务机制

1. 网络安全规划原则

在对网络系统安全方案设计、规划时，应遵循以下原则。

（1）综合性、整体性原则

应用系统工程的观点、方法，分析网络的安全及具体措施。安全措施主要包括：行政法律手段、各种管理制度（人员审查、工作流程、保障维护制度等）及专业技术（识别技术、存取控制、加密/解密、容错、防病毒、使用安全强度高的产品等）。一般来说，一个较好的安全措施往往是多种方法适当综合的应用结果；一个网络系统中，人员、设备、软件、数据等的作用应从系统整体的角度去看待、分析，才能取得有效、可行的措施。也就是说网络系统的安全应遵循整体安全性原则，根据规定的安全策略制定出合理的安全体系结构。

（2）需求、风险、代价平衡的原则

绝对安全的网络系统是不可能的，也不一定是必要的。在设计网络系统时，应根据实际情况进行研究（包括任务、性能、结构、可靠性和可维护性等），并对所面临的威胁及可能承担的风险进行定性与定量的分析，然后制定规范和措施，确定系统的安全策略。

（3）一致性原则

一致性原则主要是指网络问题与整个网络的工作周期或生命周期同时存在，制定的安全体系结构必须与网络安全的需求一致。安全的网络系统设计（包括初步或详细的设计）及实施规划、网络验证、验收、运行等，都要有安全的内容及措施。

实际上，在开始进行网络的建设时就考虑网络的安全问题，比在网络建好后再考虑安全措施要容易，且花费要少得多。

（4）易操作性原则

安全措施需要人去完成，若措施过于复杂，对人的要求高，本身就降低了安全性；其次，安全措施的采用不能影响系统的性能及正常运行。

（5）分步实施原则

由于网络系统及应用范围的广阔，随着网络规模的不断扩大及应用的增加，网络的脆弱性也会不断增加。一劳永逸地解决网络安全问题是不现实的，同时由于实施网络安全措施需要相当的费用支出，因此分步实施既可以满足网络系统及信息系统安全的基本要求，还可以节省费用开支。

（6）多重保护原则

任何安全措施都不是绝对的，都可能被攻破。短时间里一个多重保护系统的各层安全保护相互补充，当一层被攻破时，其他层仍可保护信息的安全。

（7）可评价性原则

如何预先评价一个安全设计并验证其网络的安全性，这需要通过国家有关网络信息安全测评认证机构的评估来实现。

2. 网络安全服务机制

网络安全服务机制包括：访问控制服务机制、认证服务机制、审核服务机制及授权服务机制等。

1.2.2 网络安全管理及规范

为了保护网络的安全，除了在网络设计上增加安全服务功能、完善系统的安全保密措施外，安全管理规范也是网络安全所必须的。安全管理策略一方面从纯粹的管理及安全管理规范上来实现；另一方面从技术上建立高效的管理平台（包括网络管理和安全管理）。安全管理策略主要有：定义完善的安全管理模型、建立长效的并且可实施的安全策略、贯彻规范的安全防范措施、建立恰当的安全评估尺度及进行经常性的规则审核。

1. 网络安全管理规范

面对网络安全的脆弱性，除了在网络设计上增加安全服务功能、完善系统的安全保密措施之外，还必须花大力气加强网络安全管理规范的建立（因为诸多的不安全因素恰恰反映在组织管理和人员录用等方面，而这又是计算机网络安全所必须考虑的基本问题，因此应引起计算机网络应用部门领导的重视）。

（1）网络安全管理原则

①负责原则。每一项与安全有关的活动，都必须有两人或多人在场（这些人应该是系统主管领导指派的、可靠的、能胜任该工作的人）；应该签署工作情况记录以证明安全工作已得到保护。具体活动包括：访问控制使用证件的发放与收回、信息处理系统使用的媒介发放与回收、处理保密信息、硬件和软件的维护、系统软件的设计和实现及修改、重要程序和数据的删除和销毁等。

②有限原则。一般来讲，最好不要让一个人长期担任与安全有关的职务，以免使他人认为这个职务是专有的或永久性的。为遵循永久性原则，工作人员应不定期地循环任职，强制实行休假制度，并规定对工作人员进行轮流培训，以使任期有限制度切实可行。

③分离原则。除非系统历代审批，信息系统的工作人员不要打听、了解或

参与职责以外的任何与安全有关的事情。出于对安全的考虑，一般来说，以下每组内的两项信息处理工作应当分开：计算机操作与计算机编程、机密资料的接收与传送、安全管理与系统管理、应用程序与系统程序的编制、访问证件的管理与其他工作、计算机操作与信息处理系统使用媒介的保管等。

（2）网络安全管理的实现

信息系统的安全管理部门应根据管理原则与该系统处理数据的保密性，制定相应的管理制度或采用相应的规范，具体工作包括：

①根据工作的重要程度，确定系统的安全等级。

②根据确定的安全等级，确定安全管理的范围。

③制定相应的机房出入管理制度，对于安全等级要求较高的系统，要实行分区控制，限制工作人员出入与自己无关的区域；出入管理可以采用证件识别或安装自动识别登记系统，采用磁卡、身份证等手段对人员进行识别、登记管理。

④制定严格的操作规程（操作规程要根据职责分离和多人负责的原则，各司其职，不能超越自己的管辖范围）。

⑤制定完备的系统维护制度。对系统进行维护时，应采取数据保护措施（如数据备份等），维护时要首先经主管部门批准，并且有安全管理人员在场，故障的原因、维护内容和维护前后的情况都要详细记录。

⑥制订应急措施。要制定系统在紧急情况下如何尽快恢复的应急措施，使损失减至最小。建立人员雇佣和解聘制度，对工作调动和离职人员要及时调整相应的授权。

2. 网络管理

网络管理可以在管理计算机上对整个内部网络上的网络设备、安全设备、网络上的防病毒软件、入侵检测探测器等进行综合管理，同时利用安全分析软件从不同的角度对所有的设备、服务器、工作站进行安全扫描，分析安全漏洞并采取相应的措施。

3. 安全管理

安全管理主要是对安全设备的管理。安全管理包括监视网络危险情况，对危险进行隔离，并把危险控制在最小范围内；身份认证、权限设置与管理、对资源存取权限的管理、对资源和用户的动态或静态的审计；对违规事件自动生成报警或生成事件消息；口令管理（如操作员的口令鉴别），对无权操作人员进行控制、密钥管理（即对于与密钥有关的服务器，应对其设置密钥生命期、密钥备份等功能；冗余备份（即为增加网络的安全系数，对于关键的服务器应冗余备份）。安全管理应从管理制度和管理平台技术实现两方面来进行，安全管理产品应尽可能地支持统一的中心控制平台。

综上所述，针对网络的实际情况，因地制宜，分步实施，制定和实现网络安全的纲要，将会极大地提高网络的安全性。

1.3 网络安全策略与风险

1.3.1 网络安全目标与策略

1. 网络安全目标

网络安全的目标就是为了在有关安全法律、法规、政策的支持与指导下，通过采用合法的安全技术与安全管理措施，完成以下网络安全任务：

①采用访问控制技术，阻止非授权用户进入网络，即非授权用户"进不来"，从而保证网络系统的可用性；

②采用授权技术，实现对用户的权限控制，即不该拿走的"拿不走"，同时结合内容审计技术，实现对网络资源及信息的可控性；

③采用加密技术，确保信息不暴露给未授权的实体或进程，即"看不懂"，从而实现信息的保密性；

④采用数据完整性鉴别技术，保证只有得到允许的用户才能修改数据，而其他用户"改不了"，从而确保信息的完整性；

⑤使用审计、监控、防抵赖等安全技术，使得攻击者、恶意破坏者、抵赖者"走不脱"，并进一步对网络出现的安全问题提供调查依据和手段，实现信息的可审查性。

2. 网络安全策略

安全策略是指在一个特定的环境里，为保证提供一定级别的安全保护所必须遵守的规则。实现网络安全，不但要靠先进的技术，而且需要严格的管理、法律约束和安全教育，主要包括以下内容：

威严的法律：安全的基石是社会法律、法规和手段，即通过建立与信息安全相关的法律、法规，使不法分子慑于法律，不敢轻举妄动。

先进的技术：先进的技术是信息安全的根本保障，用户对自身面临的威胁进行风险评估，决定其需要的安全服务种类，选择相应的安全机制，然后集成先进的安全技术。

严格的管理：各网络使用机构、企业和单位应建立相应的信息安全管理办法，加强内部管理，建立审计和跟踪体系，提高整体信息安全意识。

网络安全策略是一个系统的概念，它是网络安全系统的灵魂与核心，任何可靠的网络安全系统都是构架在各种安全技术的集成的基础上的，而网络安全策略的提出，正是为了实现这种技术的集成。可以说网络安全策略是我们为了保护网络安全而制定的一系列法律、法规和措施的总和。当前制定的网络安全策略主要包含 5 个方面的策略：

（1）物理安全策略

物理安全策略的目的是保护计算机系统、网络服务器、打印机等硬件设备和通信链路免受自然灾害、人为破坏和搭线攻击；验证用户的身份和使用权限，防止用户越权操作；确保计算机系统有一个良好的电磁兼容工作环境；建立完备的安全管理制度，防止非法进入计算机控制室和各种盗劫、破坏活动的发生。

（2）访问控制策略

访问控制策略是网络安全防范和包含的主要策略，它的主要任务是保证网络资源不被非法使用和访问。同时，它也是维护网络系统安全、保护网络资源的重要手段之一。各种安全策略必须相互配合才能真正起到安全保护的作用，其中访问控制可以说是保证网络安全最重要的核心策略之一。它主要由入网访问控制、网络权限控制、目录级安全控制、属性安全控制、网络服务安全控制、网络检测和锁定控制及网络端口和节点的安全控制组成。

①入网访问控制。入网访问控制为网络访问提供了第一层访问控制。它控制哪些用户能够登录到服务器并获取网络资源，控制准许用户入网的时间和准许他们在哪台工作站入网。用户的入网访问控制可分为三个步骤：用户名的识别与验证；用户口令的识别与验证；用户帐号的缺省限制检查。三个关卡中只要有一关未过，该用户便不能进入该网络。

②网络的权限控制。网络的权限控制是针对网络非法操作所提出的一种安全保护措施。用户和用户组被赋予一定的权限。网络控制用户和用户组可以访问哪些目录、子目录、文件和其他资源。可以指定用户对这些文件、目录、设备能够执行哪些操作。我们可以根据访问权将用户分为：特殊用户（系统管理员）、一般用户和审计用户。

③目录级安全控制。网络应允许控制用户对目录、文件与设备的访问。用户在目录级制定的权限对所有文件和子目录有效，用户还可进一步制定对目录下的子目录和文件的权限。访问权限一般有 8 种：系统管理员权限、读权限、写权限、创建权限、删除权限、修改权限、文件查找权限及存取控制权限。8种访问权限的有效组合可以让用户有效地完成任务，同时又能有效地控制用户对服务器资源的访问，从而加强了网络和服务器的安全。

④属性安全控制。当用文件、目录和网络设备时，网络系统管理员应给文件、目录等指定访问属性。属性安全控制可以将给定的属性与网络服务器的文件、目录和网络设备联系起来。属性设置可以覆盖已经指定的任何受托者指派

的有效权限。属性往往可以控制以下几个方面的权限：向某个文件写数据、拷贝一个文件、删除文件或目录、查看目录和文件、执行文件、共享及系统属性等。网络的属性可以保护重要的目录和文件防止用户对目录和文件的误删、执行、修改、显示等。

⑤网络服务器安全控制。即在服务器控制台上执行一系列操作。用户使用控制台可以装载和卸载模块，可以进行安装和删除软件等操作。服务器的安全控制包括可以设置口令来锁定服务器控制台，以防止非法用户修改、删除重要信息或破坏数据；可以设定服务器登录时间限定、非法访问者检测和关闭的时间间隔等。

⑥网络检测和锁定控制。网络管理员应对网络实施监控，服务器应记录用户对网络资源的访问，对非法的网络访问，服务器应以图形或文字、声音等形式报警，以引起管理员的注意。如果不法之徒试图进入网络，网络服务器应会自动记录企图尝试进入网络的次数，如果非法访问的次数达到设定数值，那么该帐号将被自动锁定。

⑦网络端口和结点的安全控制。网络中服务器的端口往往使用自动回呼设备、静默调制解调器加以保护，并以加密的形式来识别结点的身份。自动回呼设备用于防止假冒合法用户，静默调制解调器用以防范黑客的自动拨号程序对计算机进行攻击。网络还常对服务器端和用户端采取控制，用户必须携带证实身份的验证器（如智能卡、磁卡、安全密码发生器）。在对用户的身份进行验证之后，才允许用户进入用户端。然后，用户端和服务器端再进行相互验证。

（3）防火墙控制

它是控制进出两个方向通信的门槛。在网络边界上通过建立起来的相应网络通信监控系统来隔离内部和外部网络，以阻挡外部网络的侵入。

（4）信息加密策略

信息加密的目的是保护网内的数据、文件、口令和控制信息，保护网上传输的数据。常用的方法有链路加密、端到端加密和节点加密 3 种。链路加密的目的是保护网络结点之间的链路信息安全；端到端加密的目的是对源端用户到目的端用户的数据提供保护；节点加密的目的是对源节点到目的节点之间的传输链路提供保护。用户可根据网络情况酌情选择上述加密方式。

（5）网络安全管理策略

在网络安全中，除了采用上述措施之外，加强网络的安全管理，制定有关规章制度，对于确保网络的安全、可靠地运行，将起到十分有效的作用。网络的安全管理策略包括：确定安全管理的等级和安全管理的范围；制定有关网络使用规程和人员出入机房管理制度；制定网络系统的维护制度和应急措施等。

随着网络技术的发展，计算机网络将日益成为工业、农业和国防等方面的重要信息交换手段，渗透到社会生活的各个领域。因此认清网络的脆弱性和潜在威胁，采取强有力的安全策略，对于保障网络的安全性将变得十分重要。

1.3.2 网络安全风险与分析

随着计算机网络的发展及其开放性、共享性和互连程度的扩大，网络的重要性和对社会的影响也越来越大，网络有其脆弱性的一面，会受到一些安全威胁。风险分析是为建立网络防护系统、实施风险管理所开展的一项基础性工作，其目的是确保通过合理的步骤，防止所有对网络安全构成威胁的事件发生。事实上，网络安全防护措施与威胁是交互出现的，但是不适当的网络安全防护不但不能减少网络的安全风险，还有可能浪费大量的资金和招致更大的威胁。因此，细致周密的安全风险分析应在网络系统、应用程序或信息数据库的设计阶段进行，从设计开始就明确安全需求，发现潜在的威胁；也是制定可靠、有效的安全防护措施的必要前提。这是因为在设计阶段实现安全防护及控制远比在网络系统运行后采取同样的措施要节约得多。

一般来说，网络安全问题、计算机系统本身的脆弱性和通信设施的脆弱性共同构成了计算机网络安全潜在的威胁。引起这些威胁的风险因素主要有自然因素、物理破坏、系统不可用、备份数据损坏和信息泄露等。

1.　古典的风险分析

风险就是一个事件产生我们所不希望的后果的可能性。风险分析包括事件发生的可能性和它产生后果的大小两方面。因此，风险可表示为事件发生的概率及后果函数：风险 $R=f(p, c)$，其中 p 为事件发生概率，c 为事件发生后果。而风险分析就是对风险进行辩识、估计和评价，并做出全面综合的分析，其主要内容为：

①风险的辩识，也就是哪里有风险，后果如何，参数如何变化等；

②风险评估，也就是根据概率大小及分布情况，对风险带来的后果进行评价；

③风险管理，是对风险的不确定性及可能性因素进行考察、预测、收集、分析的基础上制定识别风险、衡量风险、积极管理风险、有效处置风险等一整套系统而科学的管理办法。

2.　网络安全的风险分析

根据古典风险分析理论，网络中的风险与风险因素发生的概率和相应影响有关。这里介绍的风险分析方法是专家评判方法，即事件发生的概率可以通过统计方法得到，影响可以通过专家评判方法得到。因此，风险 $R=P$（概率）$\times$

F（影响）。

由此可以看到，风险分析的过程包括概率统计、评估影响、评估风险和风险管理（根据风险分析的大小）等步骤。

（1）概率统计

一般而言，概率就是单位时间内事件发生的次数，按每件事件发生的次数来统计概率。

（2）评估影响

首先对上述 5 个因素（自然因素、物理破坏、系统不可用、备份数据损坏和信息泄露）确定权重 W，按照模糊数学方法将每个因素划分为 5 个等级：很低、低、中等、高、很高；并给出每个等级的分数 C（1，2，3，4，5），根据各个专家对每个因素的打分计算出每个因素的分数 C，再将 W 与 C 相乘，累计求和，即 $F=\sum WC$，此值即为因素影响大小。

（3）评估风险

根据前面计算得到的风险事件发生的概率（P）和因素影响的大小（F），计算得到 $R=P\times F$，然后对风险进行评估（当然评估专家可能还借助于以往的经验进行评估）。

（4）风险管理

风险管理的内容包括识别、选择、采用正确的安全保障和意外事件的对抗措施，使风险降低到可以接受的程度。

（5）针对某局域网的风险分析（案例）

根据上述专家评判方法，对某局域网的上述 5 个因素进行风险分析，如表1-2 所示。

表1-2　某局域网的安全风险分析

专家	自然因素	物理破坏	系统不可用	备份数据损坏	信息泄露
W1=0.3	0.1	0.1	0.3	0.7	0.7
W2=0.15	0.1	0.2	0.3	0.7	0.6
W3=0.2	0.1	0.2	0.2	0.6	0.6
W4=0.2	0.1	0.1	0.6	0.7	0.7
W5=0.15	0.1	0.1	0.7	0.7	0.7
F=∑WC	0.1	0.135	0.3	0.491	0.476
P=事件发生的次数（每年）	2	8	14	1	5
风险大小	0.2	1.08	0.42	0.491	2.38

给表 1-2 中的风险大小排序：信息泄露（2.38）、物理破坏（1.08）、备份数据损坏（0.491）、系统不可用（0.42）、自然因素（0.2）。

由此可以看出，该局域网中信息泄露的风险最大，应采取的措施为：采用用户识别和认证机制，密码应足够长，并且要经常变换，密码应妥善保管在机密地方，同时还要加强人员的安全意识，控制机密信息的传播范围，对网络中传输的信息进行加密；次之的风险是物理破坏，采取的措施为：应加强物理环境保护，对设备使用加强控制；备份数据损坏也应注意。

总之，对于风险的大小应采取相应的措施来降低风险，以保证系统可靠地运行。

1.4 网络安全标准与法律法规

1.4.1 网络安全标准

随着网络安全技术的发展，网络安全标准已经成为保护国家利益、促进产业发展的一种重要手段。发达国家非常重视标准的制定，美国就率先制定了与网络安全有关的标准。在我国，网络安全有关标准的制定起步较晚，但是经过近几年的努力，也指定了大量的有关网络安全的法律法规。

1. 国外标准

（1）TCSEC（Trusted Computer Security Evaluation Criteria）标准

为了实现对网络安全的定性评价，美国国防部在 1985 年制定了可信任计算机标准评估准则（TCSEC），俗称"橘皮书"，它已经成为了现行的网络安全标准。

在 TCSEC 中，美国国防部按处理信息的等级和应采用的相应措施，将计算机安全从高到低分为：A、B、C、D4 类 7 个级别，共 27 条评估准则。其中：D 级为无保护级、C 级为自主保护级（C1 级为机动安全保护，C2 级为控制访问保护）、B 级为强制保护级（B1 级为标签安全，B2 级为结构保护，B3 级为安全域）、A 级为验证保护级。随着安全等级的提高，系统的可信度随之增加，风险逐渐减少。

（2）欧洲 ITSEC 标准

1991 年，西欧四国（英、法、德、荷）提出了信息技术安全评价准则（ITSEC），ITSEC 首次提出了信息安全的保密性、完整性及可用性概念，把可信计算机的概念提高到可信信息技术的高度上来认识。它定义了从 e0 级（不满足品质）到 e6 级（形式化验证）的 7 个安全等级和 10 种安全功能。

（3）加拿大 CTCPEC 评价标准

CTCPEC 专门针对政府需求而设计。与 ITSEC 类似，该标准将安全分为功能性需求和保证性需要两部分。功能性需求共划分为 4 大类：机密性、完整性、可用性和可控性。每种安全需求又可以分成很多小类，来表示安全性上的差别，分为 0～5 级。

（4）美国联邦准则 FC

在 1993 年，美国发表了"信息技术安全性评价联邦准则（FC）"。该标准的目的是提供 TCSEC 的升级版本，同时保护已有投资，但 FC 有很多缺陷，是一个过渡标准，后来结合 ITSEC 发展为联合公共准则。

（5）联合公共准则 CC（Common Criteria for IT Security Evaluation）标准

1993 年 6 月，美国、加拿大及欧洲四国经协商同意，起草单一的通用准则（CC）并将其推进到国际标准。CC 的目的是建立一个各国都能接受的通用的信息安全产品和系统的安全性评价准则，国家与国家之间可以通过签订互认协议，决定相互接受的认可级别，这样能使大部分的基础性安全机制在任何一个地方通过了 CC 准则评价后，可以得到许可进入国际市场，且不需要再作评价，使用国只需测试与国家主权和安全相关的安全功能，从而大幅节省评价支出并迅速推向市场。CC 结合了 FC 及 ITSEC 的主要特征，它强调将安全的功能与保障分离，并将功能需求分为 9 类 63 族，将保障分为 7 类 29 族。

（6）ISO 安全体系结构标准

在安全体系结构方面，ISO 制定了国际标准 ISO7498-2-1989《信息处理系统开放系统互连基本参考模型第 2 部分安全体系结构》。该标准为开放系统互连（OSI）描述了基本参考模型，为协调开发现有的与未来的系统互连标准建立了一个框架。其任务是提供安全服务与有关机制的一般描述，确定在参考模型内部可以提供这些服务与机制的位置。

近二十年来，人们一直在努力发展安全标准，并将安全功能与安全保障分离，制定了复杂而详细的条款。但是真正实用、在实践中相对容易掌握的还是 TCSEC 及其改进版本。在现实中，安全技术人员也一直将 TCSEC 的 7 级安全划分当作默认标准。

（7）BS7799（ISO17799：2000）标准

BS7799 是英国标准组织（BSI）于 1995 年公布，1998 年和 1999 年两次修订的英国信息安全管理的标准，包括 2 个部分：信息安全管理体系实施指南（BS7799-1）和信息安全管理体系认证标准（BS7799-2）。BS7799 是以商业定位，并有利于创建信息安全管理的良好基础。BS7799 不会详细地探讨技术方面的问题（如防火墙和防病毒产品），但它规定了每一个组织都需要的 4 类信息安全保证方式，即组织保证、产品保证、服务供应商保证和商业贸易伙伴保证。它提供了一系列最佳资料安全管理体系的控制方法。BS7799 所提供的资料管理系统可同时运用于工业界和商业界，其中包括网路和传播。

BS7799-1标准目前已正式成为ISO国际标准，即ISO17799信息安全管理体系实施指南（ISO17799：2000标准），并于2000年12月1日颁布。该标准综合了信息安全管理方面优秀的控制措施，为信息安全提供建议性指南，因此该标准不是认证标准，但在建立和实施信息安全管理体系时，可考虑采取该标准建议性的措施。

BS7799-2标准目前正在转换成ISO国际标准的过程中，由于该标准是在英国法律法规框架下制订的，要将标准转换成国际标准，必须考虑适合世界各国信息安全管理方面的法律和法规要求以及国际标准编写的要求。BS7799-2标准要求主要用于对信息安全管理体系的认证，因此建立信息安全管理体系时，必要考虑满足BS7799-2的要求。

2. 国内标准

目前，我国已经制定了五十多个与网络安全相关的标准，例如：2000年1月1日起由公安部主持制定、国家质量技术监督局发布的中华人民共和国国家标准GB17859-1999《计算机信息系统安全保护等级划分准则》开始实施。该准则将信息系统安全分为5个等级：自主保护级、系统审计保护级、安全标记保护级、结构化保护级和访问验证保护级。主要的安全考核指标有身份认证、自主访问控制、数据完整性、审计等，这些指标涵盖了不同级别的安全要求。

此外，针对不同的技术领域还有其他一些安全标准。如GB/T 9387.21995《信息处理系统开放系统互联基本参考模型第2部分安全体系结构》、GB 15834.1-1995《信息处理数据加密实体鉴别机制第I部分：一般模型》、GB 4943-1995《信息技术设备的安全》和GB 943-2001《信息技术设备的安全》等。

1.4.2 网络安全法律法规

单从技术上来保证网络系统的安全是远远不够的，一个网络系统即使采用最高级的安全技术，但是由于设置失误、内部管理不善等，也会造成各种各样的安全隐患。因此，必须通过技术、管理、法律法规各个层面来解决网络安全问题。当前，世界各国都制定了许多保障网络安全的法律法规。

1. 国外立法情况

美国早在1987年通过了《计算机安全法》，1998年5月又发布了《使用电子媒介作传递用途的声明》，将电子传递的文件视为与纸介质文件相同；此外还陆续制定了《信息自由法》、《个人隐私法》、《反腐败行经法》、《伪造访问设备和计算机欺骗滥用法》、《计算机欺骗滥用法》、《电子通信隐私法》和《电讯法》等。英国已陆续制定《监控电子邮件和移动电话法案》、《黄色出版物法》、

《青少年保护法》、《录像制品法》、《禁止滥用电脑法》和《刑事司法与公共秩序修正条例》等；德国也制订了《信息和通信服务规范法》等。日本从 2000 年 2 月 13 日起开始实施《反黑客法》，规定擅自使用他人身份及密码侵入电脑网络的行为都将被视为违法犯罪行为，最高可判处 10 年监禁。俄罗斯 1995 年通过了《联邦信息、信息化和信息保护法》，2000 年 6 月又由联邦安全会议提出了《俄罗斯联邦信息安全学说》，并于 2000 年 9 月经普京总统批准发布，以"确保遵守宪法规定的公民的各项权利与自由；发展本国信息工具，保证本国产品打入国际市场；为信息和电视网络系统提供安全保障；为国家的活动提供信息保证"。

目前，世界各国政府正在寻求提高信息安全的法律手段。我国也正在积极采取措施，对原有的法规进行相应的修改。在这一作用力的推动下，人们将会看到越来越多的安全法规出台。

2. 国内立法情况

我国在网络安全立法方面尽管起步比较晚，但也制定了比较完善的保障网络安全的法律体系：《中华人民共和国计算机信息网络国际联网管理暂行规定》、《中华人民共和国计算机信息网络国际联网管理暂行规定实施办法》、《中国互联网络域名注册暂行管理办法》、《中国互联网络域名注册实施细则》、《中华人民共和国计算机信息系统安全保护条例》、《关于加强计算机信息系统国际联网备案管理的通告》、《中华人民共和国电信条例》中华人民共和国国务院令（第 291 号）、《互联网信息服务管理办法》中华人民共和国国务院令（第 292 号）、《从事放开经营电信业务审批管理暂行办法》、《电子出版物管理规定》、《关于对与国际联网的计算机信息系统进行备案工作的通知》、《计算机软件保护条例》、《计算机信息网络国际联网出入口信道管理办法》、《计算机信息网络国际联网的安全保护管理办法》、《计算机信息系统安全专用产品检测和销售＋许可证管理办法》、《计算机信息系统国际联网保密管理规定》、《科学技术保密规定》、《商用密码管理条例》、《中国公用计算机互联网国际联网管理办法》、《中国公众多媒体通信管理办法》、《中华人民共和国保守国家秘密法》、《中华人民共和国标准法》、《中华人民共和国反不正当竞争法》、《中华人民共和国公安部（批复）公复字 1996》8 号、《中华人民共和国国家安全法》、《中华人民共和国海关法》、《中华人民共和国商标法》、《中华人民共和国人民警察法》、《中华人民共和国刑法》、《中华人民共和国治安管理处罚条例》、《中华人民共和国专利法》、《全国人大常委会关于网络安全和信息安全的决定（2000 年 12 月 29 日）》和《电子签名法》等。

第 2 章　认证技术

2.1　概述

2.1.1　认证及认证模型

在信息安全领域中，一方面是保证信息的保密性，防止通信中的保密信息被窃取和破译（即防止对系统进行被动攻击）；另一方面是保证信息的完整性、有效性，要搞清楚与之通信的对方的身份是否真实，以证实信息在传输过程中是否被篡改、伪装、窜扰和否认（即防止对系统进行主动攻击）。

认证（Authentication）是指核实真实身份的过程，是防止主动攻击的重要技术之一，是一种用可靠的方法证实被认证对象（包括人和事）是否名副其实或是否有效的过程，因此也称为鉴别或验证。认证技术的作用主要是弄清楚对象是谁，这个对象可以是某个人、某个机构代理或者某个软件（比如股票交易系统），认证过程是通过一定的手段在网络上实现的，其目的是确定对象的真实性，防止假冒、篡改等入侵行为。

认证不能自动地提供保密性，而保密性也不能自然地提供认证功能，一个纯认证系统的模型如图 2-1 所示。在该系统中，发送者通过一个公开信道将信息传递给接收者，接收者不仅想收到消息本身，而且还要验证消息是否来自合法的发送者以及消息是否被篡改。此外，在实际认证系统中还要防止收、发之间的相互欺诈。

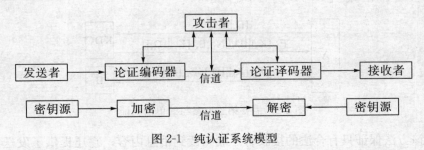

图 2-1　纯认证系统模型

2.1.2 认证协议

所谓协议（Protocol），就是两个或两个以上的参与者为完成某项特定的任务而采取的一系列步骤。这个定义包含 3 层含义：第一，协议自始自终是有序的过程，每一步必须依次执行，在前一步没有完成之前，后面的步骤不可能被执行；第二，协议至少需要两个参与者，一个人可以通过执行一系列的步骤来完成某项任务，但它构不成协议；第三，通过执行协议必须能够完成某项任务，即使某些东西看似协议，但没有完成任何任务，也不能成为协议，只不过是浪费时间的空操作。

认证协议就是进行认证的双方采取的一系列步骤。认证协议主要有单向认证协议和双向认证协议两种，下面分别予以介绍。

1. 单向认证

目前，电子邮件是最受欢迎的通信工具，其主要优点是发送方和接收方无需同时在线，只是电子邮件被发到接收方的邮箱中，被保存下来直到接收方来阅读。如果通信双方只需要一方被认证，这样的认证过程就是一种单向认证。例如，口令核对法实际上就是一种单向认证，这种简单的单向认证还没有与密钥分发相结合。

与密钥分发相结合的单向认证有两类：一类采用对称密码技术，需要一个可信赖的第三方——通常为密钥分发中心（KDC）或认证服务器（AS），由这个第三方来实现通信双方的身份认证和密钥分发；另一类是采用非对称密码技术，无需第三方的参与。

（1）需要第三方参与的单向认证

协议执行的步骤如下（图 2-2）：

①$A \rightarrow KDC$：$ID_a \parallel ID_b \parallel N_1$

②$KDC \rightarrow A$：$E_{K_a} [K_S \parallel ID_b \parallel N_1 \parallel E_{K_b} [K_S \parallel ID_a]]$

③$A \rightarrow B$：$E_{K_b} [K_S \parallel ID_a] \parallel E_{K_S} [M]$

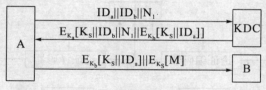

图 2-2 需要第三方参与的单向认证

该方法保证只有合法的接收者才能阅读到消息内容；它还提供了发送方是A 这个认证，但该协议无法防止重放攻击（可以在消息中加入时间戳，来进行防御，但由于电子邮件本身存在着潜在的延迟，因此这样的时间戳的作用也是有限的）。

（2）无需第三方参与的单向认证

协议执行的步骤如下（图 2-3）：

①A→B：EK_{Ub} [K_S] ‖E_{K_S} [M]

②当信息不要求保密时，这种无需第三方参与的单向认证可以简化为：

B→A：M‖$E_{K_{Ra}}$ [H（M）]

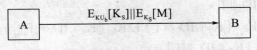

图 2-3　无需第三方参与的单向认证

2. 双向认证

在双向认证过程中，通信双方需要互相认证各自的身份，然后交换会话密钥，双向认证的典型方案是 Needham/Schroder 协议，协议执行的步骤如下（图 2-4）：

①A→KDC：ID_a ‖ ID_b ‖ N_1

②KDC→A：E_{K_a} [K_S ‖ ID_b ‖ N_1 ‖ E_{K_b} [K_S ‖ ID_a]]

③A→B：E_{K_b} [K_S ‖ ID_a]

④B→A：E_{K_S} [N_2]

⑤A→B：E_{K_S} [f（N_2）]

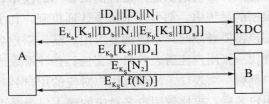

图 2-4　Needham/Schroder 协议

密钥 K_a 和 K_b 分别是 A 与 KDC、B 与 KDC 共享的密钥，这个协议的目的是将会话密钥 K_S 安全的分发给 A 和 B。在步骤②中 A 可安全地获取一个新的会话密钥；在步骤③中的报文只能被 B 解密，因此只有 B 知道报文的内容；在步骤④中，B 已获取了会话密钥 K_S；在步骤⑤中 B 确信 A 已获得了会话密钥 K_S，同时也使得 B 确信这是一个新报文，因为使用了随机数 N_2。本协议中步骤④和⑤的作用是防止某种特定类型的重放攻击。

尽管有步骤④和⑤的存在，但此协议还是容易遭到一种重放攻击。假定 x 是攻击者，已获得了一个过时的会话密钥。x 可以冒充 A，使用旧的会话密钥，通过简单的重放步骤③就能欺骗 B，除非 B 始终牢记所有与 A 的会话密钥，否则 B 无法确定这是一个重放。如果 C 能截获步骤④中的报文，那么他就能够模仿步骤⑤中的响应。因此，C 可以向 B 发送一个伪造的报文，让 B 以为报文是来自 A（且使用的是认证过的会话密钥）。

Denning 提出了改进的 Needham/Schroder 协议，克服了上述介绍这种重放攻击，这个改进协议是在步骤②和③中增加了时间戳，并假定密钥 K_a 和 K_b 是完全安全的。改进后的协议执行的步骤如下：

①A→KDC：$ID_a \parallel ID_b$

②KDC→A：$E_{K_a} [K_S \parallel ID_b \parallel T \parallel E K_b [K_S \parallel ID_a \parallel T]]$

③A→B：$E_{K_b} [K_S \parallel ID_a \parallel T]$

④B →A：$E_{K_S} [N_1]$

⑤A →B：$E_{K_S} [f (N_1)]$

T 是时间戳，它能向 A 和 B 确保该会话密钥是刚产生的。这样 A 和 B 双方都知道这个密钥分配是一个最新的交换，而向 A 和 B 通过验证可以证实其实效性。

目前，身份认证技术主要采用基于口令的认证技术、基于密钥共享的认证技术、基于公钥的认证技术等 3 种。

2.2 口令认证技术

利用口令来进行用户身份的认证，是目前最常用的技术，在目前几乎所有需要对数据加以保密的系统中，都引入了口令认证机制，其主要优点是简单易行。通常，每当用户需要登录时，系统都要求用户输入用户名和口令，登录程序利用用户名去查找一张用户注册表或口令文件；在注册表或口令文件中，每一个已注册的用户都有一个表项，记录有用户对应的用户名和口令；登录程序从中找到匹配的用户名后，再比较用户名对应的输入口令是否与注册表或口令文件中对应的口令一致；如果一致，系统便认为该用户是合法的，并允许进入该系统，否则将拒绝该用户登录。实际上，这就是静态口令认证（将在本节介绍）。

2.2.1 安全口令

口令是由数字、字母或者字母和数字（甚至还包括控制字符）混合组成，可以由用户自己选择，也可由系统随机产生。由于系统产生的口令不便记忆，用户自己选择的口令虽然容易记忆，但如果选择不恰当，也容易被攻击者猜中。为了防止攻击者猜测出口令，选择安全的口令应满足以下要求。

（1）口令长度适中

如果口令太短，很容易被攻击者用穷举法猜中。比如，一个 4 位十进制数所组成的口令，其搜索空间为 10000，若利用一个专门的穷举程序来破解时，平均只需 5000 次即可以猜中；如果每猜一次口令的时间为 0.1ms，则平均每猜中一个口令仅需 0.5s。若使用较长的口令，口令有 ASCII 码组成，则可以显著地增加猜中一个口令的时间。比如，口令由 7 位 ASCII 码组成，则可以显著地增加猜中一个口令的时间，其搜索空间 95^7，大约是 7×10^{13}，此时要猜中口令平均需要几十年。

（2）不回送显示

在用户输入口令时，登录程序不应该将该口令回送到屏幕上，以防止被附近的人发现。通常，系统会显示"＊"号或者什么都不显示。

（3）记录和报告

若有该功能，该功能可用于记录所有用户登录进入系统和退出系统的时间，也可以用来记录和报告攻击者非法猜测口令的企图及所发生的与安全性有关的其他不轨行为，这样更能及时地发现有人在对系统的安全性进行攻击。

（4）自动段开连接

为了给攻击者猜中口令增加难度，在口令机制中应该引入自动断开连接的功能，即只允许用户输入有限次数的不正确口令（通常规定 3～5 次）；如果用户输入不正确口令的次数超过了规定的次数，系统便会自动断开该用户所在终端的连接。当然，用户还可以重新请求登录，但若在重新输入指定的次数的不正确口令后，仍未猜中，系统会再次断开连接。很显然，这种自动断开连接的功能，无疑给攻击者增加了猜中口令的难度。

（5）口令存储的安全性

口令的存储也是很重要的问题，保管不好也会带来诸多安全隐患。目前，口令的存储有以下两种方法：

①明文存储。明文存储，即口令直接以明文的方式存储。这种存储方式风险很大，任何人只要得到存储口令的数据库，就可以得到全体人员的口令。

②Hash（散列）函数存储。散列函数的目的是为文件、报文或其他分组数据产生"数字指纹"。散列函数（H(x)）具有这样一些特性（见 2.3.2 节）。例如，$F(x) g^x mod p$ 就是一个单向函数，这里 p 是一个大质数，g 是 p 的原根（请参考相关资料）。对于每一个用户，系统存储帐号和散列值对在一个口令文件中。等用户登录时，用户输入口令 x，系统计算 F(x)，然后与口令文件中相应的散列值进行比较，若比较成功则允许登录，否则拒绝登录。在文件中存储口令的散列值而不是口令的明文，其优点在于攻击者即使获得了口令文件，通

过散列值要想计算出原始口令在计算上也是十分困难（甚至是不可能的）。相对来说，这种存储方式增加了安全性。

虽然目前基于口令的认证方式使用很广泛，但总的来说这种方式存在严重的安全问题。它是一种单因子认证，安全性依赖于口令，一旦口令泄露，用户即可被冒充。更为严重的是用户往往选择简单、容易被猜中的口令（如与用户名相同的口令、生日做为口令等）；这个问题往往成为安全系统最薄弱的突破口。因此，用户在设置口令时要注意：用户名与口令不要相同、口令的第1个字符不要用数字、设置口令时数字与字符并存、设置口令时字符个数不要太短（一般要6个字符以上）、设置口令时不要使用一般化名称（如John、Mary、Microsoft、Network…）和设置口令时不要使用大家都喜爱的文字或数字等。

当前，一些用户也采取将口令经过加密后存放在口令文件中，但是如果口令文件被截取，那么攻击者也可以进行离线的穷举攻击，这也攻击者常用的手段之一。

2.2.2 静态口令认证技术

当前，最基本、最常用的身份认证技术就是"用户名＋静态口令"认证。静态口令认证一般分为两个阶段：第1阶段是身份识别阶段，确认认证对象是谁；第2阶段是身份验证阶段，获取身份信息进行验证。

一个简单的静态口令认证过程是弹出一个窗口，同时用户输入用户名及"只有用户自己知道"的静态口令，一旦用户名和静态口令都通过了验证，用户即可拥有系统分配的权限来执行相应的操作。

静态口令认证虽然具有用户使用简单、方便，线路上传输的数据量最小，后台服务器数据调用最小，速度也最快，实现的成本最低等优势，但在口令强度、口令传输、口令验证、口令存储等许多环节都存在严重的安全隐患，可以说是最不安全的认证技术。

2.2.3 动态口令认证技术

静态口令认证技术实际上在一定时间内口令是不变的，而且可以重复使用。由于口令极易被嗅探窃持，还容易受到穷举（或字典）攻击。为了把由口令泄露所造成的损失减少到最小，用户应该经常更换口令。更改口令的周期可以根据实际情况定为1个月、1个星期或1天，一种极端的做法是采用一次性口令认证技术，本质上就是动态口令认证技术。实现动态口令认证的技术有多种，下面简单介绍最常用的几种。

1. 口令表认证技术

口令表认证技术是要求用户必须提供一张记录有一系列口令的表，并将表保存在系统中，系统为该表设置了一个指针，用于指示下次用户登录时所应使用的口令。这样，用户在每次登录时，登录程序便将用户输入口令与该指针所指示的口令相比较，若相同便允许用户进入系统，同时将指针指向表中的下一个口令。因此，使用口令表认证技术，即使攻击者知道本次用户登录时所使用的口令，他也无法进入系统。但应注意，用户所使用的口令表，必须妥善保存。

2. 双因子认证技术

20 世纪 80 年代，针对静态口令认证的缺陷，美国科学家 Leslie Lamport 提出了利用散列函数产生动态（一次性）口令的思想，即每次用户登录时使用的口令是动态变化的。1991 年贝尔通信研究中心用 DES 加密算法研制了基于一次性口令思想的挑战/应答式（Challenge/Response）动态密码身份认证系统（S/KEY）；之后，更安全的基于 MD4 和 MD5 的散列算法的动态密码身份认证系统也研制成功。为了克服挑战/应答式动态密码认证系统的使用过程繁琐、占用时间过多等缺点，美国 RSA 公司成功研制了基于时间同步的动态密码认证系统（RSASecureID）。

一次性口令是变动的口令，其变化来源于产生密码的运算因子是变化的。一次性口令的产生因子一般采用双运算因子：一个是用户的私有密钥；一个是变动的因子。变动因子可以是时间，也可以是事件，形成基于时间同步、事件同步、挑战/应答非同步等不同的一次性口令认证技术。

时间同步一般以 1 分钟作为变化单位；事件同步是把变化的数字序列（事件序列）作为密码产生器的一个运算因子，与用户的私有密钥共同产生动态密码；这时，同步是指每次认证时，认证服务器与密码卡保持相同的事件序列。挑战/应答式的变动因子是由认证服务器产生的随机数序列，每个随机数都是唯一的，不会重复使用，并且由同一个地方产生，因而不存在同步的问题。下面简单介绍基于一次性口令的身份认证系统（S/KEY），目前 S/KEY 现已经作为标准的协议 RFC1760。

（1）S/KEY 的认证过程

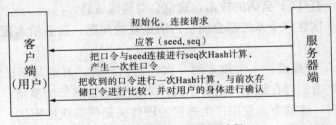

图 2-5　S/KEY 的认证过程

S/KEY 的认证过程如图 2-5 所示。

①用户向身份认证服务器提出连接请求；

②服务器返回应答，并附带两个参数（seed，seq）；

③用户输入口令，系统将口令与 seed 连接，进行 seq 次 Hash 计算（Hash 函数可以使用 MD4 或 MD5），产生一次性口令，传给服务器；

④服务器端必须存储有一个文件，它存储每一个用户上次登录的一次性口令。服务器收到用户传过来的一次性口令后，再进行一次 Hash 计算，与先前存储的口令进行比较，若匹配则通过身份认证，并用这次的一次性口令覆盖原先的口令；下次用户登录时，服务器将送出 seq＝seq−1；这样，如果客户确实是原来的那个真实用户，那么他进行 seq−1 次 Hsah 计算的一次性口令应该与服务器上存储的口令一致。

（2）S/KEY 的优点

①用户通过网络传送给服务器的口令是利用秘密口令和 seed 经过 MD4（或 MD5）生成的密文，用户拥有的秘密口令并没有在网上传播，这样即使黑客得到了密文，由于散列算法固有的非可逆性，要想破解密文在计算上是不可行的；在服务器端，因为每一次成功的身份认证后，seq 自动减 1，这样下次用户连接时产生的口令同上次生成的口令是不一样的，从而有效地保证了用户口令的安全。

②实现原理简单，Hash 函数的实现可以用硬件来实现，提高运算效率。

（3）S/KEY 的缺点

①给用户带来一些麻烦（如口令使用一定次数后需要重新初始化，因为每次 seq 要减去 1）。

②S/KEY 的安全性依赖于散列算法（MD4/MD5）的不可逆性，由于算法是公开的，当有关于这种算法可逆计算的研究有了信息 4，系统将会被迫重新使用其他安全算法。

③S/KEY 系统不使用任何形式的会话加密，因而没有保密性。如果用户想要阅读他在远程系统的邮件或日志，这因此会在第 1 次会话中成为一个问题；而且由于有 TCP 会话的攻击，这也会对构成威胁。

④所有一次性口令系统都会面临密钥重复的问题，这会给入侵者提供入侵机会。

⑤S/KEY 需要维护一个很大的一次性密钥列表，有的甚至让用户把所有使用的一次性密钥列在纸上，这对于用户来说是非常麻烦的事情；此外，有的提供硬件支持，这就要求使用产生密钥的硬件来提供一次性密钥，但这要求用户必须安装这样的硬件。

2.3　消息认证技术

消息认证是一种过程，它使得通信的接收方能够验证所收到的报文（发送者、报文的内容、发送时间、序列等）在传送过程中是否被假冒、伪造、篡改，是否感染了病毒等，即保证信息的完整性和有效性。

在网络传输中，许多报文并不需要加密。比如，通知网络上的所有用户有关网络的一些情况或网络中心的警告信号等。但如何让接收报文的接收者来认证没有加密的报文的真伪，这正是消息认证的目的。下面介绍利用不同认证码来实现消息认证的一些方案。

2.3.1　采用 MAC 的消息认证技术

1.　消息认证码

消息认证码（Message Authentication Code，MAC）是一种实现消息认证的方法。MAC 是由消息 M 和密钥 K 的一个函数 $MAC=C_K(M)$ 产生的。其中 M 是变长的消息，K 是仅由收发双方共享的密钥，$C_K(M)$ 是定长的认证码。

假定 A 是发送方，B 是接收方，他们共享密钥 K。当 A 要向 B 发送消息，确信已知消息正确时，计算 MAC，然后将 MAC 附加到消息的后面发送给 B；B 使用同样的密钥 K，对收到的 M 执行相同的计算并得到 MAC；接收到的 MAC 和 B 计算出来的 MAC 如果相等，那么可以确信：

①B 确信消息未被更改过。如果一个攻击者更改消息，而未更改 MAC，那么 B 计算出来的消息将不同于接收到的 MAC（因为假定攻击者不知道该密钥，因此攻击者不可能更改 MAC 来对应被更改过的消息）。

②B 确信消息来自发送者。因为没有其他人知道该密钥，因此也没有人能为一个消息伪造一个合适的 MAC。

③如果消息包括一个序列号（如用于 HDLC，X. 25 和 TCP），那么接收者确信该序列号的正确性。这是因为攻击者无法更改序列号。

2.　基于 DES 的消息认证码

目前，有很多算法可以用来生成消息认证码。例如，利用 DES 算法可以生成消息认证码（FIPS PUB113），是使用 DES 加密后的密文的若干位（如 16 或 32 位）作为消息认证码，如图 2-6 所示。

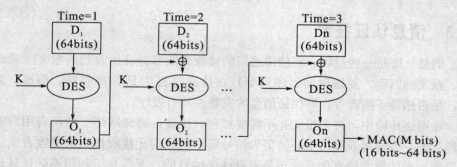

图 2-6　基于 DES 的消息认证码

该算法定义为以密文分组链接（CBC）为操作方式的用 0 作为初始化向量的 DES。被认证的数据（如消息、记录文件或程序）被分为连续的 64 位分组： D_1，D_2，…，D_n。如果有必要，用 0 填充最后分组的右边形成满 64 位的分组。其算法是：

$$O_1 = E_K (D_1)$$

$$O_2 = E_K (D_2 \oplus O_1)$$

…

$$O_n = E_K (D_n \oplus O_{n-1})$$

最终 MAC 为消息认证码（图 2-6）。MAC 类似于加密，与加密的区别在于 MAC 函数不可逆（是单向函数）。

3. 消息认证码方案

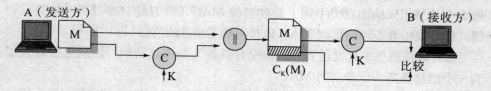

（a）消息认证

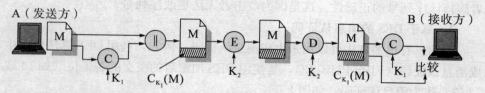

（b）消息认证与加密、认证与明文连接

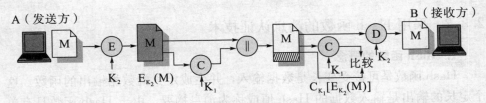

（c）消息认证与加密、认证与密文连接

图 2-7　消息认证码的基本使用方法

如图 2-7 所示，描述的过程只提供认证而不提供保密（因为消息作为一个整体在传输）。

保密性由在对使用 MAC 算法之后（图 2-7（b））或之前（图 2-7（c））的消息加密来提供。在这两种情况下都需要两个独立的密钥 K_1、K_2，每个密钥均由发送方和接收方共享。在第 1 种情况下，以消息作为输入来计算出 MAC，然后 MAC 与消息连接在一起作为一个完整的分组被加密；在第 2 种情况下，消息首先被加密，接着使用加密后得出的密文计算出 MAC，然后将 MAC 与密文连接在一起作为一个完整的传输分组。注：直接将认证与明文连接在一起更可取一些，因此使用图 2-7（b）所示的方法。

因为对称加密能提供认证，目前已有广泛使用的产品。那么，为什么不简单地使用他们而要采用独立的消息人证码呢？下面介绍使用消息认证码的几种情况：

①需要将相同的消息对许多终点进行广播的应用。如告知用户目前网络不通或军用控制中心发出警告信息，仅用一个源点负责消息的真实性，这种方法既经济又可靠。如果这样，则消息必须以明文及对应的消息认证码的形式广播，负责认证的系统拥有相应的密钥，并执行认证操作。如果认证不正确，其他终点将收到一个一般的告警。

②一方有繁重的任务，无法负担对所有的消息进行解密的工作量，仅进行有选择地认证，对消息进行随机检查。

③对某些应用，也许不关心消息的保密性而更看重消息的真实性。比如简单网络管理协议（SNMPv3），它将保密函数与认证函数分离。对于这种应用，通常认证收到的 SNMP 消息的真实性对被管系统更为重要，特别是如果该消息中包含改变被管系统命令时更是如此。

④用户期望在超过接收时间后继续延长保护期限，同时允许处理消息的内容。当消息被解密后，加密保护作用就失效了，因此消息仅能在传输过程中防止欺诈性的篡改，但在目标系统中却很难办到。

此外，应注意 MAC 并不提供数字签名，因为双方共享密钥。

2.3.2 采用 Hash 函数的消息认证技术

1. Hash 函数的概念

Hash 函数是可接受变长是数据输入，并生成定长的数据输出的函数。这个定长的输出是输入数据的 Hash 值或称为消息摘要。由于 Hash 函数具有单向性的属性，也称为单向散列函数；也把 Hash 值（消息摘要、散列码）称为输入数据的数字指纹。

Hash 值以函数 hash 产生：$h=Hash(M)$。其中，M 是变长的消息，Hash 是将一个任意长度的消息 M 映射成为一个较短定长的 Hash 值 h 的 Hash 函数，$Hash(M)$ 是定长的 Hash 值。

Hash 函数具有如下性质：

①Hash 的输入可以任意长；

②Hash 的输出（称为"Hash 码或散列值"）为定长；

③对任何给定的 x，$Hash(x)$ 的计算相对容易；

④对于任意给顶的 h，则很难找到 x 来满足 $Hash(x)=h$，计算上具有不可行性，即单向性；

⑤对任何给定的 Hash 码 h，要获得 x，使得 $Hash(x)=Hash(y)$ 在计算上是不可行的（此性质也称为"弱抗冲突（Weak Collision Resistance)"）；

⑥对任何（x，y）对，使得 $H(x)=H(y)$ 在计算上是不可行的（此性质也称为"强抗冲突（Strong Collision Resistance)"）。

Hash 函数并不能提供机密性，并且它们不能使用密钥来生成摘要；Hash 函数非常适合于认证和确保数据的完整性。Unix 系统一直使用 Hash 函数进行认证，不以明文存储用户口令，而是使用存储口令的 Hash 值或口令的 Hash 派生物。

2. 简单的 Hash 算法

简单的 Hash 函数的操作使用一致性原则，即输入消息序列；输入的方式是使用迭代的方式每次处理一个分组。一个简单的 Hash 函数是每个分组按位异或（XOR），如图 2-8 所示。将消息 M 分成 n 个定长的分组：$M_1 M_2 M_3 M_4 \cdots M_n$。

$$M_1 M_2 M_3 M_4 \cdots M_n \longrightarrow \bigoplus \longrightarrow M_1 \oplus M_2 \oplus M_3 \oplus M_4 \oplus \cdots \oplus M_n$$

输入消息分组   输入消息分组

图 2-8　简单的 Hash 函数

3. 采用 Hash 函数的消息认证

下面分析利用 Hash 函数来实现消息认证的方案。Hash 值（消息摘要）是消息中所产生的函数值，并有差错检测能力，消息中的任何一位或若干位发生改变都将导致 Hash 值发生改变。

不同的 Hash 值可以提供几种消息认证的方式，如图 2-9 所示。

①使用对称密码技术对附加 Hash 值的消息进行加密（图 2-9（a））。认证的原理是：因为只有 A 和 B 共享密钥 K，因此消息 M 必定来自 A 且未被篡改。消息摘要提供认证所需的结构或冗余。因为对包括消息和 Hash 值的整体进行加密，因此还提供了保密。

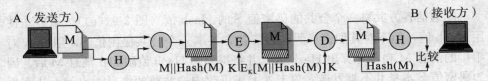

图 2-9（a）　使用对称密码技术对附加 Hash 值的消息进行加密

②使用对称秘密技术仅对 Hash 值进行加密（图 2-9（b））。该方法针对消息无需保密的应用情况，从而减少了由加密而增加的处理负担。注：由 Hash 值与加密结果合并成为的一个整体函数实际上就是一个消息认证码（MAC）。$E_K[Hash(M)]$是变量消息 M 和密钥 K 的函数值，且它生成一个定长的输出，对不知道该密钥的攻击者来说是安全的。

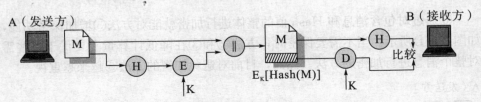

图 2-9（b）　使用传统密码技术仅对 Hash 值进行加密

③使用公钥密码技术和发送方的私钥仅对 Hash 值进行加密（图 2-9（c））。该方法既能提供认证，又能提供数字签名。因为只有发送方能够生成加密的 Hash 认证码（事实上，这也是数字签名的本质）。

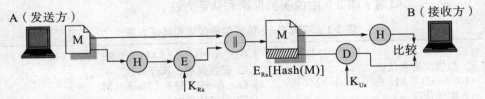

图 2-9（c）　使用公钥密码技术和发送方的私钥仅对 Hash 值进行加密

④同时提供保密性和数字签名。可使用一个对称秘密密钥对消息和已使用

的公钥加密 Hash 认证码一起进行加密，如图 2-9 (d) 所示。

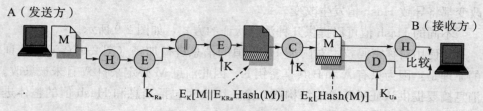

图 2-9 (d)　同时提供保密性和数字签名

⑤通信各方共享一个公共的秘密值 S 的 Hash 值（图 2-9 (e)）。该方法使用 Hash 值，但不对其加密。假定通信各方共享一个公共秘密值 S，用户 A 对串接的消息 M 和 S 计算出 Hash 值，并将得到的 Hash 值附加在消息 M 后。因为秘密值 S 本身并不被发送，攻击者无法更改中途截获的消息，也就无法产生假消息，此方法只提供认证。

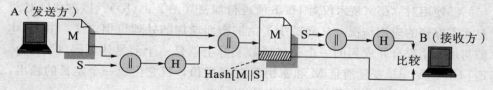

图 2-9 (e)　通信各方共享一个公共的秘密值 S 的 Hash 值

⑥通过对包含消息和 Hash 值的整体进行加密就能对方法⑤增加保密功能，如图 2-9(f)所示。当不需要保密时，方法②和③在降低计算量上要优于那些需对整个消息进行加密的方法。然而，目前对避免加密的方法⑤越来越重视。

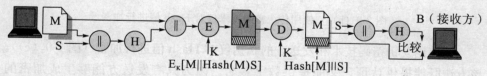

图 2-9 (f)　通过对包含消息和 Hash 值的整体进行加密对方法⑤增加保密功能

表 2-1　归纳了图 2-9 中说明的保密和认证方法。

表 2-1　不同 Hash 值提供的保密和认证方法

(a) A→B：$E_K[M \| Hash(M)]$ ◇ 提供保密和认证	(d) A→B：$E_K[M \| E_{KRa} Hash(M)]$ ◇ 提供保密、认证和数字牵勤
(b) A→B：$M \| E_K[Hash(M)]$ ◇ 提供认证	(e) A→B：$M \| [Hash(M) \| S]$ ◇ 提供认证
(c) A→B：$M \| E_{K_{Ra}}[Hash(M)]$ ◇ 提供认证和数字签名	(f) A→B：$E_{K_{Ra}}[M \| Hash(M) \| S]$ ◇ 提供认证、数字签名和提供保密

2.4　实体认证技术

信息系统的安全性还取决于能否正确验证用户或终端的个人身份。比如银行的自动取款机（Automatic Teller Machine，ATM）可将现款发给经它正确识别的帐号持卡人，从而大大提高了工作效率和服务质量。对于 ATM 的访问、使用都是以精确的身份证明为基础的。传统的身份证明一般是通过检验"物"的有效性来确认持该物的人的身份。通常，"无"以徽章、工作证、信用卡、驾驶执照、身份证、护照等，卡上含有个人照片（易于被换成指纹、视网膜图样、虹膜图样等），并有权威机构的签章。这些靠人工识别的工作已逐步由机器代替。在信息化社会中，随着信息业务的扩大，要求验证的对象集合也迅速加大，因而大大增加了身份验证的复杂性和实现的困难性。例如银行自动转帐系统中可能有百万个用户，若用个人识别号（Personal Identification Number，PIN）至少需要 6 位十进制数；若用个人签字来代替 PIN，要求能区分数以百万计的签字。

当前，有一些电子方式实现个人身份证明的方法，例如从银行 ATM 取款时需要将信用卡和 PIN 送入其中，电话购货需要证实信用卡的号码，用电话公司发行的卡支付长途电话费需要验证 4 位十进制数的 PIN，通过网络联机时需要传送用户的名字和口令等。但是各种攻击常使这类简单的验证身份的方法失效。下面介绍几种认证技术，主要是如何针对以数字化方式实现安全、精确、高效和低成本的认证。

2.4.1　身份认证系统

1.　身份认证系统的组成

一般而言，身份认证系统由四部分组成：示证者 P（Prover）（也称为申请者（Claimant），即出示证件的人，提出某种要求）、验证者 V（Verifier）（是检验示证者提出的证件的正确性和合法性，决定是否满足要求）、攻击者（可以窃听和伪装示证者，骗取验证者的信任）和可信赖者（即第三方，也称仲裁者，参与调解纠纷）。实现身份验证的这类技术称为身份认证技术，也称为识别（Identification）、实体认证（Entity Authentication）、身份证实（Identity Verification）等。实体认证与消息认证的区别主要体现在：消息认证本身不需要实时，而实体认证一般都是实时的；另一方面实体认证通常是认证实体本身，而消息认证除了证实消息的合法性和完整性外，还要知道消息的含义。

2.　身份认证系统的要求

作为一个安全、可靠的身份认证系统，应满足以下要求：

①不具可传递性（Transferability），验证者 B 不可能重用示证者 A 提供给

他的信息来伪装示证者 A，而成功地骗取其他人的验证，从而得到信任。

②攻击者伪装示证者欺骗验证者成功的概率要小到可以忽略的程度，特别是要能抗击已知密文攻击，即能抗击攻击者在截获到示证者的验证者多次通信下的密文，然后伪装示证者欺骗验证者。

③验证者正确识别合法示证者的概率极大化（尽可能大）。

④计算有效性，为实现身份认证所需的计算量要小。

⑤通信有效性，为实现身份认证所需通信次数和数据量要小。

⑥秘密参数能安全存储。

⑦交互识别，必须满足某些应用中要求双方能相互进行身份认证。

⑧第三方的可信赖性，必要时能够实时参与。

⑨提供可证明安全性。

注：⑦～⑨是某些身份认证系统提出的要求。

身份识别与数字签名密切相关，数字签名是实现身份识别的一个途径，但在身份识别中消息的语义基本上是固定的，身份验证者根据规定对当前时刻申请者的申请或接受或拒绝。身份识别一般不是"终生"的，而数字签名则应是长效且未来仍可启用的。

3. 身份认证的分类

身份认证可以分为两大类：

①身份证实（Identification Verification）。对身份进行肯定或否定，即要回答"你是否是你所声称的你？"。一般方法是输入示证者的个人信息，对公司和算法运算所得结果与卡上或库中所存储的信息进行比较，得出结论。

②身份识别（Identity Recognition）。要回答"我是否知道你是谁？"，一般方法是输入个人信息，经过处理提取成模板信息，试着在存储数据库中搜索并找出一个与之匹配的模板，然后给出结论。比如确定一个人是否曾经有前科的指纹检验系统。

很显然，从技术上来看，身份识别要比身份证实难得多。

4. 实现身份认证的基本途径

实现身份认证的基本途径有以下 3 类或它们之间的组合：

①所知（Knowledge）。个人所知道的或掌握的知识，如口令、密码等。

②所有（Possesses）。个人所具有的东西，如身份证、护照、信用卡、钥匙等。

③个人特征（Characteristics）。包括指纹、笔迹、手型、脸型、血型、声纹、视网膜、虹膜、DNA 及走路的姿势等。

在实际应用中，可以根据所需的安全水平、系统通过率、用户可接受性、成本等因素，适当的组合设计实现一个自动化身份认证系统。

2.4.2　通行字认证技术

通行字也称口令、护字符，是一种根据已知事物验证的方法，也是目前使用最广泛的身份认证法。例如中国古代打仗调兵用的虎符、阿里巴巴打开魔洞的"芝麻开门"密语、军事上使用的各种口令及现代通信网的接入协议等。其选择原则为：易记、难以被猜中或发现、抗分析能力强。在实际系统中需要考虑和规定选择方法、使用期限、字符长度、分配和管理以及在计算机系统内的保护等，根据系统对安全水平的要求来进行选取。在使用中通行字安全（包括使用和保存）是至关重要的，目前一般采用通行短语（Pass Phrases）代替通行字，通过密钥碾压（Key Crunching）技术，比如 Hash 函数将易于记忆的足够长的短语变换为较短的随机性密钥。

此外，分发通行字也是极为重要的一环，通常采用邮寄方式。在要求安全性高的时候派可靠的信使传递（比如，银行管理系统通常采用夹层信封，由计算机将护字符印在中间纸层上，外边看不到，只有拆封才能读出；如果用户收到的信封已被拆阅，可向银行声明拒用此通行字；此外，银行还分别寄出一个塑卡，上面有磁条记录用户个人信息，只有当用户得到这两者以后，才能使用它与 ATM 交易）。

1.　通行字的安全控制措施

①系统消息（System Message）。一般在系统联机和脱机时都显示礼貌性用语，这成为识别系统的线索，因此该系统应当可以抑制这类消息的显示（通行字不能显示）。

②口令次数限定。不成功地输入口令 3～5 次，系统将对用户 ID 锁定，直到重新认证授权才能再开启。

③通行字有效期。限定通行字的使用期限。

④双通行字系统。允许联机用通行字和允许接触敏感信息再发送一个不同的通行字。

⑤限制最小长度。限制通行字至少为 6～8 个字节以上，为限制猜测成功率，可采用掺杂（Salting）或采用通行短语（Pass Phrase）等加长和随机化。

⑥封锁用户系统。可以对长期未联机用户或通行字超过使用期限的用户 ID 封锁，直到用户重新被授权。

⑦根通行字的保护。根（Root）通行字是系统管理员访问系统的用户口令，由于系统管理员被授予的权利远大于对一般用户的授权，因此根通行字自然成为攻击者的攻击目标；因此在选择和使用中要加倍保护，要求必须采用十六进制字符串、不能通过网络传输、要经常更换等。

⑧系统生成通行字。有些系统不允许用户自己选定通行字，由系统生成、分配通行字。

系统如何生成易于记忆又难以猜中的通行字是要解决的一个关键问题。如果通行字难于记忆，则用户要求将其写下来，反而增加了暴露危险；另一危险是若生成算法被窃则将危及整个系统的安全。

2. 通行字的安全存储

（1）一般方法

对于用户的通行字大多以加密形式存储，攻击者要得到通行字，必须知道加密算法和密钥，算法可能是公开的，但密钥应当只有管理者才知道。许多系统可以存储通行字的单向散列值，攻击者即使得到此散列值也难以推导出通行字的明文。

（2）令牌（Token）有源卡采用的一次性通行字

这种通行字本质上是一个随机数生成器，可以用安全服务器以软件的方法生成，一般用第三方认证。其优点是：即使通行字被攻击者截获也难以使用；用户需要发送 PIN（只有持卡人才知道），因此即使卡被偷也难以使用卡进行违法活动。

3. 通行字的检验

（1）反应法（Reactive）

利用一个程序（Cracker），让被检验的通行字与一批易于猜中的通行字表中成员进行逐个比较，若都不相符则通过。

（2）支持法（Proactive）

用户自己先选择一个通行字，当用户第一次使用时，系统利用一个程序检验其安全性，如果它是易于被猜中，则拒绝并请用户重新选一个新的。程序通过准则要考虑可猜中与安全性之间的折衷。

2.4.3　IC 卡认证技术

1. IC 卡的原理

IC 卡可以用来认证用户身份，又称为有源卡（Active Card）、灵巧卡（Smart Card）或智能卡（Intelligent Card）。IC 卡的硬件是一个微处理器系统，硬件主要由微处理器（目

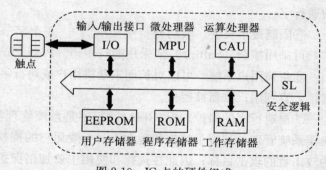

图 2-10　IC 卡的硬件组成

前多为 8 位 MPU)、程序存储器（ROM）、临时工作存储器（RAM）、用户存储器（EEPROM）输入/输出接口、安全逻辑及运算处理器等组成（图 2-10 所示）；软件有操作系

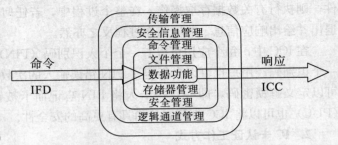

图 2-11　IC 卡操作系统的典型模块结构

统、监控程序等。一个典型的 IC 卡操作系统可以按 OSI 模型分为物理层（第 1 层）、数据传输层（数据、链路层/第 2 层）、应用协议层（应用层/第 3 层）3 层。每一层由一个或几个相应的功能模块予以实施（图 2-11 所示）。

其中 IFD（IC-Card Interface Device）为 IC 卡的接口设备，即 IC 卡的读写设备；ICC（IC-Card）为 IC 卡。一般情况下以 IFD 或应用终端（计算机或工作站）作为宿主机，它将产生命令及执行顺序，而 ICC 则响应宿主机的不同命令，在 IFD 和 ICC 之间进行信息交换。其典型的传输结构如图 2-12 所示，这样在 IFD 和 ICC 之间传输信息的安全性得以保障，否则完全有被截取的可能。ICC 操作系统对此采取了加密或隐含传输的方法，就是将待传输的命令或响应回答序列进行加密处理后再进行传输。

此外，一个较完善的 ICC 操作系统必须能够管理一个或多个相互独立的应用程序，它应能够为有关应用提供相应的传输管理、安全管理、应用管理、文件管理等功能。不同功能之间的逻辑关系如图 2-13 所示（图中的安全管理功能可由用户根据情况取舍）。

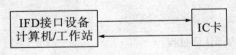

图 2-12　IFD 和 ICC 之间的典型传输结构

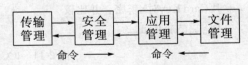

图 2-13　ICC 不同功能之间的逻辑关系

例如，IFD 向 ICC 发送一条命令，其工作过程是这样的：首先，传输管理模块对物理层上传输的信号进行解码并将其传递给安全管理模块；其次，若为加密传输，则该模块对其进行解密并将解密后的命令传输给应用管理模块，若不是加密传输，则该模块将其直接传输给应用管理模块；第三，应用管理模块根据预先的设计要求，检查此命令的合法性以及是否具备执行条件（与应用顺序控制有关），若检查成功，则启动执行此命令；最后，若此命令涉及到有关信息存取，则文件管理模块检查其是否满足预先设计的存取条件，若满足条

件，则执行有关数据存取操作。在整个过程中，若任何一次检查失败，则立即退出并给出响应信息。响应工作过程反之亦然。

在 ICC 中，每个应用可以有一个个人识别码（PIN），也可以几个应用共用一个识别码。用户也可以自行定义 PIN 错误输入的次数，为安全起见，同时也可以定义解锁密码，即一旦持卡人将 PIN 忘记而卡被锁住后，利用解锁密码（PUC）也可以将 ICC 打开，从而具有更高的安全性。

2. IC 卡认证工作方式

在 IC 卡中，引入认证的概念，在 IFD 和 ICC 之间只有相互认证之后才能进行数据读、写等具体操作。认证是 IC 卡和应用终端之间通过相应的认证过程来相互确认合法性，其目的在于防止伪造应用终端及相应的 IC 卡。IC 卡有以下 3 种工作方式：

（1）**内部认证（Internal Authentication）**

应用终端阅读卡中的固定数据，然后导算出认证密钥。终端产生随机数并送给 IC 卡，同时指定下一步应用的密钥。卡用指定密钥对该随机数进行加密，然后将经过加密的随机数送回终端；终端对随机数进行解密，比较是否一致，若一致则内部认证成功。其具体工作过程如图 2-14 所示。

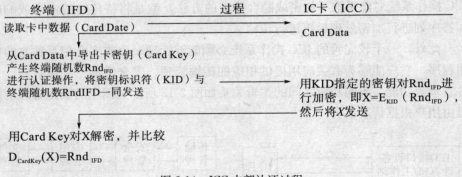

图 2-14　ICC 内部认证过程

（2）**外部认证（External Authentication）**

终端设备从 ICC 中读取数据并导算出认证密钥。因为 ICC 本身不能发送此数据，这一认证方法由终端设备控制。终端设备从 ICC 中读取一个随机数（通常为 8 字节），用认证密钥对它进行加密并将它发送到 ICC。ICC 对这个加密值进行检查并比较，如图 2-15 所示。

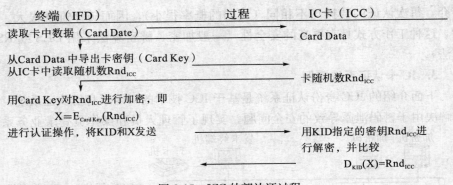

图 2-15 ICC 外部认证过程

（3）相互认证（Mutual Authentication）

终端设备从 ICC 中读取数据并导出认证密钥。终端设备从 ICC 中读取一个随机数（通常为 8 字节）并产生它自己的随机数（也通常为 8 字节）。这两个随机数和卡数据（连接成一个串）由认证密钥进行加密。终端设备将此加密值传送给 ICC，ICC 用终端设备指定的认证密钥对此加密值进行解密并比较。成功比较之后，ICC 用认证密钥加密终端设备的随机数和它自己的随机数，并将此加密值发送回终端设备。终端设备解密这个加密值并和它自己的随机数进行比较，如图 2-16 所示。

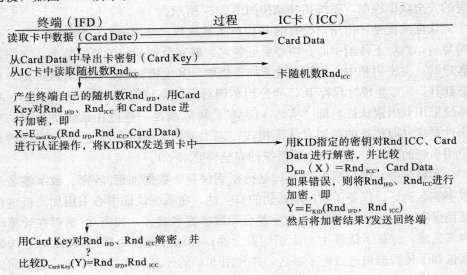

图 2-16 ICC 相互认证过程

由以上 3 种认证方式可以看出，加密、解密密钥只存在于 ICC 和有关应用终端的内部，一旦形成决不外露。因此，密钥十分安全。每次认证以随机数为媒介，每次认证的数据均不相同（相同的概率很小），因而破译难度很大。因此，这种工作方式具有更高的安全性（一般加密、解密算法采用 DES 或 RSA 算法）。

3. IC 卡认证系统实例

下面介绍的 ICC 身份认证系统是基于 ICC 技术的双因素身份认证系统，可以解决由于密码泄露导致的安全问题，实现了管理人员和操作员登录业务系统

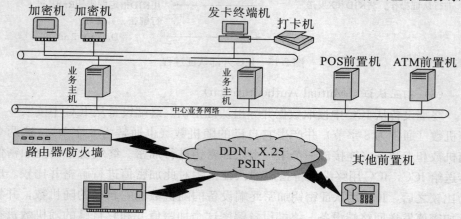

图 2-17　ICC 身份认证系统拓扑结构图

时的安全认证控制，系统拓扑结构如图 2-17 所示。

认证流程是：由用户持有的 ICC 产生挑战数，并用中心公钥加密、ICC 私钥签名，然后上传给中心；中心验证签名、解密数据后，计算应答数，再下送客户端；主密钥和中心私钥存放于加密机中，其他密钥根据密钥分散原则，动态计算，ICC 生成并保存 ICC 的公钥私钥对（该系统符合 ISO7816 标准）。本系统采用双因素认证，即"实物＋信息"，可以满足一些应用系统更高层的安全性要求（而传统的单因素认证模式，即"用户名＋口令"，已远远不能满足应用系统的要求，尤其是金融系统的安全性要求了）。

本系统中，客户端采用 ICC 进行密钥保存、数据加密/解密、数字签名和数字签名验证，保证了客户端密钥的安全性；在系统认证中心采用加密机进行密钥保存、数据加密/解密、数字签名和数字签名验证，加密/解密都在计算机内部完成，保证了认证中心密钥的安全性；在认证流程中采用 RSA 对上传数据包和下传数据包进行电子签名，并利用 ICC 的外部认证控制对 ICC 的访问使用，从而实现了客户端和认证中心之间的双向认证，解决了系统用户进行交易的抗否认要求。

2.4.4 个人特征识别技术

随着技术的发展，更高级的身份认证是根据授权用户的个人特征来进行认证，它是一种可信度高的认证方法（该方法在在刑事侦破案件中早就在使用了）。当前，信息的含义更广的生物统计学（Biometrics）正在成为自动化世界所需要的自动化个人身份认证技术中最简单的方法，它是利用个人的生理特征来进行认证。个人特征有静态的和动态的，比如容貌、肤色、发长、身材、姿势、手印、指纹、脚印、唇印、颅像、说话声音、脚步声、体味、视网膜、虹膜、血型、遗传因子、笔迹、习惯性签名、打字韵律以及对外界刺激的反应等。由于个人特征都具有因人而异和随身携带的特点，不会丢失和难以伪造，非常适合个人身份的认证。

当前，个人特征识别这类产品目前由于成本高尚未被广泛采用，但其潜在的用户，如银行、政府、医疗、商业等系统中要求安全性较高的部门，将来都可能采用这类产品。下面简单介绍几种具有实用价值的认证技术。

1. 指纹认证

传统的身份认证存在诸多不足：根据人们知道的内容（如密码）或持有的物品（如身份证、卡、钥匙等）来确定其身份，内容的遗忘或泄露、物品的丢失或复制都使其难以保证身份认证结果的唯一性和可靠性。

利用人体唯一的和不变的指纹进行身份认证，将克服传统身份认证的不足。此外，由于生物特征是人体的一部分，因此无法更改和仿制。所以，利用指纹进行身份识别比传统的身份认证更具有可靠性和安全性。

指纹识别系统是利用人类指纹的独特特性，通过特殊的光电扫描和计算机图像处理技术，对活体指纹进行采集、分析和对比，自动、迅速、准确地认证出个人身份。指纹识别系统主要包括如图 2-18 所示的部分。自动指纹认证过程是按照用户姓名等信息，将保存在指纹数据库中的模板指纹调出来，然后再用用户输入的指纹与该模板指纹进行比较，以确定两指纹是否出于同一指纹。

图 2-18 指纹自动识别系统

目前，全球有几十家公司都在经营和开发新的自动指纹身份认证系统，一些国家，如美国、菲律宾、南非、牙买加等，已经将自动指纹身份认证系统作为身份认证或社会安全卡的有机组成部分，以有效地防止欺诈、假冒以及一人申请多个护照等。

2. 语音认证

每个人的说话声音都各有其特点，人对于语言的识别能力极强，即使在强干扰下也能分辨出某个熟人说话的声音。在军事和商业通信中常常靠听对方的语音来实现个人身份的认证。比如可将由每个人讲的一个短语分析出来的全部特征参数存储起来，如果每个人的参数都不完全相同就可以实现身份认证。这种存储的语音称为语音声纹（Voice-print）。当前，电话和计算机的盗用十分严重，语音识别技术还可以用于防止黑客进入语音函件和电话服务系统。

3. 视网膜图样认证

人的视网膜血管（即视网膜脉络）的图样具有良好的个人特征。这种基于视网膜的身份认证系统的基本原理，是利用光学和电子仪器将视网膜血管图样记录下来，一个视网膜血管的图样可以压缩为小于 35 字节的数字信息，从而根据图样的节点和分支的检测结果进行分类识别。被识别人必须合作允许。研究已经表明，基于视网膜的身份认证效果非常好，如果注册人数小于 200 万时，错误率为 0，而所需时间为秒级。目前，已在安全性和可靠性要求较高的军事和银行系统中采用，但其成本较高。

4. 脸型认证

利用图像识别、神经网络和红外线扫描探测，对人脸的"热点"进行采样、处理、提取图样信息，通过脸型自动认证系统进行身份认证。可将面部识别用于网络环境中，与其他信息系统集成，保证为金融、接入控制、电话会议、安全监视、护照管理、社会福利发放等系统提供安全、可靠的服务。

2.4.5 Kerberos 身份认证技术

Kerberos 身份认证协议是 20 世纪 80 年代美国 MIT（麻省理工学院）开发的一种协议，其名称是根据希腊神话中守卫冥王大门的三头的看门狗而命名的。而现在"三头"意指由 3 个部分组成的网络之门保护者，即认证、统计和审计。Kerberos 是针对分布式环境的开放系统开发的身份鉴别机制，目前已被开放软件基金会（OSF）的分布式环境（DCE）及许多网络操作系统供应商采用。

1. 什么是 Kerberos

当用户第 1 次登录到工作站时，需要输入自己的帐号和口令。从用户登录到退出这一段时间称为一个登录会话。在一个会话过程中，用户可能需要访问远程资源，这些远程资源需要认证用户的身份，那么用户登录的工作站将为用户实施认证，而用户本身不需要知道实施了认证。Kerberos 就是基于对称密码技术、在网络上实施认证的一种服务协议，它允许一台工作站通过交换加密消息在非安全网络上与另一台工作站相互证明身份，一旦试图登录上网的用户身份得到验证，Kerberos 协议就会给这两台工作站提供密钥，并通过使用密钥和加密算法为用户间的通信加密以进行安全的通信。

目前，Kerberos 协议有 5 个版本，前 3 个版本已经不再使用；第 4 版和第 5 版虽然从概念上讲很相似，但根本原理完全不同。第 4 版用户量大，结构更为简单且性能好，但它只能用于 TCP/IP 协议，而第 5 版的功能更多。

2. Kerberos 的工作原理

Kerberos 的实现包括一个运行在网络上的某个物理安全的节点处的密钥分配中心（KDC，Key Distribute Center）以及一个可供调用的函数库，各个需要认证用户身份的分布式应用程序调用这个函数库，根据 KDC 的第三方服务来验证计算机相互的身份，并建立密钥以保证计算机间的安全连接。

（1）Kerberos 认证的类型

Kerberos 协议实际上有 3 种不同的认证类型：

①认证服务器（AS，Authenticatio Server）认证是在客户和知道客户的秘密密钥的 Kerberos 认证服务器之间进行的一次初始认证。这次认证使得客户获得了一张用于访问某一指定的认证服务器的票据。

②票据许可服务器（TGS，Ticket Granting Server）认证是在客户和指定的认证服务器之间进行的一次认证，此时，该认证服务器被称为票据许可服务器。客户没有使用自己的秘密密钥，而是使用了从 AS 那里获得的票据。这次交换使得客户获得了进一步访问某一指定的认证服务器的票据。

③客户机/服务器（CS）认证是在客户和指定的认证服务器之间进行的一次认证，此时，该认证服务器被称为目标服务器，客户向目标服务器进行认证或目标服务器向客户进行认证。这一过程使用了从 AS 或 TGS 交换获得的票据。

（2）Kerberos 的认证过程

在开放式网络环境中，最大的安全威胁是冒充，对手可以假装成另一用户获得在服务器上的未授权的一些特权。为了防止这种威胁，服务器必须能够证实请求服务的用户身份。下面以一个简单的鉴别对话来介绍不同的 Kerberos 认证技术类型解决不同的安全问题。

首先使用一个认证服务器（AS），它知道每个用户的口令并将这些口令存储在一个集中的数据库中。AS 与每个服务器共享一个唯一的密钥，这些密钥已经通过安全的方式进行分发。当客户 C 需要登录到服务器 V 时，图 2-19 是它们之间的简单会话过程。

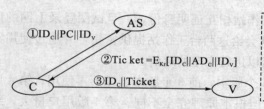

图 2-19 一个简单会话的交互过程

在图 2-19 中，认证过程如下：

①用户登录到工作站，请求访问服务器 V。客户模块 C 运行在用户的工作站中，它要求用户输入口令，然后向服务器发送一个报文，里面包含用户的 ID、服务器 ID、用户的口令等。

②AS 检查它的数据库，验证用户的口令是否与用户的 ID 匹配，以及该用户是否被允许访问该数据库。若两项测试都通过，AS 认为该用户是可信的，为了让服务器确信该用户是可信的，AS 生成一张加密过的票据，其中包含用户 ID、用户网络地址、服务器 ID。由于是加密过的，它不会被 C 或对手更改。

③C 向 V 发送含有用户 ID 和票据的报文，V 要对票据进行解密，验证票据中的用户 ID 与未加密的用户 ID 是否一致，如果匹配，则通过身份验证。

这个简单的会话过程只使用了认证服务器认证，它在会话过程中没有解决下面两个问题：

①希望用户输入的口令数最少。假如用户 C 在一天中要多次检查邮件服务器是否有他的邮件，每次他都必须输入口令；当然，可以通过允许票据来改善这种情况。然而，用户对于不同服务的请求，每种服务的第一次访问都需要一个新的票据，因此每次都要输入口令。

②会话中涉及口令的明文传输。为了解决上述问题，可以引入一个票据许可服务器（TGS），即采用认证服务器（AS）认证和票据许可服务器（TGS）认证相结合的认证方式，如图 2-20 所示

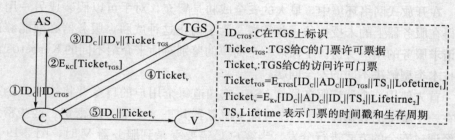

图 2-20 一个更安全的认证会话的交互过程

图 2-20 中的其他参数说明与图 2-19 的定义相同，在图 2-20 中，认证过程

如下：

①用户向 AS 发送用户 ID、TGSID 请求一张代表该用户的票据许可票据。

②AS 发回一张加密过的票据，加密密钥是由用户口令导出的。当响应抵达客户端时，客户端通知用户输入口令，由此产生密钥，并试图对收到的报文解密（若口令正确，票据就能正确恢复）。由于只有合法的用户才能恢复该票据，因此使用口令获得 Kerberos 的信任无需传递明文口令。另外，票据含有时间戳和生存期（有了时间戳和生存期，就能说明票据的有效时间长度），这主要是为了防止攻击者的攻击：对手截获该票据，并等待用户退出在工作站的登录（对手既可以访问那个工作站，也可以将他的工作站的网络地址设为被攻击的工作站的网络地址）；这样，对手就能重用截获的票据向 TGS 证明。

③客户代表用户请求一张服务许可票据。

④TGS 对收到的票据进行解密，通过检查 TGS 的 ID 是否存在，来验证解密是否成功；然后检查生存期，确保票据没有过期；接着比较用户的 ID 和网络地址与收到鉴别用户的信息是否一致。如果允许用户访问 V，TGS 就返回一张访问请求服务的许可票据。

⑤客户代表用户请求获得某项服务。客户向服务器传输一个包含用户 ID 和服务许可票据的报文，服务器通过票据的内容进行鉴别。

尽管以上认证过程与图 2-19 的认证过程相比增加了安全性，但仍存在以下两个问题：

①票据许可票据的生存期。生存期如果太短，用户将总被要求输入口令；生存期太长，对手又有更多重放的机会。

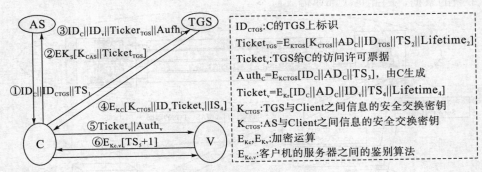

图 2-21 带有客户机/服务器相互认证的会话过程

②服务器被要求向用户证明本身。

下面再来看看 Kerberos 为解决以上两个问题而采取的措施。Kerberos 系统利用票据方法，在客户机和目标服务器实际通信之前，由客户和认证服务器先执行一个通信交换协议（图 2-21）。两次交换结束时，客户机和服务器获得了由认证服务器为它们所产生的秘密会话密钥，这就为相互认证提供了基础而且也可以在通信会话中保护其他服务。

Kerberos 的主要优点是利用相对便宜的技术提供了较好的保护水平，但也有一些缺陷，主要体现在以下 3 个方面：

①需要具有很高利用率的可信在线认证服务器（至少在物理上是安全的）。

②重放检测依赖于时间戳，这意味着需要同步和安全的时钟。

③如果认证过程中的密钥受到威胁，那么传输在使用该密钥进行认证的任何会话过程中的所有被保护的数据都将受到威胁。

3. Kerberos 域间的认证

在一个包含多个大组织的网络中，要找一个大家都信任的组织来管理 KDC 是很难的，因此网络中的实体被分解成不同的辖区（Realm）或域。一个完整的辖区包括一个 Kerberos 服务器、一组工作站和一组应用服务器，它们应满足这些要求：Kerberos 服务器必须在其数据库中拥有所参与用户的 ID 和口令散列表，所有用户均在 Kerberos 服务器上注册；Kerberos 服务器与每一个服务器之间共享一个保密密钥，所有服务器均在 Kerberos 服务器上注册。在第 4 版中，实体的名字有 3 个部分："名字（Name）"、"实体（Instance）"和"辖区（Realm）"。每个部分都是一个区分大小写的以 null 结尾的文本串，最大长度为 40 字节。

假设世界被分割成 n 个不同的域，那么某个域中的实体可能需要认证另外一个域中的实体的身份。Kerberos 提供了一个支持不同域间认证的机制：每个域的 Kerberos 服务器与其他域内的 Kerberos 服务器之间共享一个保密密钥，两个 Kerberos 服务器相互注册，其认证过程如图 2-22 所示。

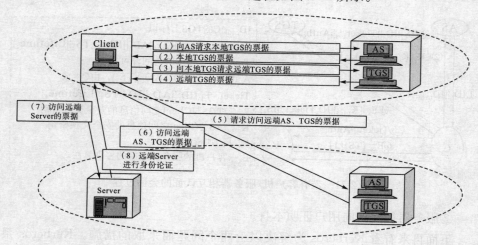

图 2-22　Kerberos 服务器的域间认证过程

但是该方法也存在缺陷，主要表现在：对于大量域间的认证，可伸缩性不好。如果 n 个域，那么需要 n(n−1)/2 个安全密钥交换，以便使每个 Kerberos 服务器能够与其他所有的 Kerberos 服务器辖区进行相互操作。

2.5　X. 509 认证技术

X. 509 认证是由 ITU-T 制定的一种行业标准，它的实现是基于公钥密码和数字签名技术，它并没有专门指定加密算法，但一般推荐使用 RSA 加密算法。为进行身份认证，X. 509 提供了数字签名方案，但 X. 509 没有指定使用专门的散列算法。X. 509 建议最早于 1988 年发布，1993、1997 和 2000 年又分别发布了它的第二、第三和第四版。X. 509 是一个非常重要认证技术，由它定义的认证证书的结构和认证协议已经得到了广泛的应用。目前，使用得最广泛的是 X. 509v3（第三版）证书样式。

2.5.1　数字证书

公钥算法的最大问题就是确认获得对方公钥的身份，即网络上得到的公钥可能是被别人冒名顶替的。当然，如果所有的人都相互认识，那么就可以避免冒名顶替了。但是，由于公钥使用的群体数量非常大，分布也非常广，不可能做到每人都认识，因此需要有一种方法来解决这个问题。数字证书的出现很好的解决了这个问题，它是一种非常有效的方法。那么什么是数字证书呢？

数字证书（Digital ID），又叫"数字身份证"和"网络身份证"。它提供了一种在网络上身份验证的方式，是用来标志和证明网络通信双方身份的数字文件，与日常生活中的驾照身份证相似。数字证书是由权威的认证中心发放并签名的包含有公钥拥有者以及公钥相关信息的一种电子文件，用来证明数字证书持有者的身份。由于数字证书有颁发机构的签名，保证了证书在传递、存储过程中不会被篡改，即使被篡改了也会被发现。因此，数字证书本质上是一种由颁发者数字签名的、用于绑定公钥和其持有者身份的数据结构（电子文件）。

目前，以数字证书为核心的加密技术可以对网络上传输的信息进行加密和解密、数字签名和签名验证，确保网上传递信息的机密性、完整性，以及交易实体身份的真实性，签名信息的不可否认性，从而保障网络应用的安全性。比如，在网上进行电子商务活动时，交易双方需要使用数字证书来表明自己的身份，并使用数字证书来进行有关的交易操作。数字证书将身份绑定到一对可以用来加密和签名数字信息的电子密钥，它能够验证一个人使用给定密钥的权利，这样有利于防止利用假密钥冒充其他用户的人，它与加密一起使用，可以提供一个更加完整的信息安全技术方案，确保交易中各方的身份。

数字证书采用公钥密码体制，即利用一对互相匹配的密钥进行加密、解密。每个用户拥有一把仅为本人所掌握的私钥，用它进行解密和签名；同时拥有一把公钥，并可以对外公开，用于加密和验证签名。当发送一份保密文件时，发送方使用接收方的公钥对数据加密，而接收方则使用自己的私钥解密，这样，信息就可以安全无误地到达目的地了，即使被第三方截获，由于没有相应的私钥，也无法进行解密。通过数字的手段保证加密过程是一个不可逆的过程，即只有用私钥才能解密。

公钥密码技术解决了密钥的分配与管理问题（前面已经讨论过）。在电子商务技术中，商家可以公开其公钥，而保留其私钥。购物者可以用人人皆知的公钥对发送的消息进行加密，然后安全地发送给商家，商家用自己的私钥进行解密。而用户也可以用自己私钥对信息进行加密，由于私钥仅为本人所有，这样就产生了别人无法生成的文件，即形成了数字证书。采用数字证书，能够确认以下两点：

①保证信息是由签名者自己签名发送的，签名者不能否认或难以否认。

②保证信息自签发后到收到为止未曾作过任何修改，签发的文件是真实文件。

一般来说，数字证书主要包括证书所有者的信息、证书所有者的公钥、证书颁发机构的签名、证书的有效时间和其他信息等。数字证书的格式一般采用X.509 国际标准，是广泛使用的证书格式之一（由于篇幅的限制，X.509 证书格式在本章不做介绍，读者可以参考相关资料）。目前的数字证书类型主要包括：个人数字证书、单位数字证书、单位员工数字证书、服务器证书、VPN证书、WAP 证书、代码签名证书和表单签名证书。

目前，数字证书主要用于发送安全电子邮件、访问安全站点、网上证券、网上招标采购、网上签约、网上办公、网上缴费、网上税务等网上安全电子事务处理和安全电子交易活动。

2.5.2　X.509 认证过程

X.509 支持单向、双向和三向认证 3 种不同的认证过程，以适应不同的环境。X.509 认证过程使用基于公钥密码技术的数字签名，它假定通信双方都知道对方的公钥，用户从认证中心获得对方的证书。

1. 单向认证

单向认证过程如图 2-23 所示。单向认证需要将信息从一个用户 A 发送到用户 B。这个认证过程需要

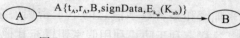

图 2-23　X.509 的单向认证过程

(1) A{t_A,r_A,B,signData,$E_{K_W}(K_{ab})$}
A
B
(2) A{t_B,r_B,A,signData,$E_{K_W}(K_{ab})$}

图 2-24　X. 509 的双向认证过

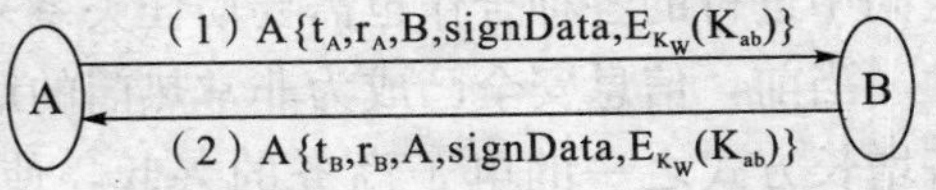

使用 A 的身份标识，而鉴别过程仅验证发起用户 A 的身份标识。在 A 发送给 B 的报文中至少还需要包含一个时间戳 t_A，一个随机数 r_A 以及 B 的身份标识，这些信息都使用 A 的私钥签名。时间戳 t_A 中可包含报文生成的时间和过期时间，主要用于防止报文的延迟。随机数 r_A 用于保证报文的时效性和检测重放攻击，它在报文的有效期内必须是唯一的。

如果只需要单纯的认证，报文只需要简单地向 B 提交证书即可。报文也可以传递签名的附加信息（SignData），对报文签名时也可以把该信息包含在内，以保证其可信性和完整性。

此外，还可以利用该报文向 B 传递一个会话密钥 Kab（密钥需要用 B 的公钥 KUB 加密保护）。

2. 双向认证

双向认证过程如图 2-24 所示。双向认证需要 A、B 双方相互鉴别对方的身份。除了 A 的身份标识以外，这个过程中需要使用 B 的身份标识。为了完成双向认证，B 需要对 A 发送的报文进行应答。在应答报文中，包含有 A 发送随机数 r_A、B 产生的时间戳 t_B 以及 B 产生随机数 r_B。同样，应答报文还可能包括签名的附加信息和会话密钥。

3. 三向认证

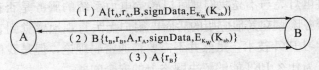

(1) A{t_A,r_A,B,signData,$E_{K_W}(K_{ab})$}
A
B
(2) B{t_B,r_B,A,r_A,signData,$E_{K_W}(K_{ab})$}
(3) A{r_B}

图 2-25　X. 509 的三向认证过程

三向认证过程如图 2-25 所示，三向认证主要用于 A、B 之间没有时间同步的应用场合中。三向认证中需要一个最后从 A 发生 B 的报文，其中包含 A 对随机数 rB 的签名。其目的是在不用检查时间戳的情况下检测重放攻击。有两个随机数 rA 和随机数 rB 均被返回给生成者，每一端都用它来进行重放攻击的检测。

2. 5. 3　PKI 技术

人类生活离不开信任，人类的各做合作需要信任，人类社会关系的持续发展关键在于信任关系的建立和维护；同样，在虚幻的网络空间中，人们在网络空间中进行的各种合作也需要信任关系来维持。

当前，信息安全已成为非常热门的话题，特别是作为二十一世纪的主要经济增长方式之一的电子商务的兴起，使信息安全问题尤为突出。在网络世界里，面临的最大问题是如何建立相互之间的信任关系、保证信息的真实性、完整性、保密性和不可否认性等问题。为解决这些问题，世界各国进行了多年的研究，初步形成了一套完整的网络信息安全解决方案，即目前被广泛采用的技术基础——PKI（Public Key Infrastructure，公钥基础设施）技术。PKI 技术是目前网络安全建设的基础与核心，是电子商务安全实施的基本保障。因此，对 PKI 技术的研究和开发成为目前信息安全领域的热点。

1. 什么是 PKI？

PKI 意为公钥基础设施。基础设施是什么呢？基础设施就是在某个大环境下普遍适用的系统和准则。在日常生活中，大家比较熟悉电力服务系统，它就是一个基础设施。我们可以把电视、计算机、冰箱看成是电力服务系统这个基础设施的一个应用。PKI 是一种利用公钥密码理论和技术建立起来的、提供信息安全服务的基础设施，旨在从技术上解决网上身份认证、信息的完整性和不可抵赖性等安全问题，为诸如电子商务、电子政务、网上银行和网上证券等网络应用提供可靠的安全服务的基础设施。

用户利用 PKI 所提供的安全服务，在网上实现安全通信，透明地提供加解密和数字签名等密码服务所需要的密钥和证书管理。PKI 提供的安全服务对用户来说是完全透明的，它的安全服务形式和电力服务系统提供的服务截然不同，比如通过电灯亮与不亮我们就可以感觉电力系统的服务是否存在，而 PKI 提供的安全服务隐藏在其他应用的后面，用户无法直观地感觉到它是否有效或在起作用。学习 PKI 技术，虽然并不需要精通密码理论，但是我们通过本节的学习，了解了为什么 PKI 能够解决网络上的安全问题。

2. PKI 的理论基础

PKI 技术是随着公钥密码技术的发展而发展起来的，因此它是理论基础是公钥密码理论。在传统的密码技术（即对称密码技术）中，用于加密的密钥和用于解密的密钥完全相同。该体制使用的加密算法比较简单，但具有高效快速、密钥简短和破译困难等特点。但是，对称密码技术（特别是现代对称密码技术）的致命缺陷——依赖于密钥的安全，致使对称密码技术解决不了密钥分配与管理问题。

在 1976 年，Whitfield Diffie 和 Martin Hellman 在他们里程碑式的巨著《密码学新方向》一文中，提出了一种密钥交换协议（允许在不安全的传输信道上双方交换信息，安全地获取相同的用于对称加密的密钥），奠定了 PKI 技术的基础。PKI 是一个利用现代密码学的公钥密码理论和技术、并在开放的 Internet 网络环境中建立起来的、提供数据加密以及数字签名等信息安全服务的基础设施。

3. PKI 的组成

PKI 是一种全新的安全技术，遵循标准的密钥管理平台，能为网络应用透明地提供采用加密和数字签名等密码技术服务所必需的密钥和证书管理。PKI 在实际应用上是一套软硬件系统和安全策略的集合，它提供了一整套安全机制，使用户在不知道对方身份或分布地很广的情况下，以证书为基础，通过一系列的信任关系进行通讯和电子商务交易。完整的 PKI 系统必须具有权威认证机构（CA）、数字证书库、密钥备份及恢复系统、证书作废系统、应用接口（API）等基本构成部分，构建 PKI 也将围绕着这五大部分来构建。

（1）认证机构（CA）

CA 即数字证书的申请及签发机构，必须具备权威性的特征。它是 PKI 的核心，也是 PKI 的信任基础，管理公钥的整个生命周期。其作用包括发放证书、规定证书的有效期和通过发布证书废除列表（CRL, Certificate Revocation Lists，又称证书黑名单）确保必要的情况下可以废除证书。CA 目前广泛采用的是一种安全机制，即使用认证机制的前提是建立 CA（认证中心）以及配套的 RA（Registration Authority，注册审批机构）系统。

注册审批机构 RA（Registration Authority）是 CA 证书发放、管理的延伸，提供用户和 CA 之间的一个接口，它捕获和确认用户的身份，并提交证书请求给 CA，决定信任级别的确认过程的质量可以放在数字证书中。它主要完成收集用户信息和确认用户身份的功能，同时 RA 还对发放的证书完成相应的管理功能。发放的证书可以存放在 IC 卡、硬盘或软盘等介质上。RA 系统是整个 CA 中心得以正常运营不可缺少的部分。

证书依靠 PKI 环境的结构通过相应的途径负责证书的分发，如可以通过用户自己，或是通过目录服务。目录服务器可以是在一个组织中现存的，也可以是在 PKI 方案中提供的。

（2）**数字证书库**

用于存储已签发的数字证书及公钥，用户可由此获得所需的其他用户的证书及公钥。构造证书的最佳方法是采用支持 LDAP 协议（Lightweight Directory Access Protocol，轻量目录访问协议，是 DAP 协议的简便版）的目录系统，用户或相关的应用通过 LDAP 来访问证书库。系统必须确保证书库的完整性，以防止伪造、篡改证书。

（3）密钥备份及恢复系统

如果用户丢失了用于解密数据的密钥，则数据将无法被解密，这将造成合法数据丢失。为避免这种情况，PKI 提供备份与恢复密钥的机制。但需注意，密钥的备份与恢复必须由可信的机构来完成。并且，密钥备份与恢复只能针对解密密钥，签名私钥是为确保其惟一性而不能够作备份。

（4）证书作废系统

证书作废处理系统是 PKI 的一个必备的组件。与日常生活中的各种身份证件一样，证书有效期以内也可能需要作废，原因可能是密钥介质丢失或用户身份变更等。为实现这一点，PKI 必须提供作废证书的一系列机制。作废证书一般通过将证书列入证书废除列表 CRL（CRL 一般存放在目录系统中）中来完成。通常，系统中由 CA 负责创建并维护一张及时更新的 CRL，而由用户正在验证证书时负责检查该证书是否在 CRL 之列。证书的作废处理必须在安全及可验证的情况下进行，必须确保 CRL 的完整性。

（5）应用接口（API）

PKI 的价值在于使用户能够方便地使用加密、数字签名等安全服务，因此一个完整的 PKI 必须提供良好的应用接口系统，使得各种各样的应用能够以安全、一致、可信的方式与 PKI 交互，确保安全网络环境的完整性和易用性，同时降低管理维护成本。

4．PKI 标准

在 PKI 发展过程中的一个重要方面就是标准化问题，它也是建立互操作性的基础。目前，PKI 标准化主要有两个方面：一是 RSA 公司的公钥加密标准 PKCS（Public Key Cryptography Standards），它定义了许多基本 PKI 部件，包括数字签名和证书请求格式等；二是由 Internet 工程任务组 IETF（Internet Engineering Task Force）和 PKI 工作组 PKIX（Public Key Infrastructure Working Group）所定义的一组具有互操作性的公钥基础设施协议。在今后很长的一段时间内，PKCS 和 PKIX 将会并存，大部分的 PKI 产品为保持兼容性，也将会对这两种标准进行支持。随着应用的不断推进，目前我们国家也制定了《信息安全技术公钥基础设施 PKI 系统安全等级保护评估准则》。

5．PKI 的功能

（1）安全服务功能

①网上身份安全认证。目前，实现网上身份认证的技术手段很多，通常有口令技术＋ID（实体唯一标识）、双因素认证、挑战应答式认证、著名的 Kerberos 认证系统以及 X.509 证书及认证框架（前面已经介绍过）。这些不同的认证方法所提供的安全认证强度也不一样，具有各自的优势、不足，以及所适用

的安全强度要求不同的应用环境。而解决网上电子身份认证的公钥基础设施（PKI）技术近年来被广泛应用，并取得了飞速的发展，在网上银行、电子政务等保护用户信息资产等领域，发挥了巨大的作用。

②保证数据完整性。在 PKI 体系所实现的方案中，目前采用的标准散列算法有 SHA-l、MD-5，以此作为可选的 Hash 算法来保证数据的完整性。在实际应用中，通信双方通过协商以确定使用的算法和密钥，从而在两端计算条件一致的情况下，对同一数据应当计算出相同的算法来保证数据不被篡改，实现数据的完整性。

③保证网上交易的抗否认性。PKI 所提供的不可否认功能，是基于数字签名，以及其所提供的时间戳服务功能的。通过时间戳功能，安全时间戳服务可用来证明某个特别事件发生在某个特定的时间或某段特别数据在某个日期已存在。这样，签名者对自己所做的签名将无法进行否认。

④提供时间戳服务。PKI 中存在用户可信任的权威时间源，权威时间源提供的时间并不需要正确，仅仅需要用户作为一个参照"时间"，以便完成基于 PKI 的事物处理，比如事件 A 发生在事件 B 的前面等。一般的 PKI 系统中都设置一个时钟系统统一 PKI 的时间。当然也可以使用世界官方时间源所提供的时间，其实现方法是从网络中这个时钟位置获得安全时间。要求实体在需要的时候向这些权威请求在数据上盖上时间戳。一份文档上的时间戳涉及到对时间和文档内容的杂凑值（哈希值）的数字签名。权威的签名提供了数据的真实性和完整性。虽然安全时间戳是 PKI 支撑的服务，但它依然可以在不依赖 PKI 的情况下实现安全时间戳服务。一个 PKI 体系中是否需要实现时间戳服务，完全依照应用的需求来决定。

⑤保证数据的公正性。PKI 中支持的公证服务是指"数据认证"，也就是说，公证人要证明的是数据的有效性和正确性，这种公证取决于数据验证的方式。与公证服务、一般社会公证人提供的服务有所不同，在 PKI 中被验证的数据是基于杂凑值的数字签名、公钥在数学上的正确性和签名私钥的合法性。PKI 的公证人是一个被其他 PKI 实体所信任的实体，能够正确地提供公证服务。他主要是通过数字签名机制证明数据的正确性，所以其他实体需要保存公证人的验证公钥的正确拷贝，以便验证和相信作为公证的签名数据。

（2）系统功能

①证书申请和审批。作为以数字证书为核心实现的 PKI 系统，证书申请和审批功能是最基本的要求。具备证书的申请和审批功能，提供灵活、方便的申请方式，高效、可靠的审批系统，可以保证由该 PKI 体系提供安全服务的各方能顺利地得到所需要的证书。证书的申请和审批功能直接由 CA 或由面向终端

用户的注册审核机构 RA 来完成。

②产生、验证和分发密钥

◇用户自己产生密钥对。用户自己选取产生密钥方法，负责私钥的存放；用户还应该向 CA 提交自己的公钥和身份证明，CA 对用户进行身份认证，对密钥的强度和持有者进行审核。在审核通过的情况下，对用户的公钥产生证书；然后通过面对面、信件或电子方式将证书安全地发放给用户；最后 CA 负责将证书发布到相应的目录服务器。在某些情况下，用户自己产生了密钥对后到 ORA（在线证书审核机构）去进行证书申请。此时，ORA 完成对用户的身份认证，通过后，以数字签名的方式向 CA 提供用户的公钥及相关信息；CA 完成对公钥强度检测后产生证书，CA 将签名的证书返给 ORA，并由 ORA 发放给用户或者 CA 通过电子方式将证书发放给用户。

◇CA 为用户产生密钥对。这种情况用户应到 CA 中心产生并获得密钥对，产生之后，CA 中心应自动销毁本地的用户私钥对拷贝；用户取得密钥对后，保存好自己的私钥，将公钥送至 CA 或 ORA，接着按上述方式申请证书。

◇CA（包括 PAA、PCA、CA）自己产生自己的密钥对。PCA 的公钥证书由 PAA 签发，并得到 PAA 的公钥证书。CA 的公钥由上级 PCA 签发，并取得上级 PCA 的公钥证书；当它签发下级（用户或 ORA）证书时，向下级发送上级 PCA 及 PAA 的公钥证书。

③证书签发和下载。证书签发是 PKI 系统中的认证中心 CA 的核心功能。完成了证书的申请和审批后，将由 CA 签发该请求的相应证书，其中由 CA 所生成的证书格式符合 X.509 v3 标准。证书的发放分为离线方式和在线方式两种。

④签名和验证。在 PKI 体系中，对信息和文件的签名，以及对数字签名的认证是很普遍的操作。PKI 成员对数字签名和认证可以采用多种算法，如 RSA、ECC、DES 等，这些算法可以由硬件、软件或硬软结合的加密模块（硬件）来完成。密钥和证书存放的介质可以存放在内存、IC 卡、USBKey 光盘或软盘中。

⑤证书的获取。证书的获取可以有多种方式：

◇发送者发送签名信息时，附加发送自己的证书；

◇单独发送证书信息的通道；

◇可从访问发布证书的目录服务器获得；

◇或者从证书的相关实体（为 RA）处获得。

在 PKI 体系中，可以采取上述的某种或几种方式获得证书。

⑥证书和目录查询。因为证书都存在周期问题，所以进行身份验证时要保

证当前证书是有效而没过期的；另外，还有可能密钥泄露，证书持有者身份、机构代码改变等问题，证书需要更新。因此在通过数字证书进行身份认证时，要保证证书的有效性。为了方便对证书有效性的验证，PKI 系统提供对证书状态信息的查询，以及对证书撤销列表的查询机制。CA 的目录查询通过 LDAP 协议，实时地访问证书目录和证书撤销列表，提供实时在线查询，以确认证书的状态。这种实时性要求是由金融业务或其他电子政务应用的高度敏感性和安全性的高要求所决定的。

⑦证书撤销。证书在使用过程中可能会因为各种原因而被废止，例如：密钥泄密，相关从属信息变更，密钥有效期中止或者 CA 本身的安全隐患引起废止等。因此，证书撤销服务也必须是 PKI 的一个必需功能。该系统提供成熟、易用、标准的证书列表作废系统，供有关实体查询，对证书进行验证。

⑧密钥备份和恢复。密钥的备份和恢复是 PKI 中的一个重要内容。因为可能很多原因造成丢失解密数据的密钥，那么被加密的密文将无法解开，会造成数据丢失。为了避免这种情况的发生，PKI 提供了密钥备份与解密密钥的恢复机制，即密钥备份与恢复系统。在 PKI 中密钥的备份和恢复分为 CA 自身根密钥和用户密钥两种情况。CA 根密钥由于其是整个 PKI 安全运营的基石，其安全性关系到整个 PKI 系统的安全及正常运行，因此对于根密钥的产生和备份要求很高。根密钥由硬件加密模块中的加密机产生，其备份由加密机系统管理员启动专用的管理程序执行备份过程。备份方法是将根密钥分为多块，为每一块生成一个随机口令，使用该口令加密该模块，然后将加密后的密钥块分别写入不同的 IC 卡中，每个口令以一个文件形式存放，每人保存一块。恢复密钥时，由各密钥备份持有人分别插入各自保管的 IC 卡，并输入相应的口令才能恢复密钥。用户密钥的备份和恢复在 CA 签发用户证书时，就可以做密钥备份。一般将用户密钥存放在 CA 的资料库中。进行恢复时，根据密钥对历史存档进行恢复。在完成恢复之后，相应的软件将产生一个新的签名密钥对来代替旧的签名密钥对。

⑨自动密钥更新。一个证书的有效期是有限的，这样的规定既有理论上的原因，也有实际操作的困难。理论上有密码算法和确定密钥长度被破译的可能；实际应用中，密钥必须有一定的更换频度才能保证密钥使用的安全。但对 PKI 用户来说，手工完成密钥更新几乎是不可行的，因为用户自己经常会忽视证书已过期，只有使用失败时才能发觉。因此，需要我们的 PKI 系统提供密钥的自动更新功能。也就是说，无论用户的证书用于何种目的，在认证时，都会在线自动检查有效期，当失效日期到来之前的某个时间间隔内自动启动更新程序，生成一个新的证书来代替旧证书，新旧证书的序列号不一样。密钥更新对

于加密密钥对和签名密钥对，由于其安全性要求的不一样，其自动过程并不完全一样。对于加密密钥对和证书的更新，PKI 系统采取对管理员和用户透明的方式进行，提供全面的密钥、证书及生命周期的管理。系统对快要过期的证书进行自动更新，不需要管理员和用户干预。当加密密钥对接近过期时，系统将生成新的加密密钥对。这个过程基本上跟证书发放过程相同，即 CA 使用 LDAP 协议将新的加密证书发送给目录服务器，以供用户下载。签名密钥对的更新是当系统检查证书是否过期时，对接近过期的证书，将创建新的签名密钥对。利用当前证书建立与认证中心之间的连接，认证中心将创建新的认证证书，并将证书发回 RA，在归档的同时，供用户在线下载。

⑩密钥历史档案。由于密钥的不断更新，经过一定的时间段，每个用户都会形成多个"旧"证书和至少一个"当前"证书。这一系列的旧证书和相应的私钥就构成了用户密钥和证书的历史档案，简称密钥历史档案。密钥历史档案也是 PKI 系统的一个必不可少的功能。例如，某用户几年前加密的数据或其他人用他的公钥为其加密的数据，无法用现在的私钥解密，那么就需要从他的密钥历史档案中找到正确的解密密钥来解密数据。与此类似，有时也需要从密钥历史档案中找到合适的证书验证以前的签名。与密钥更新相同，密钥历史档案由 PKI 自动完成。

⑪交叉认证。交叉认证，简单地说就是把以前无关的 CA 连接在一起的机制，从而使得在它们各自主体群之间能够进行安全通信。其实质是为了实现大范围内各个独立 PKI 域的互连互通、互操作而采用的一种信任模型。交叉认证从 CA 所在域来分有两种形式：域内交叉认证和域间交叉认证。域内交叉认证即进行交叉认证的两个 CA 属于相同的域，例如，在一个组织的 CA 层次结构中，某一层的一个 CA 认证它下面一层的一个 CA，这就属于域内交叉认证。域间交叉认证即两个进行交叉认证的 CA 属于不同的域。完全独立的两个组织间的 CA 之间进行交叉认证就是域间交叉认证。交叉认证既可以是单向的也可以是双向的。在一个域内各层次 CA 结构体系中的交叉认证，只允许上一级的 CA 向下一级的 CA 签发证书，而不能相反，即只能单向签发证书。而在网状的交叉认证中，两个相互交叉认证通过桥 CA 互相向对方签发证书，即双向的交叉认证。在一个行业、一个国家或者一个世界性组织等这样的大范围内建立 PKI 域都面临着一个共同的问题，即该范围内部的一些局部范围内可能已经建立了 PKI 域，由于业务和应用的需求，这些局部范围的 PKI 域需要进行互连互通、互操作等。为了在现有的互不连通的信息孤岛——PKI 域之间进行互通，上面介绍的交叉认证是一个适合的解决方案。

总的来看，随着网络应用技术不断发展，作为一种基础设施，PKI 的应用范围非常广泛。比如 WWW 服务器和浏览器之间的通信、安全的电子邮件、电子数据交换、Internet 上的信用卡交易、VPN 以及安全 Web 等。另外，PKI 的开发也从大型的认证机构到与企业或政府应用相关的中小型 PKI 系统发展，既保持了兼容性，又和特定的应用相关。因此，PKI 具有非常广阔的市场应用前景。

2.5.4　PMI 技术

由于 PKI 的应用过程中产生了许多问题：一是实施问题，由于当前大多数用户并不了解 PKI 技术；二是 PKI 定义了严格的操作协议和严格的信任层次关系，任何向 CA 申请证书的人必须离线（Offline）身份验证（一般由 RA 来完成），这样的验证工作很难扩展到整个 Internet 上，通常只在小范围内实施。因此当今构建的 PKI 系统都局限在一定范围内，这就造成 PKI 系统扩展的瓶颈问题；三是为了解决每个独立 PKI 系统之间信任关系，出现交叉认证、桥—CA（Bridge—CA）等方法。但是由于不同的 PKI 系统定义了各自的信任策略，在进行相互认证的时候，为了避免由于信任策略不同而产生的问题，一般的做法是忽略信任策略，这样 PKI 仅起到了身份认证作用。因此，要实现信任策略只有通过其他方法。为解决上述问题，于是出现了 PMI 技术。

PMI（Privilege Management Infrastructure），即授权管理基础设施，是国家信息安全基础设施 NISI（National Information Security Infrastructure，NISI 由 PKI 和 PMI 组成，其中，公钥基础设施构成所谓的 PKI 信息安全平台，提供智能化的信任服务；而授权管理基础设施 PMI 构成所谓的授权管理平台，在 PKI 信息安全平台的基础上提供智能化的授权服务）的一个重要组成部分，目标是向用户和应用程序提供授权管理服务，提供用户身份到应用授权的映射功能，提供与实际应用处理模式相对应的、与具体应用系统开发和管理无关的授权和访问控制机制，简化具体应用系统的开发与维护。在 ANSI、ITU X. 509 和 IETF PKIX 都有 PMI 的定义，ITU-T（国际电信联盟委员会）在 2001 年发表的 X. 509 的第四版首次将 PMI 的证书完全标准化（X. 509 早期的版本侧重于 PKI 证书的标准化）。

授权管理基础设施 PMI 是一个属性证书、属性权威、属性证书库等部件构成的综合系统，用来实现权限和证书的产生、管理、存储、分发和撤销等功能。PMI 使用属性证书表示和容纳权限信息，通过管理证书的生命周期实现对权限生命周期的管理。属性证书的申请、签发、注销、验证流程对应着权限的申请、发放、撤消、使用和验证的过程。而且，使用属性证书进行权限管理方式使得权限管理不必依赖某个具体的应用，而且有利于权限的安全分布式应用。

授权管理基础设施 PMI 以资源管理为核心，对资源的访问控制权统一交由授权机构统一处理，即由资源的所有者来进行访问控制。同公钥基础设施 PKI 相比，两者主要区别在于：PKI 证明用户是谁，而 PMI 证明这个用户有什么权限，能干什么，而且授权管理基础设施 PMI 需要公钥基础设施 PKI 为其提供身份认证。PMI 与 PKI 在结构上是非常相似的。信任的基础都是有关权威机构，由他们决定建立身份认证系统和属性特权机构。在 PKI 中，由有关部门建立并管理根 CA，下设各级 CA（Certificate Authority）、RA（Registration Authority）和其他机构；在 PMI 中，由有关部门建立授权源 SOA（Source of Authority），下设分布式的 AA（Attribute authority）和其它机构。

PMI 实际提出了一个新的信息保护基础设施，能够与 PKI 和目录服务紧密地集成，并系统地建立起对认可用户的特定授权，对权限管理进行了系统的定义和描述，完整地提供了授权服务所需过程。

建立在 PKI 基础上的 PMI，以向用户和应用程序提供权限管理和授权服务为目标，主要负责向业务应用系统提供与应用相关的授权服务管理，提供用户身份到应用授权的映射功能，实现与实际应用处理模式相对应的、与具体应用系统开发和管理无关的访问控制机制，极大地简化应用中访问控制和权限管理系统的开发与维护，并减少管理成本和复杂性。

第 3 章　数据安全技术

3.1　数据安全技术简介

3.1.1　数据完整性

1. 数据完整性

什么是数据的完整性呢？简单地说，数据完整性是指数据在存储和传输的过程中不被篡改和破坏。例如，在进行数据库数据访问时，常常需要对正在访问的数据作一个锁定，否则就不能确定现在的数据是否有效。如在使用TranSQL 的读操作时不锁定数据，一个事务读取的数据可能已被另一个事务修改。换句话说，如果一条 SELECT 返回了一行数据，这并不意味着在返回该行时该数据还存在，有可能在语句完成或事务开始后的某时刻，该行可能已被一个在此事务开始之后提交的事务更新或删除。即使该行"现在"仍然有效，那它也可能在当前事务提交或者回滚之前被改变或删除。因此这个"现在"的概念是值得怀疑的。又如，一个银行可能在不停止交易的情况下检查一个数据表中的扣款总和等于另一个数据表中的加款总和，两个数据表随时可能被更新，在读取已提交模式下比较两个连续的 SELECT SUM（…）命令的结果是不可靠的，因为第二个查询很可能会包含第一个没有计算的事务提交的结果。在一个可串行化的事务里进行两个求和，可给出在串行化事务开始之前数据表精确的结果，但还是会置疑提交的结果的相关性。如果可串行化的事务本身在试图做一致性检查之前进行了某些变更，那么检查的有用性就更加值得讨论了。

产生不完整性数据有以下几种情况。

①事务并行性错误。这主要表现在对数据库的操作上：

◇脏读：一个事务读取了另一个未提交的并行事务写的数据；

◇不可重复读：一个事务重新读取前面读取过的数据，发现该数据已经被另一个已提交的事务修改过。

②恶意篡改和破坏。对计算机系统或网络传输中的数据进行篡改和破坏，类似于网络通讯中的主动攻击。一些蓄意破坏或为了实现某种企图的人，通过

各种途径，添加或者改变数据内容，或者销毁一些极其重要的资料或文件。

③偶然性破坏。偶然性破坏是指非有意的修改数据或删除数据。常见的有软件出错（如数组下标溢出），存储介质本身故障（如硬盘报废，磁道或扇区坏死），用户操作失误（如偶然删去部分数据）。

由此可以得出提高数据完整性的一些方法：因为情况①是在数据库操作的过程中产生的，要保证数据的实际存在和避免其被并行更新，其实就是要保证分布式事务的一致性和孤立性，这需要使用并发控制机制。并发控制最常用的方法是使用锁操作，通常的锁协议是每个对象对应一个锁。当事务访问一个对象时，资源管理器（Resource Manager）就申请并持有对象的锁直到事务结束。若锁已给了另一个事务，则事务要等待直到锁被释放。锁是保证在任何时刻，只有一个事务访问某个对象的串行机制。锁协议是保证分布式事务一致性和孤立性的一种有效方法。它遵循 2 个原则：一是事务在对数据进行读写之前必须加锁；二是事务必须遵守锁规则，不发生锁冲突。这样，事务就被分为两个阶段：第一阶段事务申请锁并保持；第二阶段事务释放锁。在分布式环境下，如果所有全局事务都遵循这两个阶段锁协议，则其调度表是可串行化的，并发事务是正确的。数据库操作常见的锁语句有 SELECT FOR UPDATE 或者合适的 LOCK TABLE 语句，前者只对并行更新锁住返回的行，而后者保护整个表。对于情况②来说，主要发生在数据的传输过程中和数据的管理中，加强数据系统的管理，对传输数据进行加密，确保通讯信道的安全性十分重要。至于情况③，这是由个人操作及物理环境引起的。因此，提高操作人员的素质，对操作数据及重要数据进行备份都是相当必要的。

2. 数据完整性检测工具

对一个系统管理员来说，需要保护系统不被攻击者侵入，但是如果系统非常庞大，这对你来说恐怕有些勉为其难了。一些工具软件能为你提供很好的帮助。

（1）Tripwire

1992 年，Purdue 大学的 Gene H. Kim 和 Eugene H. Spafford 开发了 Tripwire。其目的是建立一个工具，通过这个工具监视一些重要的文件和目录发生的任何改变。2001 年 3 月，Tripwire 公司发布了 Linux 下的开放源码版本 Tripwire-2.3.1，这个版本使用 GPL 作为许可证，代码是基于商业版的 Tripwire-2.x。最新的 Redhat 7.x 就包含了 Tripwire-2.3.1 的 RPM 软件包。

（2）COPS（Computer Oracle and Password System）

COPS 是一个能够支持很多 UNIX 平台的安全工具集，它使用 CRC（循环冗余校验）监视系统的文件。COPS 的缺点是不能监视文件索引节点（inode）

结构所有的域。

（3）TAMU

TAMU 是一个脚本集，与 COPS 一样，以相同的方式扫描 UNIX 系统的安全问题。TAMU 通过一个操作系统的特征码数据库来判断文件是否被修改。但它不能扫描整个文件系统，而且每当操作系统升级或修改之后，都需要升级自己的特征码数据库。

（4）ATP

ATP 能够做一个系统快照并建立一个文件属性的数据库。它使用 32 位 CRC 和 MD 校验文件，而且每当检测到文件被修改，它会自动把这个文件的所有权改为 root。与 COPS 和 TAMU 相比，这个特征是独一无二的。

以上这些工具，用于数据完整性的检查，正确地使用它们将使你收到事半功倍的效果。

3.1.2　数据备份

1. 网络数据备份

随着信息化水平的提高，企业将很多重要的业务转移到互联网上，以加速企业信息的传递，增强竞争实力。但随之出现的数据安全问题却困扰着企业的信息化。现在企业一般对数据安全的防范措施比较关注，为适应这一要求，防火墙、监测等手段不断推陈出新。但在保护数据安全的另一个环节——数据备份方面却关注甚少，多数企业仍在使用传统低效的数据备份方式。传统的数据备份只是将日常业务记录以文件的方式拷贝下来，或保存在另一台机器设备中。这种方式在数据量不大，操作系统种类单一，服务器数量有限的情况下，不失为一种简单有效的备份手段。而在以网络为核心的时代，与之相比，网络信息却表现出很大的差异：

分散性强。不同种类的信息源通过各个可能的渠道进入网络，信息量成指数关系增长，这远远超越了单机时代的信息量。对于备份技术而言，针对小容量的简单备份已不能适合网络备份系统的需要。

流动性大。网络信息是一个流动的信息体，网络数据上载、下载及相应的数据传输随时随地都在进行。这种运动的信息则为备份提出了一个新的要求，因为它对备份的时间提出了更高的要求，对备份策略的要求也更严格。

安全性更难保障。在非连接时代，当有人需要获得你电脑中的信息时，其有效途径并不多，大多情况下都需要使用信息持有人的电脑。然而当信息处于网络中后，许多人都可以通过物理连接访问你的信息，信息的安全性就面临严峻的挑战。这些特点使得社会各界形成了一个共识，那就是网络信息备份至关重要。

传统的备份方式存在以下弊端：数据管理工作难以形成制度化，数据丢失现象难以避免；数据分散在不同的机器、不同的应用上，管理分散，安全性得不到保障；难以实现数据库数据的高效在线备份；运行着的系统使得维护人员寸步难离，业务人员工作效率下降；用来存储数据的介质越来越多，各种不同系统下存储产生的软盘、磁带、光盘将给管理带来很大的困难；历史数据保留比较困难；网络系统出现故障或灾难后的系统重建困难。尤其是今天的一些大型企业业务网络已发展成包含 NetWare、Windows NT 和 UNIX 等系统在内的多平台实时作业系统，网络系统的备份和恢复更加复杂和困难。因此，一个完善的网络备份应包括硬件级物理容错和软件级数据备份，并且能够自动地跨越整个系统网络平台，其主要包括以下几个方面。

①构造容错系统。在企业业务网络中，最关键的设备是文件服务器，为了保证网络系统连续运行，可以采用文件服务器双机热备份容错技术，从物理上保证企业应用软件运行所需的环境。

②集中式管理。利用集中式管理工具的帮助，系统管理员可对全网的备份策略进行统一管理，备份服务器可以监控所有机器的备份作业，也可以修改备份策略，并可即时浏览所有目录。所有数据可以备份到同备份服务器或应用服务器相连的任意一台存储库内。

③自动数据备份。对于大多数机房管理人员来说，备份是一项繁重的任务。每天都要小心翼翼，不敢有半点闪失，生怕一失足成千古恨。网络备份能够实现定时自动备份，大大减轻管理员的压力。今天，数据库系统已经相当复杂和庞大，用文件的备份方式来备份数据库已不适用。备份系统能根据用户的实际需求，定义需要备份的数据，将需要的数据从庞大的数据库文件中抽取出来，然后以图形界面方式根据需要设置备份时间表，备份系统将自动启动备份作业，无需人工干预。

④归档管理。用户可以按项目、时间定期对所有数据进行有效的归档管理。提供统一的数据存储格式，从而保证所有的应用数据有一个统一的数据格式来作永久的保存，保证数据永久的可利用性。

⑤有效的媒体管理。备份系统对每一个用于作备份的磁带自动加入一个电子标签，同时在软件中提供了识别标签的功能，如果存储介质外面的标签脱落，只需执行这一功能，就会迅速知道该存储介质里的内容。

⑥系统灾难恢复。网络备份的最终目的是保障网络系统的顺利运行。所以网络备份方案应能够备份系统的关键数据，在网络出现故障甚至损坏时，能够迅速地恢复网络系统。

⑦满足系统不断增加的需求。备份软件必须能支持多平台系统，当网络连

接上其他的应用服务器时，系统管理只需在其上安装支持这种服务器的客户端软件即可将数据备份到存储介质中。

2.　网络数据备份工具——VERITAS NetBackup

VERITAS NetBackup 是一套先进的企业级数据备份解决方案。它采用四层体系结构，通过一个管理界面来提供集中的管理，为客户提供快速而可靠的大容量数据的备份与恢复，其主要特性包括介质管理、智能灾难恢复支持和直观的 Java 和 Windows NT 管理界面。VERITAS NetBackup 面向多种数据库环境，支持采用 Compaq/Digital Alpha 和 Intel 处理器、UNIX、Windows NT 和 Novell Net Ware 环境中的数据备份。NetBackup 客户端软件为 NTFS 和 FAT 文件系统、Microsoft SQL 服务器数据库和 Microsoft Exchange 应用环境提供备份和智能灾难恢复服务。Windows NT 版的 NetBackup 服务器软件完全按照 Windows NT 平台标准设计，而不仅仅像原来的 NetBackup 那样作为 UNIX 的一个端口。用户和管理 GUI 完全支持 Win32 界面规程和 Microsoft Windows 标准。此外，还可进行全面的实时分析和历史资料的分析，支持多路技术，用户可向一个存储设备同时写入 8 个并行数据，并设计了共享存储器，以此来"缓存"数据流，可供小型用户使用，可进行在线磁带复制，并能自动跟踪新近备份的数据状况。最重要的是，最新版的 NetBackup 支持远程网络数据管理协议（NDMP）的功能，采用了可缩放体系架构，用户可以根据需求的变化随时升级。

3.1.3　数据压缩

1.　什么是数据压缩

随着人类社会跨入信息时代，信息的传递和保存在日常生活中扮演着越来越重要的角色。在信息的传递中，信道带宽总是有限的，特别是在以网络为核心的时代，这一点严重影响了信息高速传递的要求；另一方面，成指数关系增长的信息量，使得存储和管理变得越来越困难。从存储的角度看，一幅 512×512 像素、8bit/pel 的黑白图像占 256kB；一幅 512×512 像素、每分量 8 位的彩色图像占 $3 \times 256 = 768$kB；一幅 $2230 \times 2230 \times 8$bit 的气象卫星红外云图占 4.74MB；而一颗卫星每半小时发回一次全波段数据（5 个波段），每天的数据量高达 1.1GB！从传输的角度看，数字电话的取样率最低，按每一取样用 8 位压扩量化，通常其数码传输率为 $8 \times 8 = 64$kbps；一路广播级的彩色数字电视，若按 4∶2∶2 的分量编码标准格式，用 13.5/6.75/6.75MHz 频率采样，每像素用 8 位编码，数码传输率为 $(13.5 + 6.75 + 6.75) \times 8 = 216$Mb/s。若实时传送，需占用上述数字话路 3375 个，若能将它压缩为 1/3，即可同时增加 2250 路数字电话。可见，数据压缩的作用及其社会效益和经济效益将越来越明显。

数据压缩，就是以最少的数码表示信息，减少容纳给定消息集合或数据采样集合的信号空间。所谓信号空间，也就是压缩对象是指：

①物理空间，如存储器、磁盘、磁带、光盘等数据存储介质；

②时间区间，如传输给定信息集合所需要的时间；

③电磁频谱区域，如为给定信息集合所需要的带宽。

信号空间的这几种形式是相互关联的，存储空间的减少就意味着传输效率的提高及占用带宽的节省。也就是说，只要采用某种方法减少某一信号空间，都能压缩数据。

2. 数据压缩技术分类

数据压缩的方法很多，一般来说可通过图 3-1 的 3 个步骤来实现：

①建立数学模型，以便能更紧凑或有效地重新表示规律性不很明显地原始数据。

②设法更简洁地表达利用该模型对原始数据建模所得到的模型参数（或新的数据表达形式）。由于这些参数可能会具有无限的（或过高的）表示精度，因此可以将它量化为有限的精度——区别对原始信号数字化的量化过程，将其称为"二次量化"。

③对模型参数的量化表示或消息流进行码字分配，以得到紧凑的压缩码流。此时的编码要求能"忠实地"再现模型参数量化符号，故称为"熵编码"。

图 3-1　数据压缩的一般步骤

显然，在这 3 个步骤中，如果没有步骤 2 且建模表达是一个可逆过程，则从压缩的码流中可以完全恢复原始数据；否则，由于"二次量化"的存在，就无法完全再现原始数据。

综上所述，可以把数据压缩分为以下两种形式。

（1）无损压缩

无损压缩又叫可逆压缩也叫做无失真、无差错编码或无噪声编码，不同专业的文献还给出了另外一些术语，比如，冗余度压缩、熵编码、数据紧缩、数据保持编码等。仙农（C E Shannon）在创立信息论时，提出把信息看成是信息和冗余度的组合。冗余度压缩的工作机理，是去除那些可能是后来插入数据中的冗余度，因而始终是一个可逆过程。例如：1111100011111110011111100000111111 这个数据序列，完全可以用十进制计数为 51307120615061 意思为 5 个 1，3 个 0，7 个 1，2 个 0，6 个 1，5 个 0，6 个 1，数据的规律性越强压缩就越容易实现，压缩率就越高。只要压缩过程和解压过程采用相同的约定（协议），就可以恢复压缩的数据。

（2）有损压缩

有损压缩也称为不可逆压缩，是有失真的编码，信息论中称为熵压缩。如为了更简单地实现数据压缩，可以在监测采样值时设定一个门限，只有当采样值超过该门限时，才传数据。如果这种事件不常出现，就会实现信号空间地较大压缩，但实际的原始采样值就不可能恢复——因为丢失了信息。

3. 实用的数据压缩技术

为了除去数据中的冗余度，常常要考虑信源的统计特性，或建立信源的统计模型，因此许多实用的冗余度压缩技术均可归结为统计编码方法。此外，统计编码技术在各种熵压缩技术中也常常用到。熵压缩主要有两大类型：特征抽取和量化方法，如表 3-1 所示。对于实际的应用而言，量化是更为通用的熵压缩技术。除了直接对无记忆信源的单个样本做所谓零记忆量化外，还可以将有记忆信源的多个样本映射到不同的空间，去除了原始数据中的相关性后再做量化处理。一个实用的高效的编码方案常常需要综合考虑各种编码技术。

表 3-1　数据压缩技术分类

数据压缩	冗余度压缩（熵编码）	统计编码		霍夫曼编码、游程编码、二进制信源编码
				算术编码
				基于字典的编码：LZW 编码
		其他编码		完全可逆的小波分解、统计编码等
	熵压缩	特征抽取	分析/综合编码	子带、小波、分形、模型基等
				其他
		无记忆量化		均匀量化、Max 量化、压扩量化等
		量化	有记忆量化	序列量化　预测编码：增量调制、线性预测、非线性预测、自适应预测、运动补偿预测等
				序列量化　其他方法：序贯量化等
				分超量化　直接映射：矢量量化、神经网络、方块截尾等
				分超量化　交换编码：正交变换：KLT、DCT、DFT、WHT 等
				分超量化　交换编码：非正交变换
				分超量化　交换编码：其他函数变换

4. 数据压缩的常用工具

（1）WINZIP

在网上下载文件时或是日常计算机操作中，时常会碰到以 ZIP 为扩展名的文件，目前压缩和解压缩 ZIP 文件的工具很多，但是应用得较广泛的有 Nico Mak Computing 公司开发的著名 ZIP 压缩文件管理器——WINZIP。WINZIP 是一个共享软件，操作简便、压缩运行速度快，几乎支持目前所有常见的压缩文件格式。WINZIP 还全面支持 Windows OS 中的鼠标拖放操作，用户用鼠标将压缩文件拖拽到 WinZip 程序窗口，即可快速打开该压缩文件。同样，将欲压缩的文件拖曳到 Winzip 窗口，便可对此文件压缩。而且可以从 WinZip 上直接启动杀毒软件。

（2）WinRar

WinRar 是目前流行的压缩工具，界面友好，使用方便，支持鼠标拖放及外壳扩展，完美支持 ZIP 档案，其内置程序可以解开 CAB、ARJ、LZH、TAR、GZ、ACE、UUE、BZ2、JAR、ISO 等多种类型的压缩文件；它具有估计压缩功能，可以在压缩文件之前得到用 ZIP 和 RAR 两种压缩工具压缩下的大概压缩率，及历史记录和收藏夹功能；它采用了比 Zip 更先进的压缩算法，其压缩率相当高，其多媒体压缩和多卷自释放压缩独具特色；它使用方便，配置选项不多，仅在资源管理器中就可以完成你想做的工作。WinRar 新版加强了 NT/2000 在信息安全和数据流方面的功能，并对不同的需要保存不同的压缩配置，并增加无需解压就可以在压缩文件内查找文件和字符串、压缩文件格式转换功能。在 WinRar3.3 以上的版本增加了扫描压缩文件内病毒，性能和硬件测试等功能。

（3）硬盘压缩工具 FreeSpace

FreeSpace 是一个动态压缩/解压缩数据硬盘压缩工具，较好解决了兼容性问题的硬盘"扩容"软件，可以在 Windows OS（包括支持 OSR2 及 FAT32 分区）和 NTFS 分区上的 NT 4.0 环境中运行。FreeSpace 的主要组件是一个驱动程序。在 Windows 每次启动时都会自动装载。在任务管理器里面可以看到这个加载的后台进程 Fs32。这个驱动程序就是动态压缩/解压缩的关键程序。只要这个驱动程序驻留后台，经 FreeSpace 压缩过的文件无论看起来还是使用以来就都象是没有压缩过一样。该驱动程序只在 Windows95 中装载。在 Windows NT 4.0 下，FreeSpace 是使用 NTFS 文件系统本身的压缩功能来进行压缩的，所以没有用到它。除了这个主要的驱动程序外，FreeSpace 还提供了"QuickSpace 向导""压缩向导""解压缩向导""FreeSpace 设置""FreeSpace 磁盘检测""简单升级（EasyUpdate)"一系列管理工具，这些工具能大大方便 FreeSpace 的使用。

3.1.4　数据容错技术

数据是企业赖以存在和发展的一笔无形资产，是否能正确的存储和使用是一个相当重要的战略问题。计算机系统是数据存储与应用的主要场所，这样一来，数据的容错性就转化为计算机系统的容错性了。计算机系统能否真正运作于实际工作的一个关键问题就是计算的可靠性，而容错计算技术是计算可靠性的重要保证。容错技术是指当计算机由于器件老化、错误输入、外部环境影响及原始设计错误等因素产生异常行为时维持系统正常工作的技术总和。通俗地讲，它是使系统在发生故障时乃能持续运行的技术。实现容错的方法主要是冗余，利用冗余可以屏蔽错误的影响或利用重构保证系统缓慢地降级。对于分布式系统来说，容错技术主要包括故障诊断、故障屏蔽和功能转移等内容。故障诊断是指系统中能够正常工作的部分通过一定方法测试其他部分能否正常工作。故障隔离是指诊断出系统中一些部分已不能正常工作后将这些部分从系统中剔除出去。通常，如果系统的某些部分发生故障，并不总是能够通过剔除故障部分达到容错。只有在剔除了这些部分后系统剩余部分仍能正常工作，才可以使用这种方法实现容错。功能转移则是指诊断出系统中一些部分已不能正常工作后，将原本应由这些部分完成的工作自动转移到其他正常的部分上去。实际上，一些商用容错计算机是通过为系统的关键部件设置冗余备份、并在发生故障时通过自动功能隔离和自动功能转移使系统不间断地工作。

计算机容错技术主要包括以下几个方面。

1. 磁盘容错技术

磁盘容错技术是通过增加冗余的磁盘驱动器、磁盘控制器等，来提高磁盘的可靠性。即当磁盘系统的某一部分出现故障时，磁盘仍能正常工作，而不至于造成数据的错误或丢失。它主要包括这几个方面的容错技术。

①双份目录和双份文件分配表。在磁盘上，存放着文件管理的重要数据结构——文件目录和文件分配表FAT，如果这些表格被破坏，将导致磁盘上的文件部分或全部不可访问，实际上相当于数据丢失。为了防止这些数据结构遭到破坏，可在磁盘的不同区域中建立两份目录和文件分配表。当其中的一份遭到破坏时，系统一方面使用未遭破坏的另一份进行文件操作，另一方面建立一份新的文件目录或FAT，作为备份。在系统每次启动时，都要对两份目录和分配表进行一致性验证。

②热修复重定向。系统将一定的磁盘容量作为热修复重定向区，用于存放当发现盘块有缺陷时的待写数据，并对写入该区的所有数据进行登记，以便于以后对数据进行访问。

③写后读校验。为了保证所有写入磁盘的数据与待写入的数据是一致的，每当有数据写入磁盘时，系统都要将写入的数据读出来，与待写入的数据进行一致性验证，如不一致，就要再写，再验证。若数据重写后两者还是不一致，系统认为该盘块损坏，然后执行热修复重定向。

④磁盘镜像。磁盘镜像是为了防止磁盘驱动器故障而在系统中设置了两个驱动器，在进行数据存储时，同时将数据存储到两个磁盘上，并采用写后读进行一致性检验。当其中的一个驱动器发生故障时，系统利用另一个驱动器进行数据操作，其结构如图 3-2 所示。

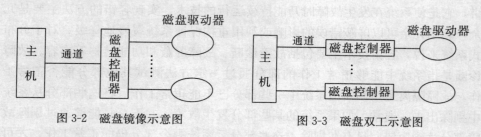

图 3-2　磁盘镜像示意图　　　　　　　　图 3-3　磁盘双工示意图

⑤磁盘双工。磁盘镜像解决了单一磁盘驱动器故障而导致的数据丢失，但如果控制磁盘驱动器的磁盘控制器发生故障却无能为力。这样，导致了磁盘双工的产生，如图 3-3 所示，新增设了一个磁盘控制器，当系统向磁盘写入数据时，将同时向两个磁盘写入，其中的一个通道发生故障时，另一通道上的磁盘仍能正常工作。

2. IDE 磁盘阵列技术

廉价磁盘冗余阵列 RAID（Redundant Arrays of Inexpensive Disk）是在 1987 年由美国加利福尼亚大学伯克莱分校提出的，现在已广泛应用于大中型计算机及计算机网络中，其核心是 RAID 控制器，用它来统一管理一组普通磁盘驱动器，组成一个高可靠性，快速的大容量磁盘系统，它决定了磁盘阵列的功能和性能。RAID 控制器可在主机处写入数据，再把数据分解为多个数据块，然后并行写入磁盘阵列；当主机读取数据时，RAID 控制器首先并行读取分散在磁盘阵列中各个硬盘上的数据，再把它们重新组合后提供给主机。由于采用的是并行读写操作，与单硬盘比较，大大提高了数据存取速度。

磁盘阵列的硬件组成是硬盘。以前，人们使用的多为 SCSI 硬盘，随着 IDE 硬盘技术的不断突破，高转速（已达 7200r/min），大容量（达 160GB），高缓存，低价格的 IDE 磁盘不断推出，使得由它构成硬盘阵列成为可能。因此，由 IDE 硬盘构成的磁盘阵列成为国内大多数中小企业用户的应用需求。将来，IDE 磁盘阵列会进一步完善容错功能，不断提升性能，扩大容量。目前，

IDE 磁盘阵列的最大容量已可达 2TB。

RAID 技术刚推出时，分成 6 级冗余，即 RAID 0～RAID 5 级，后来又增加了 RAID 6 级和 RAID 7 级，只有 RAID 3、RAID 5、RAID 6、RAID 7 能够大幅度提升性能，并可增加数据的安全性。

RAID 0：许多人认为 RAID 0 不算是真正的 RAID 模式，因为它在数据安全性上的风险很大。RAID 0 仅仅是利用了并行交叉存取技术，它将数据平均分割存储在阵列中的所有硬盘上，可以大大提高磁盘 I/O 速度，但 RAID 0 没有冗余校验功能，磁盘系统的可靠性不高，只要磁盘阵列中任何一块硬盘损坏将导致整个 RAID 中的所有数据丢失。

RAID 1：RAID 1 刚好与 RAID 0 相反，增加了数据安全性。它利用磁盘镜像功能，同时对主盘和镜像盘并行读写，故比传统的镜像盘速度快。在这里所有的数据只是简单地镜像到第 2 块硬盘上。即使一块硬盘损坏，系统也可以利用其镜像的磁盘继续运作，从而达到容错的目的。因为 2 块硬盘存放了完全相同的内容，所以硬盘的整体利用率为 50%。

RAID 3、5：RAID 级别 3 和 5 以前通常只有 SCSI 的 RAID 适配卡才有这个功能，但随着 RAID 技术的广泛应用，IDE 磁盘阵列也早已具备此功能。RAID 3 或 5 是具有校验位的。其中，RAID 3 是将奇偶校验位完全存放在单一物理硬盘上，比起磁盘镜像，减少了所需要的冗余磁盘数，如当阵列中有 5 个磁盘时，可用 4 个盘存储数据，1 个盘存放校验。而 RAID 5 是具有独立传送功能的磁盘阵列，每个驱动器都有各自独立的数据通道，独立的读写数据，校验位以螺旋方式平均分布在所有的物理硬盘上。这 2 个级别都需要至少 3 块硬盘，都是多块硬盘并发读写，所以能够提供更好的性能，又因有校验位，所以具有容错的功能。即使 RAID 组中的硬盘有一块损坏，整个 RAID 中的数据不会丢失。因为有校验位的存在，所以磁盘的利用率为 $(n-1)/n$。其中 RAID 3 有专门存放校检位的一块盘，它的连续读写性很好，因此，RAID 3 常用于科学计算和图像处理，其他非视频应用均采用 RAID 5 技术。

RAID 6、7：这是强化了的 RAID。在 RAID 6 中增设了专用的，可快速访问的异步校验盘。该盘具有独立的数据访问通道，比 RAID 3、5 级具有更好的性能，但其性能改进有限，造价高。RAID 7 是对 RAID 6 的改进，阵列中的所有磁盘，都具有较高的传输速度及优异的性能，是目前最高档次的磁盘阵列，价格也较高。

需要补充说明的是，大多数 IDE 磁盘阵列均支持热备用盘（Hot Spare）。热备用盘是指在 RAID 组中硬盘损坏或出故障时可即时更换这些盘，确保磁盘阵列中数据的安全性。

RAID 自 1988 年面世以后，便引起了人们的普遍关注，并很快得到广泛应用，这主要是作为品质优秀的 IDE 磁盘阵列，具有以下一系列明显优点：

①可靠性高。RAID 最大的优点就是它的高可靠性。除了 RAID 0 级外，其余各级都采用了容错技术。它既可实现磁盘镜像，又可实现磁盘双工，当阵列中的一块磁盘损坏时，可以根据其他未损坏磁盘中的信息，来恢复已损坏盘中的信息，不会造成数据的丢失；另外，磁盘阵列采用无线缆设计（Cable Less），利用稳定的印刷电路板（PC Board）代替线缆提高信号质量和系统可靠性，减少了线缆故障导致的停机；利用实时多重任务处理内核技术，保证了高效率的数据持续传输。因此，可靠性大大提高。

②磁盘 I/O。速度提高磁盘阵列采用并行交叉存取方式，可将 I/O 速度提高 N−1 倍（N 为磁盘数目）。

③性价比高。利用磁盘阵列实现大容量存储器时，其体积与同容量和速度的磁盘系统相比，只是后者的 1/3，而且价格也是后者的 1/3，且可靠性更高。

3. 集群容错技术简介

随着社会信息化进程的加快，网络应用的不断扩展，对网络服务的可靠性要求也越来越高。服务器系统作为整个网络系统提供服务的核心，如果一旦发生故障就会影响整个业务系统的正常运行，甚至瘫痪，给企事业单位带来无法估量的经济损失。据有关资料统计表明，在系统服务器硬件中，最容易发生故障的是机械部分，比如硬盘（故障发生率为 50% 左右），其次是内存和电源。然而在软件故障中，由系统本身或应用引起的故障越来越多。群集备份技术是解决由软硬件引起可靠性降低的一种有效措施。它通过网络将两台以上的服务器连接起来，当一台服务器停机时，其他服务器在保证自身业务的基础上，接管停机服务器的业务。在群集系统中，最简单、最典型的是双机热备份系统。双机热备份系统是一种软硬件结合的高可靠性应用模式。该系统由两台服务器系统和一个外接共享磁盘阵列及相应的双机热备份软件组成。每台机器至少配备 2 块网卡，其中一块作为工作网卡，一块作为双机热备份的内部网卡，即心跳线。操作系统和应用程序安装在两台服务器的本地系统盘上。用户数据存放在外接共享磁盘阵列中。双机热备份系统可采用主从模式或双工模式来组织，在主从模式下，主机工作，从机处于监控准备状况。当主机发生故障时，从机接管主机的一切工作，待主机恢复正常后，按使用者的设定以自动或手动方式将服务切换回主机上运行；在双工模式下，两台主机同时运行各自的服务工作且相互监测情况，当任一台主机发生故障时，另一台主机立即接管它的一切工作，保证工作的延续。两种模式都采用"心跳"（所谓"心跳"，指的是系统之间，相互按照一定的间隔发送通讯信号，表明系统目前的运行状态）方法实现设备之间的通信。一旦"心跳"信号表明系统发生故障，或者备用系统无法收到并行系统的"心跳"信号，则系统的高可用性管理软件认为对方系统发生故障，并将系统资源转移到正常系统上，以保证网络服务运行不间断。

一般而言，常用的群集容错解决方案有如下几种。

（1）Windows NT 和 Windows 2000 中的群集技术（CLUSTER）

Windows Advance 2000 是 Windows NT 4.0Enterprise 的升级版，能支持更多的 CPU 和内存数，具有网络管理新特性，提供了更好资源管理，如便捷、安全的网络管理。同时 Windows Advance 2000 支持更多的节点对应用服务的热备份保护（可支持 32 个节点的群集服务）。可以利用 Windows Advance 2000 自带的 Cluster service 群集服务来实现双机互备（份）。MSCS（Microsoft Cluster Server）提供了全自动的故障切换（failover）机制，可充分实现以前只有在小型机和大型机环境中才会有的网络可靠性，即监测硬件（如服务器、磁盘或网卡）监测软件（如数据库、应用程序）的运行状况并随时对其失败作出切换反应；还提供手工切换以及系统暂停机制，以方便正常的系统维护工作。微软集群系统是一种由一组互连的整机构成的并行或分布系统，可作为统一的计算资源使用。集群技术使用多台服务器组成服务器集合，可以提供高可靠性的不停机服务。

（2）NOVELL 的容错解决方案

Standby Server for NetWare 是 VINCA 公司为 NOVELL 开发的第三方应急备份应用软件，已被许多证券和企事业单位采用，并取得一致好评。Standby Server for NetWare 是一种与硬件无关的高可用性解决方案，它使用一个或多个直接与主服务器相连的从服务器。通过服务器之间的数据镜像，实现数据的冗余备份，在硬件和软件发生故障时保护用户的数据。当主服务器发生故障时，后备服务器将自动使用与故障服务器相同的服务器名、登录脚本、启动目录服务，接替主服务器工作。对客户端而言用户只是感到短暂的停顿，然后自动恢复与服务器的正常连接，确保业务顺利的进行。

（3）Lifekeeper for NT 容错解决方案

Lifekeeper for NT 软件是 NCR 公司推出的全球第一套基于 NT 操作系统，支持 16 台服务器集群的实时容错软件，也是市场上第一套可提供 OSI 七层模型的高可靠性软件。Lifekeeper 对硬件、操作系统、应用软件、业务数据皆具备强大的容错性能。国内一些公司也推出自己的数据热备份软件，但这些软件只是做到了数据级备份，而对应用软件（如 SQL Server、Sybase 等）、系统软件（如 Windows NT）和系统硬件（如硬盘、内存、网卡）的容错却无能为力。一旦主服务器任何地方出现问题，正常业务被迫终止且不能在短时间内能恢复。Lifekeeper完全可以在无人值守的情况下将所保护的应用由出故障的主机资源自动切换至备份机恢复运行并向整个网络提供交易资源服务，从而实现系统级的容错。如今，Lifekeeper For Windows NT 软件已成为全球同类产品中市场占有率最高的容错软件，它以优异的性价比广泛应用于全球的邮电、银行、证券等大型的关键业务系统中，有利的促进了市场经济的发展，受到了一致的赞誉。其主要特点表现在：

①能在主服务器发生故障时全自动地实现端系统及服务器系统的热切换，保证业务的连续性；

②对备支持共享磁盘阵列方式和纯软件容错的扩展方式，性能稳定可靠，能在投入、连接结构等方面给客户有充分的选择余地；

③对硬件、应用软件的任何故障都能分别实现实时侦测，具备周全的容错切换机制，能同时支持 SQL Server、Sybase、Informix、Oracle、Notes、Exchange、SAP 等多种应用平台的灾难恢复。

综上所述，使用集群系统可以带来如下好处：

①高可靠性。每台服务器都分担一部分处理业务，由于集合了多台服务器的性能，整体处理能力大大提高。

②容错。当其中一台服务器发生故障时，系统软件将这台服务器从系统中隔离出去，使用协调机制完成新的负载分配，同时向系统管理人员发出警报。

③负载均衡。在某个应用软件的峰值处理期间，可以使用简单的操作命令就能把此节点的应用包转移到其他节点，从而减轻该节点的工作负荷。

3.1.5 数据的保密与鉴别

前面从数据的完整性、数据备份、数据压缩、数据冗余技术的角度探讨了数据的安全性。归结起来，这仅仅是数据安全性的一个方面——确保数据的可靠性；另一方面，数据的保密性也是一个至关重要的问题。如果仅仅把目光投向操作系统安全性或者网络安全，认为只要防病毒和黑客等外部侵袭就可以高枕无忧了，那就大错特错了。实际上，数据安全的最大威胁来自局域网内部。中国国家信息安全测评认证中心的调查结果显示，信息安全问题大部分情况都是由内部人员所为；对于存有大量敏感机密的数据，对内部毫不设防的计算机终端才是数据泄露的根源。举一个简单的例子，一谈到网上银行与交易安全，多数人认为只要银行的防火墙功能足够强大，账号就是安全的。其实这一观点并不完全正确，著名的 DBS 银行就曾有 21 名客户的账户被非法进入，分别有 200 至 5000 美元被盗，这些案例中有一点是相同的，那就是银行的防火墙均安然无恙，没有被黑客所入侵。IT 专家和银行方面均认为，这是用户个人 PC 被人非法访问所致。因此，保护个人电脑终端的信息，是实现数据安全的核心。如何保护计算机终端中的数据，防止非法访问呢？这就涉及到数据保密技术了。目前各国除了从法律上、管理上加强数据的安全保护外，从技术上分别在软件和硬件两方面采取措施，推动着数据加密技术和物理防范技术的不断发展。

数据保密和鉴别技术是一项相当复杂的工程，它是一门跨学科的综合技术。数据的鉴别是指核实数据的来源的过程。这一点在安全通讯中与数据保密同样重要。如，用户 A 收到一条从用户 B 发过来的信息，如果没法判断该信息是否是 B 发来的，该信息就没有价值；如果确信该信息是 B 发过来的，但不能确定该信息是否被改动过，该信息的可靠性也是值得怀疑的。数据的保密技术和鉴别技术结合起来保证端对端通讯的安全性。概括起来，它包括加密技术和完善的保密管理体制等方面的内容。

1. 数据软件加密

在前面的一些章节里面，重点讨论了一些数据加密的基本原理和方法，其基本思想都是通过变换信息的表示形式来伪装需要保护的敏感信息，使非授权者不能了解被保护的信息。如果把文件看成数据明文，通过第 2 章介绍的数据加密算法产生密文，使文件以密文的形式存储，使用时再通过解密还原成明文，这样一来，文件的加密就可以看成是数据加密的扩展了。在本节主要讨论数据加密的一些其他方法。

（1）伪随机加密法

这种方法的基本思想是：RND 函数在相同的初始值下可以产生相同的伪随机数，通过某种规则获取一串伪随机数，用它来控制文件中的字节值变化，以此实现加密；解密时，利用相同的数串使文件中的字节值得到恢复。设定初始值 n，表示数串是从 n 开始的序列，其加密过程如图 3-4 所示，解密过程如图 3-5 所示，只要初始值相同，就能达到恢复原文的目的。

（2）密码表加密

此种加密方式的具体做法是在软件运行的开始要求用户根据屏幕的提示信息输入特定的答案，答案往往在用户手册上的一份防复印的密码表中。用户只有输入密码正确后才能够继续运行。这种加密方案实现简单，不需要太多的成本。但用户每次运行软件都要查找密码，不免使用户感到十分不便。像台湾的游戏大多采用此加密方式。

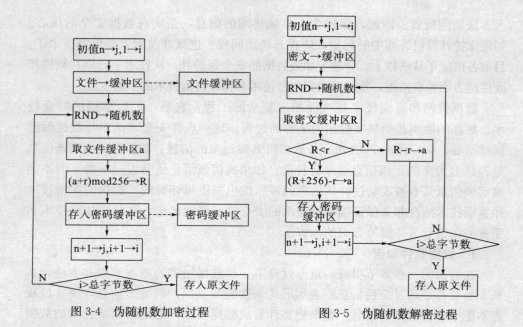

图 3-4　伪随机数加密过程　　　　图 3-5　伪随机数解密过程

（3）序列号加密

现在很多共享软件都采用这种方式。用户从网上免费下载软件试用，试用期满，就必须到软件公司注册，公司根据用户提交的信息产生一个序列号，并在软件运行时输入，软件会验证你的信息和序列号之间的关系是否正确；正确时，表明你已经购买了软件，软件就会取消掉本身的各种限制，可以完全使用了。

2. 依赖于硬件的加密方式

常用的加密方式有如下几种形式。

①软盘加密。这是一种较古老的加密方式，其基本原理就是在软盘的特定位置写入一些信息，在软件运行时，要检验这些信息，软盘就好像是开启软件的钥匙。这种加密方法简单，成本低。其缺点是用户运行软件时需插入软盘，而且软盘容易损坏，软件公司要不断应付用户更换加密软盘的要求。

②卡加密。这种方法在前面的章节中已经提到过，就是将加密算法做成硬件卡，插在计算机插槽里，软件运行时不断地检测密码卡。其特点是运行速度快，但投资较大，因而使用这种加密方式地厂商已较少了。

③软件锁加密。这种方式和卡加密地原理比较类似，又名叫加密狗。在加密锁内存有加密算法或数据，软件运行时要不断检测，软件无法离开加密锁而运行。只不过在这种方式中，锁是插在计算机打印接口或 USB 接口上，而不是内部插槽。现在比较实用的有北京飞天诚信科技公司推出的 ROCKEY-USB 加密锁。

④光盘加密。光盘是现在广泛使用的一种大容量，低成本的存储介质。光盘加密的基本原理有些类似软盘的加密，不过其操作要复杂得多；它是在光盘上的特殊位置放置一些不可复制的信息，这些特征信息大多是非数据性内容，如激光打孔。这种加密方式成本低，而且软件数据和加密存储在同一介质上，用户使用方便。

⑤外壳保护技术。所谓"外壳"就是给可执行文件加上一个外壳。这种技术在软件加密中应用得相当广泛，并有很多应用程序专门为加壳而设计，它对程序进行压缩或根本不压缩，主要用于反跟踪，保护代码和数据，保护你的程序数据的完整性。用户执行的实际上是这个外壳程序，而这个外壳程序负责把用户原来的程序在内存中解压，并把控制权交还给解压后的真正程序，由于一切工作都是在内存中运行，用户根本不知道其运行过程，并且对执行速度没有什么影响。如果在外壳程序中加入对软件锁或钥匙盘的验证部分，它就是所说的外壳保护了。

⑥光盘狗技术。一般的光盘保护技术需要制作特殊的母盘，进而改动母盘机，实施费用高，而且费时。针对上述缺点，光盘狗技术不在母盘制造上动手脚，因此可以自由选择光盘厂来压制光盘。该保护技术能通过识别光盘上的特征来区分是原版盘还是盗版盘。该特征是在光盘压制生产时自然产生的，即由同一张母盘压出的光盘特征相同，而不同的母盘压制出的光盘即便盘上内容完全一样，盘上的特征也不一样。也就是说，这种特征是在盗版者翻制光盘过程中无法提取和复制的。光盘狗是专门保护光盘软件的优秀方案，并且通过了中国软件评测中心的保护性能和兼容性的测试。

随着技术的发展，加密技术日新月异，种类繁多，除了上面介绍的外，还有 CSS 保护技术、CPPM 技术、DCPS 技术、CPRM 技术、CGMS 技术、APS 保护技术等。

3. 数据的鉴别技术

数据的鉴别技术包括报文摘要，数字签名，数字证书等方面的内容，这里重点介绍一下数字证书。

公开密钥加密技术成功的解决了身份认证及信息保密的安全问题。但是，使用该技术的前提就是通讯双方必须知道对方的公开密钥；这时，问题就出现了，你拿到的公开密钥是不是对方的公开密钥呢？在这一点上保证公开密钥是确实的而不是伪造的至关重要。数字证书就是互联网通讯中标志通讯双方身份信息的一系列数据，提供了一种在 Internet 上验证身份的方式，其作用类似于司机的驾驶执照或日常生活中的身份证。数字证书由证书授权 CA（Certificate Authority）中心发行，其应用可以大大简化确定公开密钥所有者的工作，它包括 3 个方面的内容：

①公开密钥；

②证书信息（用户的身份，比如名字、用户 ID 等）；

③一个或多个数字签名。数字证书中的数字签名用来保证证书中的内容是真实的。

目前，数字证书普遍使用 RSA 公开密钥加密。

3.2　数据通信安全技术

目前，在信息技术的冲击下，网络安全已不再仅仅是军方和政府等社会要害部门的一种特殊要求了。从词义看，网络安全与网络系统的开放性似乎是一对矛盾，其实并非如此，从通信的角度来说，要求一个开放的系统，人们可以自由购买不同的部件，并把这些部件有机的组织起来满足购买者的要求，能随时随地实现正常通讯；从数据的安全角度上看，又要求严格保密，即要求每对通讯双方是一个封闭的通信。互联网与开放系统是并存发展的。从 20 世纪 70 年代开放式互联网模型 OSI 的提出，通过一系列开放系统互联所开展的标准化活动，不同厂商的网络设备，不同网络体系的互联已经实现。著名的 TCP/IP 协议成为一个事实上的通讯标准。与此同时，将安全保护措施渗透到网络体系中，实现两种技术的完美结合，却是一件相当复杂的任务，因为，这将使安全协议融入到网络体系结构中去。

3.2.1　互联网模型应用保密和鉴别技术

在信息时代，互联网成为信息传递的枢纽，互联网的安全性是人们密切关注的焦点。安全协议是直接完成网络通讯安全的协议。ISO/IEC JTC1/SC6 工作组制定了完善的协议标准，主要包括传输层安全协议（TLSP）、网络层安全协议（NLSP）和局域网安全协议 SILS（是对 IEEE802 系列局域网标准的安全补充协议）。

1. 安全服务

安全协议所提供的服务与连接的方式有关。一个面向连接的安全协议支持以下服务：

①实体认证。通信双方的相互认证，可能发生在网络的端系统、子网或中间节点上。

②访问控制。为特定数据项或连接上的所有数据贴上安全标签。

③连接机密性。为连接上的所有用户数据提供机密保护。

④业务流机密性。在数据流中加入伪装数据，使窃取者无法判断数据

真假。

　　⑤连接完整性。检测连接上的数据是否被修改，通过适当的设置，可采用重传机制对被修改过的数据加以恢复。

　　一个无连接的安全协议支持如下服务：

　　①数据源认证。对无连接数据报的发起者的认证。

　　②访问控制。给无连接数据报贴上安全标签。

　　③业务机密性。发送伪装数据。

　　④无连接机密性和完整性。给无连接数据报提供机密保护和完整性检测。

　　以上服务适用于端系统级和子网级。所不同的是，在所有的端系统级上都能提供上述服务，而子网络级服务只能在一个子网或几个相邻的子网上提供。

　　2. 传输层安全协议

　　当前，在传输层能够实现安全传输通道的协议是 Netscape 通信公司制定的安全套接层协议（Secure Socket Layer，简称 SSL），它建立在可靠的传输服务（如 TCP/IP 所提供）基础之上。SSL 当前版本 3（SSL v3）于 1995 年 12 月制定。它主要由以下两个协议组成：

　　（1）SSL 记录协议

　　SSL 记录协议它涉及应用程序提供的信息的分段、压缩、数据认证和加密。SSL v3 提供对数据认证用的 MD5 和 SHA 以及数据加密用的 R4 和 DES 等的支持，用来对数据进行认证和加密的密钥可以通过 SSL 的握手协议来协商。

　　（2）SSL 握手协议

　　SSL 握手协议用来交换版本号、加密算法、（相互）身份认证并交换密钥。SSL v3 提供对 Deffie-Hellman 密钥交换算法、基于 RSA 的密钥交换机制和另一种实现在 Fortezza chip 上的密钥交换机制的支持。

　　Netscape 通信公司已经向公众推出了 ssl 的参考实现（称为 sslref）。另一免费的 ssl 实现叫做 ssleay。sslref 和 ssleay 均可给任何 TCP/IP 应用提供 ssl 功能。internet 号码分配当局（iana）已经为具备 ssl 功能的应用分配了固定端口号，例如，带 ssl 的 http（https）被分配的端口号为 443，带 ssl 的 smtp（ssmtp）被分配的端口号为 465，带 ssl 的 nntp（snntp）被分配的端口号为 563。

　　1996 年 4 月，IETF 授权一个传输层安全（TLS）工作组着手制定另一个传输层安全协议（TLSP）。TLSP 在许多地方酷似 SSL，这是一个端系统级安全协议，它在端系统设备上实现。TLSP 主要参考的是美国政府资助的安全数据网络系统（SDNS）项目的研究成果——安全协议 4（SP4），不支持业务流机密性。TLSP 完全位于传输层之内，除了保护服务质量的参数之外，对高层和网络层是完全透明的。TLSP 是传输层的子层，在发送端，正常的 TPDU 在传到网络层之前先被封装成 TLSP PDU；在接收端，TLSP PDU 被还原成正常的 TPDU，然后交给 TPDU 处理过程。TLSP 的封装过程是一种安全变换，它采用这样一些安全机制：

①安全标签。在 TPDU 之前加上安全标签，以提供访问控制服务。

②方向标志。一个前缀标志，指示 TPDU 的传输方向。

③完整性检验值。计算 ICV 并作为 PDU 的附件。

④加密填充。如果加密算法需要要求填充，或者需要掩盖 PDU 的长度，还应做一次填充。

⑤加密。经过以上过程，再加密数据。

3. 网络层安全协议

当前，在网络层实现安全已经成为一大研究热点，并且 Internet 工程任务组（IETF）于 1998 年公布了因特网安全体系结构——IPSec 规范，这更加速了这方面的研究和实施。该规范是将安全机制引入 TCP/IP 网络的一系列标准，IPSec 提供 3 种不同的形式来保护通过公有或私有 IP 网络来传送的私有数据。

①认证。可以确定所接受的数据与所发送的数据是否是一致的，同时可以确定申请发送者在实际上是真实发送者，而不是伪装的。

②数据完整。保证数据从原发地到目的地的传送过程中没有任何不可检测的数据丢失与改变。

③机密性。使相应的接收者能获取发送的真正内容，而无意获取数据的接收者无法获知数据的真正内容。

在 IPSec 中，由 3 个基本要素来提供以上 3 种保护形式：认证协议头（AH）、安全加载封装（ESP）和互联网密钥管理协议（IKMP）。认证协议头和安全加载封装可以通过分开或组合使用来达到所希望的保护等级。

认证协议头（AH）是在所有数据包头加入一个密码。AH 通过一个只有密钥持有人才知道的"数字签名"来对用户进行认证，同时也维持了数据的完整性。因为在传输过程中无论多小的数据变化，数据包头的数字签名都能把它检测出来。不过由于 AH 不能加密数据包的内容，因而它不保证任何机密性。两个常用的 AH 标准是 MD5 和 SHA－1，MD5 使用最高到 128 位的密钥，而SHA－1 通过最高到 160 位密钥提供更强的保护。

安全加载封装（ESP）通过对数据包的全部数据和加载内容进行全加密来严格保证传输信息的机密性，这样只有受信任的用户通过密钥才能打开内容，从而避免其他用户通过监听来截取信息。ESP 也能提供认证和维持数据的完整性。通常，ESP 使用数据加密标准 DES，DES 支持高达 56 位的密钥，而 Triple-DES 使用 3 套密钥加密，相当于使用高到 168 位的密钥。由于 ESP 加密所有的数据，因而它比 AH 需要更多的处理时间。

密钥管理包括密钥确定和密钥分发等，最多需要四个密钥：AH 和 ESP 各两个发送和接收密钥。密钥本身是一个二进制字符串，通常用十六进制表示。密钥管理包括手工和自动两种方式：

①手工管理方式是指管理员使用自己的密钥及其他系统的密钥手工设置每个系统。这种方法在小型网络环境中使用比较实际。使用手工管理系统，密钥由管理站点随机生成或根据集团的安全政策确定，然后分发到所有的远程用户。

②自动管理系统能满足其他所有的应用要求。使用自动管理系统，可以动态地确定和分发密钥。自动管理系统具有一个中央控制点，集中的密钥管理者可以令自己更加安全，最大限度的发挥 IPSEC 的效用。另一方面，自动管理系统可以随时建立新的 SA 密钥，并可以对较大的分布式系统上使用密钥进行定期的更新。

③IPSec 的自动管理密钥协议是 ISAKMP/Oakley（Internet Security Association and Key Management Protocol ISAKMP），它基于 Diffle-Hellman 算法，对互联网密钥管理的架构以及特定的协议提供支持，包括认证用户的机制。

IPSec 的一个主要优点是它可以在所有的主机和服务器上共享网络设备，在很大程度上避免了升级网络相关资源的需要。在客户端，IPSEC 架构允许使用远程访问介入路由器或基于纯软件方式使用普通 MODEM 的 PC 机和工作站。通过传送模式和隧道模式在应用上提供更多的弹性。传送模式通常当 ESP 在一台主机（客户机或服务器）上实现时使用，采用原始明文 IP 头，并且只加密数据（包括 TCP 和 UDP 头）。隧道模式通常在 ESP 关联到多台主机的网络访问介入装置实现时使用，隧道模式处理整个 IP 数据包（TCP/IP 或 UDP/IP 头和数据），它用自己的地址作为源地址加入到新的 IP 头。当隧道模式在用户终端设置时，可以提供更多的方便来隐藏内部服务器主机和客户机的地址。IPSec 可保障主机之间、安全网关之间（如路由器或防火墙）或主机与安全网关之间的数据报安全。并且它还可以实现各种方式的 VPN：ExtraNet VPN、IntraNet VPN 和远程访问 VPN。

网络层的另一个安全协议是 NLSP。在技术上，它主要参考了 3 个标准。一是美国在 SDNS 项目中发表的安全协议 3（SP3），它专为无连接模式设计，另一个是美国和加拿大联合提出的分组交换网络的安全协议；再一个是英国提出的面向连接和无连接模式的建议。NLSP 有效的将 3 个协议合并到一起。它将网络层分为多个子层，每个子层完成不同的任务，NLSP 可以放在网络层内的任何一个子层之上。NLSP 有两种基本类型：面向连接的 NLSP（NLSP-CO）和连接的 NLSP（NLSP-CL）。主要作用是保护用户数据，以及上层在请求或响应原语中传给 NLSP 服务的参数。在发送方，NLSP 根据原语参数对用户数据进行安全封装，并将结果传给下层服务；在接收方，进行相反的操作。

4. 局域网安全协议 SILS

IEEE802.10 工作组为了实现 IEEE802 局域网于厂商无关的安全特性，制定了协同局域网安全标准（SILS），该标准由以下 4 个部分组成：

①模型。描述提供安全的局域网体系结构框架和其他 3 部分的范围。

②安全数据交换（SDE）。描述局域网上站与站之间的安全传输协议。

③密钥管理。定义高层密钥管理协议以支持 SDE。

④系统/安全管理。描述网络管理以支持 SDE 协议。

这里重点介绍一下 SDE 协议。在 IEEE802 标准中，将 OSI 模型的物理层和数据链路层划分为介质访问控制（MAC）层和逻辑链路控制层（LLC），LLC 层位于 MAC 层之上，而 SILS SDE 位于这两层之间。它是一种可选协议，并非局域网上的所有站都必须支持它，能在支持 SDE 的站之间实现安全通讯，在不支持 SDE 站之间提供正常通信。SDE 提供的服务主要是无连接机密性和无连接完整性，分别通过加密和 ICV 实现，如果在受保护字段中加入源站的 ID 字段，与无连接完整性组合起来，就能提供数据源认证。但这种认证是有限的。SDE 本身不提供安全关联管理，它由应用层完成。

3.2.2　端对端保密和鉴别通信技术

虚拟专用网络（Virtual Private Network，VPN）是专用网络的延伸，是端对端通信的代表，它包含了类似 Internet 的共享或公共网络链接。通过 VPN 可以模拟点对点专用链接的方式通过共享或公共网络在两台计算机之间发送数据。说得通俗一点，VPN 实际上是"线路中的线路"，即在一条公用线路中为两台计算机建立一个逻辑上的专用"通道"，它具有良好的保密性和抗干扰性，使双方能进行自由而安全的点对点连接。它主要采用了如下技术：

①隧道技术。隧道技术是为了将私有数据网络的资料在公众数据网上传输，而发展的一种新的信息封装方式（Encapsulation），相当于在公众网络上建立一条秘密通道。

②加解密技术。目前是数据通信中一项较成熟的技术，可直接利用现有的加解密技术。

③密钥管理技术。主要任务就是来保证在开放网络环境中安全地传输密钥而不被黑客窃取。

④身份认证技术。采用数字证书签发中心（Certificate Authority）发出的符合 X. 509 规范的标准数字证书（Certificate）实现身份认证。

在 VPN 的实现中，有两个核心协议：PPTP 和 L2TP。PPTP 是第 2 层协议，它将 PPP 帧装入 IP 数据报里在 IP 网络中传输。它是微软开发的一个较旧的协议。L2TP 是基于 Cisco 的"第 2 层转发（L2F）"协议和微软的 PPTP 协议的较新协议。它可以封装在 IP、X. 25、帧中继、异步传输模式等上发送的 PPP 帧，比 PPTP 更灵活，但它比 PPTP 需要占用更多的 CPU。L2TP 和 PPTP 的主要技术性区别如下：

①PPTP 要求传输网络基于 IP，而 L2TP 只要求传输网络提供点对点连通性；

②PPTP 只支持 VPN 客户机和 VPN 服务器之间的一个隧道；L2TP 允许在终点间使用多个隧道，可以为不同服务质量而创建不同的隧道或满足不同的安全要求；

③L2TP 提供信息头压缩，当启用信息头压缩时，L2TP 以 4 字节开销运行相当于 PPTP 以 6 字节运行。

1. PPTP 的封装

原始 IP 数据报在 PPTP 客户机和 PPTP 服务器之间传输时，采用图 3-6 所示的封装格式：

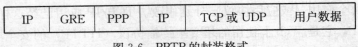

| IP | GRE | PPP | IP | TCP 或 UDP | 用户数据 |

图 3-6 PPTP 的封装格式

原始数据报首先封装在 PPP 帧里，然后将 PPP 帧封装在 GRE（Generic Routing Encapsulation）帧里，该帧是 PPTP 客户机和 PPTP 服务器之间发送的新 IP 数据报的有效负载。新数据报的源和目标 IP 地址将和 PPTP 客户机及 PPTP 服务器的 IP 地址相对应。

2. L2TP 的封装

在 L2TP 中，由 IPSec 提供加密功能，其封装分两个阶段完成：初始 L2TP 封装和 IPSec 封装，如图 3-7 所示。图中，L2TP 首先将原始数据报封装在 PPP 帧里（和 PPTP 一样）；然后将 PPP 帧插入到有 UDP 信息头和 L2TP 信息头的新 IP 数据报，结果数据报再应用 IPSec 加密，保证信息的完整性和机密性以及信息源的身份验证。最外层 IP 报头所包含的源和目标 IP 地址与 VPN 客户机和 VPN 服务器相对应。

阶段 1：初始 L2TP 封装

IP	UDP	L2TP	PPP	TCP 或 UDP	用户数据

阶段 2：IPSec 封装

IP	ESP 头	UDP	L2TP	PPP	TCP 或 UDP	用户数据	ESP 尾	IPSecf 验证信息

图 3-7　L2TP 的两阶段封装

3.2.3　应用层上加数据保密和鉴别模块技术

本质上，网络层（或传输层）的安全协议为主机（进程）之间的数据通道增加安全属性，但对同一通道上传输的具体文件的安全性要求却不能区分。比如说，如果一个主机与另一个主机之间建立起一条安全的 IP 通道，那么所有在这条通道上传输的 IP 包都要自动地被加密。同样，如果一个进程和另一个进程之间通过传输层安全协议建立起了一条安全的数据通道，那么两个进程间传输的所有消息就都要自动地被加密。如果确实想要区分具体文件的不同的安全性要求，那就必须借助于应用层的安全性。提供应用层的安全服务实际上是最灵活的处理单个文件安全性的手段。例如一个电子邮件系统可能需要对要发出的信件的个别段落实施数字签名。较低层的协议提供的安全功能一般不会知道任何要发出的信件的段落结构，从而不可能知道该对哪一部分进行签名。只有应用层是惟一能够提供这种安全服务的层次。

在应用层提供安全服务主要有以下几种方法：

①对每个应用（或应用协议）分别修改。TCP/IP 应用已经这样做了。比如 S-HTTP，它是 Web 上使用的超文本传输协议（HTTP）的安全增强版本，提供文件级的安全机制。

②安全外壳（Secure Shell，简称 SSH）。赫尔辛基大学的 Tatu Yloenen 开发的安全 shell（SSH）采用了一个密钥交换协议，以及主机及客户端认证协议，允许其用户安全地登录到远程主机上，执行命令，传输文件。

③认证和密钥分配协议。认证和密钥分配系统是 SSH 思路的发展，本质上，认证和密钥分配系统提供的是一个应用编程接口（API），可以用来为任何网络应用程序提供安全服务，例如：认证、数据机密性和完整性、访问控制以及非否认服务。目前已经有一些实用的认证和密钥分配系统，如：MIT 的 Kerberos，IBM 的 CryptoKnight 和 Netwrok Security Program 等都是得到广泛采用的实例。

④通用安全服务编程接口（Secure Service Programming Interface，简称 GSS-API）。认证和密钥分配协议的一个问题是它需要对应用本身做出改动，

使得开发人员常常为增加很少的安全功能而对整个应用程序大动干戈。可见，有必要提供一个标准化的安全 API，即通用安全服务 API（GSS-API），这在认证系统设计领域内得到实现。GSS-API（v1 及 v2）对于一个非安全专家的编程人员来说可能仍显得过于技术化了，德州 Austin 大学的研究者们开发的安全网络编程（SNP），把界面做到了比 GSS-API 更高的层次，使同网络安全性有关的编程更加方便了。

应用级安全机制必须根据具体的应用而定，支持性的安全协议应该设计成应用协议的补充。因此，不存在通用的应用级安全协议，只有一些安全协议生成工具和适用于各种应用层协议的安全协议组件。常见的应用级软件包是 PGP 和 SSH。PGP（Pretty Good Privacy）的创始人是美国的 Phil Zimmermann，他把 RSA 公钥体系的方便和传统加密体系的高速度结合起来，在数字签名和密钥认证管理机制上进行了巧妙的设计。可以用它对你的邮件保密以防止非授权者阅读，它还能对你的邮件加上数字签名从而使收信人可以确信邮件是你发来的，没有被第三者篡改。它让你可以安全地和你从未见过的人通讯，事先并不需要任何保密的渠道来传递密钥。它功能强大，有很快的运行速度，而且源代码是免费的。因此 PGP 成为几乎最流行的大众化公匙加密软件包。

第 4 章　软件安全技术

4.1　概述

在网络信息系统中，软件作为特殊的资源具有双重性：一是作为使用计算机及网络的工具和手段代替人们完成各种信息处理任务，人们离开软件将无法在信息系统中做任何事情；二是作为一种知识产品，既受知识产权的保护，又是人们必须掌握和学习的对象。很显然，软件既是人们操纵的客体，又是直接控制信息系统中数据的主体。因此，保护软件的安全也是保护网络信息系统中数据安全的一个重要方面。

4.1.1　软件安全的内涵

1. 软件的概念

软件是计算机及网络信息系统的重要组成部分。相对于计算机硬件而言，软件是计算机及网络系统的无形部分。它的作用是很大的，好比是人们看录像，仅有录像机还看不成录像，还必须要有录像带。软件是指程序及有关程序的技术文档资料，包括计算机本身运行所需要的系统软件、各种应用程序和用户文件等。根据软件所起的作用，可将软件可分为固件、系统软件、中间件和应用软件。固件是指一些与硬件结合非常紧密的小型软件，一般是固化在只读存储器中，比如 BIOS、系统引导程序等；系统软件是为了方便地使用机器及其输入输出设备，充分发挥计算机系统的效率，负责管理和优化计算机软硬件资源的使用，围绕计算机系统本身开发的程序系统，比如 DOS、Windows、Unix/Linux 操作系统、程序编译软件、数据库管理软件；中间件是指在计算机系统平台上与计算机软件之间起桥梁作用的一组软件，比如 API、ODBC、ADO 和 Web 服务器等；应用软件是专门为了某种使用目的而编写的程序系统，常用的有文字处理软件，如 WPS 和 Word、专用的财务软件、人事管理软件、计算机辅助软件（如 AutoCAD）、绘图软件（如 3DS）等。一般情况下，人们所用到的软件大多是应用软件。软件作为网络信息系统中一种特殊特殊数据（资源）具有以下特征：

①商品/产品特征。软件是知识产业中的一种独特产品，不仅可以用于技术交流，还可以用于商务交流，它与产品具有相似性，又与商品具有相似性。作为产品，它具有独创性，涉及版权问题；作为商品，它可以被使用，涉及归属问题、技术机密性等。

②工具特征。软件作为一种工具，不仅能帮助人们有效控制和管理系统中的信息资源，而且还具有破坏性（指某些特定的软件可能会危害系统的资源，如病毒）、攻击性（指某些特定的软件运行可能会取代正常工作的软件）和可激发性（指某些特定的软件能在一定的内部或外部条件的激发下自动运行）。

此外，软件除了与其他数据一样具有可被使用、存储、复制、修改和传播等以外，软件还具有再生性（指软件潜伏在载体或系统中以某种形式增长或产生数据或产生新的软件）和可移植性（指软件经适当修改就可在不同系统中运行）。与其他产品或商品相比，软件更易被复制、修改和传播。

由此可以看出，软件是计算机及网络信息系统中必不可少的组成部分，不但能给人们处理信息提供便利，也能给人们带来信息安全问题。

2. 软件安全的内涵

软件作为计算机及网络信息系统的不可缺少的组成部分，从网络信息系统安全的角度来看，软件安全问题也是整个计算机及网络信息系统的重要组成部分。因此，从计算机及网络信息系统的角度上讲，软件安全就是保护软件系统自身的安全和保证软件的正常运行。与计算机及网络信息系统中其他资源一样，软件安全也涉及机密性、完整性、可靠性、有效性、可用性等内容，这些安全特性可以通过以下安全保护来实现：

①保护软件自身的安全。由于软件具有自身的使命，保护自身及运行和工作的安全（如防止数据的丢失、被篡改、被伪造等）是最为关键的问题。

②保护软件的存储安全。软件是存储在介质上的，需要时才调入内存，因此保护软件的存储安全尤为重要。不管采用什么存储策略（如保密存储、压缩存储和备份存储等），必须保证存储的可靠性和可恢复性，这是存储安全最基本的要求。

③保护软件的通信安全。是指软件的安全传输问题。在计算机及网络信息系统中，通常把软件作为数据对象进行传输，其安全性要求与数据对象是一样的。

④保护软件运行的安全。就是保证软件正常的运行和完成正常的功能，防止软件在运行过程中被监视、干扰、篡改等。当然，软件能否完成正常的功能也属于软件质量问题，因此开发者必须确保软件在完成用户所需要的功能的前提下确保软件的质量，因而软件质量问题是软件安全中不可忽视的问题。

⑤保护软件使用的安全。是确保软件能被用户正确使用。这包含两层含义，一是必须被合法用户使用（即是要防止软件被非法复制和被偷窃）；二是合法用户不能滥用（就是需要对合法用户进行教育和培训，并加强管理）。目前，在计算机及网络信息系统中通常采取访问机制来控制合法用户和非法用户，并通过授权访问机制来控制合法用户的操作行为，防止用户滥用。

4.1.2 软件安全面临的威胁

软件作为具有知识产权的作品或产品或商品，在投入市场后会面临许多威胁。

1. 非法复制

由于软件具有易复制、修改和传播等特征，近年来软件的盗版日趋严重。有资料表明，全球软件业每年因非法盗版而蒙受的损失超过 150 亿美元，而且呈逐年增长的趋势。

2. 软件质量问题

由于种种原因，软件开发商所提供的软件不可避免地存在这样或那样的缺陷，这些缺陷一般称之为漏洞。这些漏洞影响威胁计算机及网络信息系统的安全。近些年来，因软件漏洞而引起的安全事件呈逐年上升的趋势。一些黑客热衷于发现这些漏洞，并利用这些漏洞对用户的计算机系统进行破坏。因此，对用户来说，希望所使用的软件是安全的、没有漏洞的可靠系统，即使存在漏洞，也不容易被黑客利用；而对于软件开发商来说，应减少软件中的漏洞，发现漏洞应及时弥补，不给用户造成损失或尽量减少损失。目前，大多数软件公司都是使用"补丁"程序来修正软件中的问题。但从现实的情况来看，一些软件的"补丁"数量越来越多，但安全性并没有提高。因此，打"补丁"是解决不了软件安全问题的。软件开发商在开发过程中应尽量减少或排除软件存在这样或那样的不安全因素。解决软件安全问题的关键是提高软件开发的质量，一方面要加强软件的开发管理；另一方面需要加强软件质量的检测、监测和评估。

3. 软件跟踪

软件投入市场后，总有人利用各种程序调试分析工具对软件程序进行跟踪和逐条运行、窃取软件源码、取消复制和加密功能，从而实现对软件的破译。目前，软件跟踪技术可分为动态跟踪和静态跟踪技术两种，它们都是利用系统中提供的单步中断、断点中断功能来实现的。动态跟踪是利用调试工具强行把程序中断到某处，使程序单步执行，从而实现跟踪分析与破译；静态跟踪分析是利用分编译工具将软件反编译成源代码形式进行分析与破译。

4.2　软件安全

随着现代计算机技术的不断发展，计算机软件被大量的开发出来，而软件因其数字产品特性使得复制非常容易，这就产生了软件开发者的权益保护问题，软件开发者为了维护自身的商业利益，不断地寻找各种有效的技术来保护自身的软件版权，以增加其保护强度，推迟软件被破解的时间；而破解者或受盗版的高额利润驱使、或纯粹出于个人兴趣，不断开发出新的破解工具，并针对新出现的保护方式进行跟踪分析以找到相应的破解方法。从理论上说，几乎没有破解不了的保护。要实现开发者的权益保护，仅靠法律手段或技术手段是不够的，最终要靠人们的知识产权意识和法律意识的提高。但是如果一种保护技术的强度强到足以让破解者在软件的生命周期内无法将其完全破解，这种保护技术就可以说是非常成功的。

4.2.1　软件加密技术

20 世纪 70 年代末，以微软公司的创始人比尔盖茨《致电脑业余爱好者的一封公开信》为标志，以世界知识产权组织（伯尔尼公约）为框架，软件步入 Copyright 的时代。

软件加密的主要要求是防止非法复制和软件跟踪。防止非法复制技术又称防拷贝技术，是一种制作特殊标记的技术，通常称这种特殊标记为指纹。成功的防拷贝技术制作出的指纹应该具备惟一性和不可复制性。由于现在的大部分指纹已经不可能被直接复制，所以解密者开始使用各种跟踪调试软件来动态和静态地跟踪和分析加密程序，并且通过跟踪和分析，了解各类磁盘加密技术的思路和具体的实现方法，最后再通过攻击磁盘加密技术中的弱点来达到解密的目的。这样就迫使加密者不得不对自己的加密思路和实现方法加以保护，于是磁盘加密技术中的防止软件跟踪技术应运而生了，至此一个完整的磁盘加密技术才真正的诞生了。

4.2.2　防止非法复制技术

防止软件非法复制技术主要分为软盘防拷贝、硬盘防拷贝和光盘防拷贝。

1. 软盘防拷贝

软盘防拷贝实质上就是在磁盘中制作一些特殊的标记，这些标记不能被轻易复制，但能被加密程序识别，由此来达到软件加密的目的。软盘防拷贝的方法很多，大体可分为两大类：基于硬件的软盘防拷贝和纯软件的软盘防拷贝。由于软盘现在已经基本退出市场，后者这里就不作具体介绍了。

2. 硬盘防拷贝

硬盘防拷贝是对硬盘上的软件加密，防止硬盘上的软件被非法拷贝，主要有下面几种方法。

（1）引导扇区设置密码反拷贝

硬盘的主引导扇区是一个特殊的扇区，它是独立 DOS 操作系统的一个扇区，利用 DOS 的系统功能调用方法读取这一扇区的内容。该扇区中存放有硬盘主引导程序和硬盘分区表的信息。通常，引导程序占用的扇区位置是偏移地址 0000—00DM，而硬盘分区表则从偏移地址 01BEH 开始存放，在引导程序和硬盘分区表之间大约有 206 个字节空间是空白区。如果硬盘安装程序在此区域中设置一个密码，并在被存放到硬盘的加密软件中编写一段程序，当读取主引导扇区的这一密码时，若发现密码存在，则使程序正常工作，否则即进入死机状态。如果有人试图将加密软件拷贝到另一硬盘上，而没有将主引导扇区中的密码设置到新硬盘的主引导扇区中，则被拷贝的软件在另一个硬盘上是无法运行的。这样，被加密的软件便具有了反拷贝的功能。

硬盘安装程序的主要功能有两个：一是在硬盘上设置密码标志；二是将被加密的软件由软盘安装到硬盘上（一般是在硬盘上建立一个子目录，将被加密软件的标志放在此子目录中）。被安装的软件，一般在出售给用户之前已进行了反动态跟踪和防静态分析的加密处理，并具有识别硬盘主引导扇区存放的密码功能。

（2）利用文件首簇号反拷贝

文件首簇号是表示在磁盘上文件所占有的最初两个扇区的逻辑位置。由于不同类型的硬盘的柱面数、磁头数、每个柱面上的扇区数都是不尽相同的，所以对于同一个文件来说，如果同时被拷到两个硬盘上，其首簇号一般是不相同的。即使同一类型的硬盘，由于各自存储介质上文件的建立、修改与删除操作情况不同，文件的数目、子目录数目也不尽相同，所以磁盘空间的使用状况不尽相同。这样，即使将同一软件装入两个相同类型的硬盘，它们所占有的首簇号一般也不会相同。鉴于这种道理，对于硬盘文件的反拷贝技术，可以利用文件的首簇号作为标记。

下面具体说明如何利用文件首簇号进行磁盘文件的反拷贝。

①文件首簇号的获取与安装。文件首簇号的获取与安装操作由安装程序来完成。安装程序的主要工作是将被加密的软件拷贝到硬盘根目录或某一子目录下，读取该软件的首簇号，以明文或密文的形式写入被加密软件规定的地方。要获取文件的首簇号，一般首先要获取文件目录登记项的内容。由于 DOS 在进行磁盘文件的读写操作时，首先要获取文件目录登记项，其中包含了文件的

首簇号，所以获取文件目录登记项的内容是 DoS 文件管理的一个基本操作。DOS 在进行文件读写操作时可以采取两种不同系统功能调用，其中传统的文件读写系统功能调用中，要使用所谓的文件控制块 FCB 进行磁盘文件的读写操作。下面首先回顾一下 DOS 管理下的磁盘文件结构以及文件控制簇号，但是需要注意的是，DOS 的版本不同，文件首簇号在保留字段中的位置就不同。

②文件首簇号的识别。文件首簇号的识别操作由被加密程序自己来完成，在被加密程序中编写一段程序读取自身的文件首族号，将读取的结果与程序中由安装程序事先安装的首簇号进行比较，如果发现二者相同，则使程序正常运行，如果发现二者不同，则使程序转入死循环状态。

3. 光盘防拷贝

目前保护光盘的方法有很多种，但其主要原理是利用特殊的光盘母盘上的某些特征信息是不可再现的，而且这些特征信息大多是光盘上非数据性的内容，在光盘复制时复制不到的地方。

下面对目前一些保护技术进行介绍。

（1）外壳保护技术

所谓"外壳"就是给可执行的文件加上一个外壳。用户执行的实际上是这个外壳的程序，而这个外壳程序负责把用户原来的程序在内存中解开压缩，并把控制权交还给解开后的真正的程序，由于一切工作都是在内存中运行，用户根本不知道也不需要知道其运行过程，并且对执行速度没有什么影响。如果在外壳程序中加入对软件锁或钥匙盘的验证部分，它就是我们所说的外壳保护了。其实外壳保护的作用还不止于此，在 Internet 上面有很多程序是专门为加壳而设计的，它对程序进行压缩或根本不压缩。它的主要特点在于反跟踪，保护代码和数据，保护你的程序数据的完整性。如果你不希望你的程序代码被黑客修改，如果你的程序不希望被人跟踪调试，如果你的算法程序不想被别人静态分析，这种外壳程序就是为你设计的。

（2）光盘狗技术

一般的光盘保护技术需要制作特殊的母盘，进而改动母盘机，这样实施起来费用高不说，而且花费的时间也不少。针对上述缺点，光盘狗技术不在母盘制造上动手脚，因此我们可以自由选择光盘厂来压制光盘。该保护技术能通过识别光盘上的特征来区分是原版盘还是盗版盘。该特征是在光盘压制生产时自然产生的，即由同一张母盘压出的光盘特征相同，而不同的母盘压制出的光盘即便盘上内容完全一样，盘上的特征也不一样。即是说，这种特征是在盗版者翻制光盘过程中无法提取和复制的。光盘狗是专门保护光盘软件的优秀方案，并且通过了中国软件评测中心的保护性能和兼容性的测试。

（3）CSS 保护技术

CSS 的英文全称为 Content Scrambling System，中文含义为数据干扰系统。该技术的主要工作思路就是将全球光盘设置为 6 个区域，并对每个区域进行不同的技术保护，只有具备该区域解码器的光驱才能正确处理光盘中的数据。使用该技术保护时，首先需要将所有存入光盘的信息经过编码程序来处理一下，而要访问这些经过编码的数据，必须要先对这些数据进行解码。

（4）CPPM 技术

该技术的中文含义为预录媒介内容保护技术，该技术一般用于 DVD-Audio。该技术取代了 CSS 保护技术，它通过在盘片的导入区放置密钥来对光盘进行保护，但在 sector header 中没有 title 密钥，盘片密钥由 "album identifier" 取代。该技术的鉴定方案与 CSS 相同，因此现有设备无须任何改动。

（5）DCPS 技术

该技术的中文含义为数字拷贝保护系统技术，它的主要作用是让各部件之间进行数字连接，但不允许进行数字拷贝。有了该项保护技术，以数字方式连接的设备，如 DVD 播放机和数字电视或数字录象机，就可以交换鉴证密钥建立安全的通道。DVD 播放机对已编码的音频/视频信号进行保护，然后发送给接收设备，由接收设备进行解密。这就防止那些未鉴证的已连接设备窃取信号。无须拷贝保护的内容则不进行保护。新内容（如新的盘片或广播节目）和含有更新的密钥和列表（用来识别非认证设备）的新设备也可获得安全特性。

（6）CPRM 技术

该技术也称为录制媒介内容保护技术，它将媒介与录制相联系。该技术的保护原理是，在每张空白的可录写光盘上有一个 64 比特盘片 ID 放置在 BCA 上。当受保护的内容被刻录到盘片上时，它可由盘片 ID 得到的 56 位密码进行保护。需要访问光盘信息时，则从 BCA 中读取盘片 ID，然后生成盘片内容解密所需要的密钥。如果盘片内容被复制到其他媒介，那么盘片 ID 将会丢失或出错，数据将无法解密。

（7）CGMS 技术

CGMS（Copy Generation Management System）技术也叫内容拷贝管理技术，该技术主要是用来防止光盘的非法拷贝的。该技术主要是通过生成管理系统对数字拷贝进行控制，它是通过存储于每一光盘上的有关信息来实现的。CGMS 这一"串行"拷贝，生成管理系统既可阻止母版软件进行拷贝，也可阻止对其子版软件进行再拷贝。而就在被允许正常拷贝的情况下，制作拷贝的设备也必须遵守有关规则。数字拷贝信息可以经编码后送入视频信号，这样做的目的在于使数字录音机能很方便地予以识别。

（8）APS 保护技术

APS 的英文全称为 Analog Protection System，中文含义为类比信号保护系统。该保护技术的主要作用是为了防止从光盘到光盘的复制。APS 保护技术主要是通过一颗 Macrovision7 的芯片，利用特殊信号影响光盘的复制功能，使光盘的图象产生横纹、对比度不均匀等等。当然，我们在使用计算机来访问光盘时，如果想通过显示卡输出到电视机上时，那么，显示卡必须支持类比保护功能，否则，将无法得到正确的信息，我们就无法在电视上享受光盘影片的优秀画面。

在现在的软件市场上，可以找到很多的工具软件、多媒体软件、设计软件、教学软件、杀毒软件都采用了软件保护技术。这些技术的使用，在一定程度上保护了软件的市场利益。这种保护技术的应用，可以对软件的非法拷贝或非法使用造成障碍。不过，科学地说，世界上没有一种保护软件（硬件），可以宣称杜绝软件解密盗版，只有难易之分。好的保护效果在于让盗版者在破解被保护的软件时，付出巨大的代价，耗费极大的时间精力，最终被迫放弃攻击。所以说，在选择保护产品时，如果有推销员向你说他的产品"绝不会被解掉"，那是不负责任的。

4.2.3　防止软件跟踪技术

1. 软件跟踪技术

DOS 中有一个功能强大的动态跟踪调试软件 DEBUG，能够实现对程序的跟踪和逐条运行，它是利用了单步中断和断点中断，而且目前的大多数跟踪调试软件都是利用了这两个中断。单步中断（INT1）是由机器内部状态引起的一种中断，当系统标志寄存器的 TF 标志（单步跟踪标志）被置位时，就会自动产生一次单步中断，使得 CPU 在执行一条指令后停下来，并显示各寄存器的内容；断点中断（INT3）是一种软中断，软中断又称为自陷指令，当 CPU 执行到自陷指令时，就进入断点中断，由断点中断服务程序完成对断点处各寄存器内容的显示。

DEBUG 中的 G 命令是用于运行程序的，但当 G 命令后面跟有断点参数时，就可使程序运行至断点处中断，并显示各寄存器的内容，这样就可以大大提高跟踪的速度。它的实现是通过调用断点中断来实现的：DEBUG 首先保存设置的断点处指令，改用断点中断 INT3 指令代替，当程序执行到断点处的 INT3 指令时，便产生断点中断，并把原先保存的断点处指令重新替代 INT3，以完成一个完整的设置断点的 G 命令。通过对单步中断和断点中断的合理组合，可以产生强大的动态调试跟踪功能，这就对磁盘加密技术造成了巨大的威慢，所以破坏单步中断和断点中断，在反跟踪技术中就显得十分必要。

2. 反跟踪技术

反跟踪技术是一种防止利用调试工具或跟踪软件来窃取软件源码、取消软件防复制和加密功能的技术。毫无漏洞的反跟踪技术是没有，随着时间的推移、编程工具的更新和经验的积累，反跟踪技术只会向完美逼近，但一定达不到完美。一个卓越的反跟踪技术虽然肯定有着微小的漏洞，但是它本身其它的技术可以起到弥补和尽可能减小这个漏洞的作用，这就是这个反跟踪技术的卓越之处。一个有效的反跟踪技术应该具有 3 大特性：重要程序段是不可跳越和修改的；不通过加密系统的译码法密码不可破译；加密系统是不可动态跟踪执行的。反跟踪技术主要采用的方法有下面这些。

（1）设置显示器的显示性能

当加密系统无需在屏幕上显示信息时，可以通过各种方法关闭屏幕，这样可使解密者无法得到跟踪调试软件返回的任何信息，以阻止解密者对加密系统的破译。这种反跟踪技术在实现方法上有 5 类。

①封锁屏幕显示。可以重新设置屏幕特性，将前景和背景色彩置成同一种颜色，使解密者在跟踪期间无法看见调试信息：

```
MOV AH，0BH
MOV BH，0
MOV BL，0
INT 10H
```

这时屏幕的背景颜色和字符颜色均被置成黑色，当需恢复屏幕的显示特性时，可将上述第 3 条指令中的 BL 值换成 1~7，便使字符的颜色变成深蓝、绿和红色等。

②检查加密系统是否处于被监控状态。各类跟踪调试软件在显示信息时，必然会出现屏幕上卷和换页等操作，因此可以经常检查屏幕上某些位置的状态，若有变化则一定有人在跟踪程序。获取屏幕信息的方法可用以下指令来实现：

```
MOV AH，02
MOV BH，0
MOV DH，行光标值
MOV DL，列光标值
INT 10H
MOV AH，08
INT 10H
```

这样就可以读取光标处的字符和属性了。

③修改显示器 I/O 中断服务程序的入口地址。显示器 I/O 中断 INT10H 的中断入口地址存放在内存地址 0000：0040H 开始的 4 个字节中，修改这 4 个字节中的内容，就可破坏或扩充显示器 I/O 中断服务程序。

④定时清屏。利用对时钟中断的扩充，可以使时钟中断定时清屏。

⑤直接对视屏缓冲区操作。每台机器都有固定位置和长度的视屏缓冲区（具体的位置和长度随显示器的类型而不同），不过各类显示器上的所有信息都是视屏缓冲区中信息的反应。如果软件直接对视屏缓冲区进行操作，可以获得比利用显示中断快得多的显示速度，现在许多先进的跟踪调试软件都采取了这种方法，一是提高速度；二是针对反跟踪技术，所以反跟踪技术仅仅只修改显示中断的入口地址是远远不够的，还要通过对时钟中断的修改扩充，定时频繁地刷新视屏缓冲区中的内容。

（2）封锁键盘输入

各种跟踪调试软件在工作时，都要从键盘上接收操作者发出命令，而且还要从屏幕上显示出调试跟踪的结果，这也是各种跟踪调试软件对运行环境的最低要求。因此反跟踪技术针对跟踪调试软件的这种"弱点"，在加密系统无须从键盘或屏幕输入、输出信息时，关闭这些外围设备，以破坏跟踪调试软件的运行环境。键盘信息的输入采用的硬件中断方式，由 BIOS 中的键盘中断服务程序接收、识别和转换，最后送入可存放 16 个字符的键盘缓冲区。针对这些过程反跟踪技术可以采用的方法有下面几种。

①改变键盘中断服务程序，BIOS 的键盘 I/O 中断服务程序的入口地址。键盘中断的中断向量为 9，BIOS 的键盘 I/O 中断的中断向量为 16H，它们的中断服务程序的入口地址分别存放在内存地址 0000：0024H 和 0000：0058H 起始的 4 个字节中，改变这些地址中的内容，键盘信息将不能正常输入。

②禁止键盘中断。键盘中断是可屏蔽中断，可通过向 8259 中断控制器送屏蔽控制字来屏蔽键盘中断。控制键盘的是中断屏蔽寄存器的第 1 位，只要将该位置 1，即可关闭键盘的中断。

```
IN AL, 21H
OR AL, 02H
OUT 21H, AL
```

需要开放键盘中断时，也要用三条指令：

```
IN AL, 21H
AND AL, FDH
OUT 21H, AL
```

③禁止接收键盘数据。键盘数据的接收是由主机板上 8255A 并行口完成的。其中端口 A 用来接收键盘扫描码，端口 B 的第 7 位用控制端口 A 的接收，该位为 0 表示允许键盘输入，为 1 则清除键盘。正常情况下，来自键盘的扫描码从端口 A 接收之后，均要清除键盘，然后再允许键盘输入，为了封锁键盘输入，我们只须将端口 B 的第 7 位置 1：

```
IN AL, 61H
OR AL, 80H
OUT 61H, AL
```

当需要恢复键盘输入时，执行以下 3 条指令：

```
IN AL, 61H
AND AL, 7FH
OUT 61H, AL
```

④不接受指定键法。在 DEBUG 中 T、P 和 G 都是用于动态跟踪的关键命令，如果加密系统关键命令，如果加密系统在运行时必须从键盘上接收信息（这个时候加密系统容易被各种跟踪调试软件截获，所以应尽量避免），可以通过对键盘中断服务程序的修改扩充，使之不接受 T、P 和 G 这些敏感的键码，以达到反跟踪的目的。当然这是一种不得以而采取的方法，因为它有相当大的局限性和漏洞：一是如果加密系统在接受的信息中，可能牵涉到 T、P 等键码，这种方法就行不通了；二是 DEBUG 下的动态调试命令是 T、P 和 G，那么其它的跟踪调试软件呢？显然其它的软件就不一定是这些命令了，而且还不乏两个码三个键码以及更多键码组成的动态调试命令。

（3）抑制跟踪中断

DEBUG 的 T 和 G 命令分别要运行系统的单步中断和断点中断服务程序，在系统向量表中这两个中断的中断向量分别为 1 和 3，中断服务程序的入口地址分别存放在 0000：0004 和 0000：000C 起始的 4 个字节中。因此，当这些单元中的内容被修改后，T 和 G 命令将无法正常执行，具体实现方法：

①将这些单元作为堆栈使用；

②在这些单元中送入软件运行的必要数据；

③将软件中某个子程序的地址存放在这些单元中，当需要调用时使用 INT1 和 INT3 指令来代替 CALL 指令；

④放入惩罚性程序的入口地址。

（4）破坏中断向量表

DOS 提供了从 0 到 FFH 的 256 个中断调用，它们驻留在内存的较低地址中，相应的入口地址位于内存 0000：0000 至 0000：03FFH 中，每个入口地址由 4 个字节组成，其中前两个字节为程序的偏移地址，后两个字节为程序的段地址。DEBUG 等跟踪调试软件在运行时大量地使用了 DOS 提供的各类中断，不仅如此，比 DEBUG 功能更强大，甚至针对反跟踪技术设计的高级反反跟踪调试软件也调用了 DOS 中断，典型的例子就是使用其它中断来代替断点中断的反反跟踪技术。破坏中断向量表示然可以从根本上破坏一切跟踪调试软件的运行环境。DOS 和 BIOS 有个 40 段的数据区，它位于内存 0040：0000 至 0040：00FFH，这 256 个字节存放的都是当前系统配置情况，对这些内容的修改也会直接影响到各类跟踪调试软件的正常运行。破坏中断表是一个涉及面极广，效果极好的反跟踪技术，它能最大程度地阻止解密者对加密系统的直接或间接动态跟踪，使解密技术面临一个全新的问题。

（5）检测跟踪法

当解密者利用各种跟踪调试软件对加密系统分析执行时，势必会造成许多与正常执行加密系统不一致的地方，如运行环境、中断入口和时间差异等等。如果在反跟踪技术中对不一致的地方采取一定的措施，也同样可以起到保护加密系统的目的。

①定时检测法。一个程序在正常运行和被跟踪运行时，所花的时间是大不相同的，可以想象一个被跟踪运行的程序往往要花费极长的时间，反跟踪技术抓住这个特点，根据执行时间的长短来判断是否被跟踪。这种技术在具体实现时有两点要注意：一是确定程序正常运行时所需的时间：这个时间的取值一般比最慢速机器运行的时间稍微长一些，如果在检测执行时间时发现所用时间还大于定下的时间值，就可以肯定当前的程序是被跟踪执行；二是发现执行所用的时间小于定下的时间值，也不能认为是绝对没被跟踪，这是因为 DEBUG 的 T 和 G 命令在执行时将禁止所有可屏蔽的中断，用以计时的时钟中断也不例外，所以如果用 T 和 G 命令对程序进行动态跟踪执行时，会完全停止时钟的计数，有可能出现执行时间远小于规定的时间值的情况。解决这个问题的办法除了利用抑制跟踪中断法外，还可通过时间中断 1AH 来解决；如果发现时钟不走动，则进入死循环。

②偶尔检测法。在加密系统中加入判断时间功能，并且当时间满足某一条件时再对加密系统中关键部位进行判断，如果关键部位不存在或发现了变化则可判定加密系统已经被破坏，应立即做出相应的反应。象这类反跟踪技术可以出现在加密系统的各处，并为了增加解密难度，还可以使多次出现的这类反跟踪技术紧密联系、环环相扣，以造成一种永远无法解密的感觉。这类技术如果运用于大的程序中可以极大的提高磁盘加密技术的可靠性，甚至几乎不可解密。

③利用时钟中断法。时钟中断 INT8 大约每隔 55ms 就要被执行一次。它主要处理两项任务：一是计时；二是管理软盘驱动器的启闭时间，另外在它执行时，还要再次调用 INT1AH 和 INT1CH 中断，这其中的 INT1CH 中断实质上只是一个空操作的中断，它主要用于用户有某种周期性的工作时，让用户用自己设计的中断服务程序取而代之的。在反跟踪技术中利用时钟中断可以定时检查前台任务执行的情况，如果发现前台的程序被非法跟踪调试，可以立即采取相应的措施，也可以对中断向量表作定时检查、计算程序执行时间、密文的译码操作和前面说到的定时清屏等等。利用时钟中断法是一个非常有效的反跟踪技术，通过对 INT1CH 中断的扩充，时钟中断可以完成许多任务，但要注意的是，这个扩充程序不宜过大，以免影响前台程序的执行速度。

④PSP 法。每个程序在执行时都必须建立对应的程序段前缀 PSP，当程序未被跟踪执行时，PSP 中 14H 与 16H 开始的两个字节是相同的，当被跟踪运行时，这些内容不会相同。

⑤中断检测法。一个程序如未被跟踪，则 INT 1 和 INT 3 的入口地址相同，且都为哑中断，如被跟踪则相反，所以通过检测 INT 1 和 INT 3 的入口地址即可判断是否被跟踪。

（6）设置堆栈指针法

跟踪调试软件在运行时，会产生对堆栈的操作动作，比如：保存断点。因而在反跟踪技术中对于堆栈指针的运用就显得相当重要了，比如对堆栈指针的值进行设计，并力求使设计的结果具备一定的抗修改性，以免解密者通过再次修改堆栈指针的值来达到继续跟踪的目的。

①将堆栈指针设到 ROM 区。只读存储区 ROM 是无法保存数据的，堆栈指针如果指向 ROM 区域，势必不能保护数据，这将会使跟踪调试无法继续进行下去。

②设在程序段中。堆栈指针如果设在将要执行的程序段中，那么任何的堆栈操作都会破坏程序代码，使程序不能正常运行。

③设在中断向量表内。INT1 和 INT3 是反跟踪技术一定要破坏的中断，所以将堆栈指针设在内存的低地址段内，既可以进行少量的堆栈操作（跟踪调试软件一般需要大量的堆栈来存放数据），还可以破坏单步和断点中断的入口地址。

④将堆栈指针移作它用。如果确认没有堆栈操作的话，可以将堆栈指针拿来做其它用途，如保存经常要更换的数据，这样就可以使堆栈指针的值经常更换，从而使它根本无法保存数据。设置堆栈指针法是一个针对动态跟踪设计的反跟踪技术，不过它的运用有着一定的限制：一是要保证将要执行的程序段不

能进行有效的堆栈操作；二是在要进行堆栈操作时，必须首先恢复正确的堆栈指针。设置堆栈指针不会影响到时钟中断保存数据，因为象时钟和键盘等系统中断保存数据所用的都是系统栈，而不向单步和断点中断是用堆栈来保存断点的。

(7) 对程序分块加密执行

为了防止加密程序被反汇编，加密程序最好以分块的密文形式装入内存，在执行时由上一块加密程序对其进行译码，而且在某一块执行结束后必须立即对它进行清除，这样在任何时刻内不可能从内存中得到完整的解密程序代码。这种方法除了能防止反汇编外还可以使解密者无法设置断点，从而从一个侧面来防止动态跟踪。

(8) 对程序段进行校验

对一个加密程序的解密工作往往只是对几个关键指令的修改，因此对程序段特别是关键指令的保护性校验是十分必要的，这样可以防止解密者对指令进行非法篡改。具体方法有累计、累减、累或和异或和程序段等方法。

(9) 乱指令法

编写程序时，我们都强调要有良好的程序风格和明晰的程序结构，为的是让使用程序和修改程序更加方便。在加密程序中，我们希望能给解密者制造更多的麻烦，所以希望使程序复杂化和难懂，可以采用如下方式和方法。

①设置大循环。程序越简单，就越易读，跟踪也就越方便，鉴于这个原因，在加密系统中设置大循环。可以在精力上消耗解密者，延长跟踪破译加密系统的时间。这种反跟踪技术已经被广泛应用，而且取得了较好的效果。它的具体实现方法是：在加密系统中设置大循环，且设置多重循环，使上层循环启动下一层循环，在循环中再频繁调用子程序，还要保证不能有一层循环被遗漏不执行。这样可以在精力上消耗解密者，使其陷入迷雾之中，失去斗志和毅力，从而达到我们预期目的。

②废指令法。在加密程序中设置适当的无用程序段，而且在这其中设置如大循环等程序，这种方法在反跟踪技术中被称为废指令法。要实现废指令法有3点要保证：一是废指令要精心组织安排，不要让解密者识破机关，这是废指令法应具备的基本点，因为它的目的是诱导解密者去研究破解自身，并在破解过程中拖垮解密者，所以废指令法本身的伪装十分重要；二是所用的指令应大量选用用户生疏的指令或 DOS 内部功能的调用，以最大程度地消耗解密者的精力和破译时间；三是要确保不实现任何功能的废指令段不能被逾越，这是废指令法要注意的一个重要问题，因为它如果能被轻易逾越，那么就说明加密系统所采取的废指令法是失败的反跟踪技术。

③程序自生成技术。程序的自生成是指在程序的运行过程中，利用上面的程序来生成将要执行的指令代码，并在程序中设置各种反跟踪措施的技术。这样可以使得反汇编的指令并非是将要执行的指令代码，同时还可以隐蔽关键指令代码，但由于实现代价较高，一般只对某些关键指令适用。

（10）指令流队列法

CPU 为了提高运行速度，专门开辟了一个指令流队列，以存放将要执行的指令，这样就节省了 CPU 为了取指令而等待的时间。不过通过对它的利用也可以达到迷惑解密者和阻止动态跟踪加密程序的目的。在程序正常执行时，其后续指令是寸放在指令流队列中的，而跟踪调试程序时就完全不同了，因为它牵涉到动态修改程序指令代码（包括后续指令）的原因，所以无论后续指令是否被存放在指令流队列中，被修改的指令都将被执行（包括后续指令），这一点和程序正常执行时是相反的，因为正常执行时，CPU 只从指令流队列中读取指令，即使后续指令刚刚被正在执行的指令修改过。这是一个构思十分巧妙的反跟踪技术，现列出一个基于此原理的反跟踪程序：

JMP S2

S1：JMP S1；死循环

S2：LEA SI，S1

LEA DI，S3

PUSH CS

PUSH CS

POP DS

POP ES

CLD

LOD SW

STO SW

设计在 S3 处存放 S1 处的指令，如果在正常执行时，由于 S3 处的其它指令已经被存入指令流队列中，所以它会正常运行，反之则执行 S1 处的死循环指令。

（11）逆指令流法

指令代码在内存中是从低地址向高地址存放的，CPU 执行指令的顺序也是如此，这个过程是由硬件来实现的，而且这个规则已经被和跟踪调试软件牢牢接收。针对这个放面逆指令流法特意改变顺序执行指令的方式，使 CPU 按逆向的方式只行指令，这样就使得解密者根本无法阅读已经逆向排列的指令代码，从而防止解密者对程序的跟踪。因为顺序执行指令是由硬件决定的，所以如果用软件的方式设计 CPU 按逆向执行指令，就显出相当困难和繁琐了，不过逆指令流法是一个非常有吸引力和使用前景的反跟踪技术，如果能把这种技术成功地运用在磁盘加密技术中，势必会给解密者造成巨大的压力和威慑。

由于顺序执行指令是由硬件来控制的，所以用软件方式改变这种规律的方法只有通过以下两点：①使指令代码在内存中逆向排列，即从高地址向低地址排列；②执行某条指令时，再将该指令按正常顺序排列，以适应硬件的要求。前者是静态的，在设计时就可安排妥当，而后者则较复杂了，一是如何在连执行指令的同时，把指令代码从逆向捋顺为顺向；二是指令的长度各不相同，如何迅速了解下一条要捋顺的指令代码到底有多长？这就要利用设置单步中断标志和修改单步中断服务程序来完成。

（12）混合编程法

破译加密系统的首要工作是读取程序和弄清程序思路，并针对其中的弱点下手。为了阻挠解密者对加密程序的分析，可以尽量将程序设计得紊乱些，以降低程序的可读性。这种方法具体在反跟踪技术中使用的就是混合编程法等，因为高级编译语言的程序可读性本身就较差（如编译过的 BASIC、COBOL 程序等），如果再将几种高级语言联合起来编写使用，一定会极大的降低程序的可读性。

（13）自编软中断 13 技术

由于反拷贝技术制作的指纹一般都存在于软盘上，所以现在的磁盘加密系统都存在着一个明显的外部特征：即都要通过调用 INT 13 来判断软盘上指纹的真伪。由于要调用 INT 13，所以应保证中断表（至少部分中断表，如与 INT 13 有关的 INT 40 和 INT 1E 等等）的正确性，即使先前使用了破坏中断表等反跟踪技术，到这个时候都必须恢复中断表的内容，这就过早地暴露了自己的弱点，加上 INT 13 中断的入口参数是公开的，通过入口参数便可发现加密程序具体读取的是哪些扇区或哪个磁道，甚至可以发现加密系统采取的是何种反拷贝技术，这就给解密者以可乘之机，对加密系统造成巨大的威胁。

4.2.4 法律/法规保护

计算机软件是知识密集和智力密集的产品，属于知识产权的保护范围。为了繁荣计算机软件的生产，保护软件生产者的合法权益，所有软件管理人员和软件技术人员都必须学习软件知识产权的保护知识。一方面尊重他人的劳动成果，不侵犯他人的软件版权，另一方面保护自身和本单位开发的软件，采取切实的保护措施。20 世纪 90 年代初，我国先后颁布了《著作权法》、《计算机软件保护条例》和《计算机软件著作登记办法》3 个法律文件。2002 年 1 月 1 日又旅行了新的《计算机软件保护条例》。

1. 软件著作权

软件著作权属于软件开发者，即指实际组织开发、直接进行开发完成的软件承担的法人或者其他组织；或者依靠自己具有的条件独立完成软件开发、并对软件承担责任的自然人。这里的软件包括计算机程序及其有关文档。一般来说，软件著作权人享有的著作权应包括以下 9 个方面的内容：

①发表权。即决定软件是否公之于众的权利。

②署名权。即表明开发者身份，在软件上署名的权利。

③修改权。即对软件进行增补、删节、或者改变指令、语句顺序的权利。

④复制权。即将软件制作一份或多份的权利。

⑤发行权。即出售或者赠与方式向公众提供软件的原件或者复制件的权利。

⑥出租权。即有偿许可他人临时使用软件的权利。

⑦信息网络传播权。即以有线或无线方式向公众提供软件，使公众可以在礤个人选定的时间和地点获得软件的权利。

⑧翻译权。即将原软件从一种自然语言文字转换成另一种自然文字的权利。

⑨软件著作权人可以许可他人行使其软件著作权，并有权获得报酬；软件著作权人可以全部或者部分转让其软件著作权，并有权获得报酬。

同其他知识产权一样，软件著作权也受到"地域性"和"时间性"的限制。任何国家法律所确认的知识产权（包括软件著作权），只在其本国领域内生效。外国人、无国籍人的软件首先在中国境内发行的，享有著作权。外国人、无国籍人的软件，依照其开发者所属国或者经常居住国同中国签订的协议或者依照中国参加的国际条约享有的著作权，受到条例保护。时间性是指知识产权普洱茶法律保护的期限。根据条例规定，软件著作权自软件开发完成之日起产生。自然人的软件著作权保护期为自然人终生及其死亡后 50 年；软件是合作开发的，截止到最后死亡的自然人死亡后的 50 年。法人或者其他组织的软件著作权，保护期为 50 年。

2. 软件著作权登记

为了使软件著作权受到法律的保护，我国于 1992 年 4 月颁布了《计算机软件著作权登记办法》该办法与我国的专利、商标登记一样，在我国知识产权保护中具有法律地位。

软件著作权登记可以有以下 3 种主要的类型。

（1）著作权登记

指在软件首次发表后由著作权人向软件登记管理机构申请办理的登记，它具有确定软件权利归属的性质。

（2）著作权延续登记

指将软件的保护期 25 年的登记。这种登记如被批准，则软件保护期可达到 50 年。

（3）权利转移备案登记

软件著作权人将其权利转让给他人（包括国内和国外的法人），应将转让合同及其他有关文件向软件登记管理机构申请备案。软件的合法受让人将软件再次转让给他人时仍须申请登记，才能受到法律保护。

3. 软件侵权及法律保护

软件盗版不仅损害软件著作人的合法利益，而且影响国家软件产业的发展，应该依法处理和打击。

（1）软件侵权的类型和法律责任

在我国颁布的《计算机软件保护条例》中，明确指明了下列 10 种行为均属于软件的侵权行为：①未经软件著作权人许可，发表或者登记其软件的；②将他人软件作为自己的软件发表或者登记的；③未经合作者许可，将与他人合作开发的软件作为自己单独完成的软件发表或者登记的；④在他人软件上署名或者更改他人软件上的署名的；⑤未经软件著作权人许可，修改翻译其软件的；⑥复制或者部分复制著作权人的软件的；⑦向公众发行、出租、通过信息网络传播著作权人的软件的；⑧故意展开或者破坏著作权人的保护其软件著作权而采取的技术措施的；⑨故意删除或者改变软件权利管理电子信息的；⑩转让或者许可他人赞许著作权人的软件著作权的。

对侵权者可依法追究其法律责任，按照不同的情况，可区分为 3 种责任：①行政责任（是由软件著作权行政管理机关裁定，体现为用行政手段进行处罚。其数额通常为货值金额 5 倍以下或 5 万元以下的罚款）；②民事责任（软件著作权属于公民的民事权利，对侵权者可以判处"承担停止侵害、消除影响、赔礼道歉、赔偿损失"等民事责任）；③刑事责任（在我国 1997 年 10 月起实施的新《刑法》中，认定侵犯著作权和著作权有关的权益的行为为犯罪行为，侵犯者将承担 3 年以上 7 年以下有期徒刑，并处罚金的刑事责任。单位有侵犯著作权犯罪行为的，对单位判处罚金，并对其直接负责的主管人员和其他责任人员追究刑事责任）。

（2）保护计算机软件的商业秘密

作为典型的知识产品，计算机软件也具有商业秘密，其中包括技术秘密和经营秘密。前者如软件需求说明书、设计说明书、源程序代码和程序注释、系统技术方案与分析报告等；后者可包括软件用户名单、订货单位、合同内容、销售价格、经营策略、经营渠道和经营技巧等。

侵害商业秘密属于不正当竞争行为。根据我国《反不正当竞争法》的规定，对侵害商业秘密的行为也可处以行政责任、民事责任与刑事责任等处罚。

4.3 软件质量保证

4.3.1 概述

1. 软件质量与质量保证

软件质量是与软件产品满足明确或隐含需求的能力有关的特征和特性的总和。软件的质量包括产品质量和过程质量，产品质量是文件、设计、代码和试验的属性，过程质量是指技术、工具、人员和组织机构方面的属性。提出过程质量是因为它有决定软件质量方面的作用，是为实际产品的生产建立的一个必要支持条件。

软件质量不仅仅是缺陷率，还包括不断改进、提高内部顾客和外部顾客满意度、缩短产品开发周期与投放市场时间、降低质量成本等，这些都是软件质量的概念。

软件质量保证（SQA）是建立一套有计划，有系统的方法，来向管理层保证拟定出的标准、步骤、实践和方法能够正确地被所有项目所采用。

软件质量保证的目的是使软件过程对于管理人员来说是可见的。它通过对软件产品和活动进行评审和审计来验证软件是合乎标准的。软件质量保证组在项目开始时就一起参与建立计划、标准和过程。这些将使软件项目满足机构方针的要求。

CMM对质量的定义是：①一个系统、组件或过程符合特定需求的程度；②一个系统、组件或过程符合客户或用户的要求或期望的程度。

评价一款软件可以从以下一些角度进行：正确性、可靠性、健壮性、美观性、性能、易用性、兼容性、安全性、可移植性、可扩展性等。

2. 软件质量目标

软件公司开发一款软件，并不是说质量越高越好。质量越高，成本相对会越高，这样企业就可能支持不力，无法生存；或者价格很高，客户无法接受。这并不是说软件质量不重要，好和坏从来都是相对的。从用户的角度而言，在能够正常满足使用要求的软件就是好软件；对企业而言，在软件生命周期里，能够软件能够满足用户使用，能给自己带来更多利润的软件就是好软件。

不同场合对软件质量的要求是不一样的，比如我们国家发射神州五号到神州七号宇宙飞船，这就要求其软件质量要百分百可靠，不能出哪怕一点点的差错，相信在不久的将来我们国家在发射载人登月宇宙飞船时，对飞船软件质量的的重视程度会有过之而无不及。

3. 人员素质

软件是人做出来的，软件质量的好坏和开发、测试以及有关管理人员都息息相关。质量保证的人员能力问题是个重要因素，如果连软件中潜在问题都发现不了，想解决问题，做高质量的软件，谈何容易？测试人员能力是另一因素，其他的如从事软件测试人员的职业素养也是个重要因素。如果一款软件没有充分去测，甚至对有些概率性的问题一笑而过，耐不住性子深入去测，或者在发行版本时只简单测试一下，这些都无法真正保证软件的质量。而这种情况下的出现，测试人员根据简单的测试，下了个软件没问题的结论，这样对顾客而言影响是很大的，最终对公司而言无论形象还是未来产品销售等方面的都是不利的。

4. 过程管理

过程管理是对公司规范的执行情况。一般公司都有一套完整的产品开发流程、规范，流程各个环节执行的情况是能否开发出一款好软件必要条件。这包括文档管理、版本控制、测试管理等很多方面。

4.3.2　软件质量基本故障及分类

1. 软件的可靠性

可靠性是产品在规定的条件下和规定的时间内完成规定功能的能力，他的概率度量称为可靠度。软件可靠性是软件系统固有特性之一，它表明了一个软件系统按照用户的要求和设计的目标，执行其功能的正确程度。软件可靠性与软件缺陷有关，也与系统输入和系统使用有关。理论上说，可靠的软件系统应该是正确、完整、一致和健壮的。但是实际上任何软件都不可能达到百分之百的正确，而且也无法精确度量。一般情况下，只能通过对软件系统进行测试来度量其可靠性。根据这个定义，软件可靠性包含了以下 3 个要素。

（1）规定的时间

软件可靠性只是体现在其运行阶段，所以将"运行时间"作为"规定的时间"的度量。"运行时间"包括软件系统运行后工作与挂起（开启但空闲）的累计时间。由于软件运行的环境与程序路径选取的随机性，软件的失效为随机事件，所以运行时间属于随机变量。

（2）规定的环境条件

环境条件指软件的运行环境。它涉及软件系统运行时所需的各种支持要素，如支持硬件、操作系统、其它支持软件、输入数据格式和范围以及操作规程等。不同的环境条件下软件的可靠性是不同的。具体地说，规定的环境条件主要是描述软件系统运行时计算机的配置情况以及对输入数据的要求，并假定其它一切因素都是理想的。有了明确规定的环境条件，还可以有效判断软件失效的责任在用户方还是研制方。

（3）规定的功能

软件可靠性还与规定的任务和功能有关。由于要完成的任务不同，软件的运行剖面会有所区别，则调用的子模块就不同（即程序路径选择不同），其可靠性也就可能不同。所以要准确度量软件系统的可靠性必须首先明确它的任务和功能。

2. 软件故障及分类

软件故障是指由于软件设计者在开发软件时由于考虑不周而产生的软件漏洞或缺陷。研究软件故障，主要是为了预防软件错误的发生，为了在测试中发现错误后尽快纠正错误。软件故障可按以下几种进行分类。

（1）按出错的起因，软件故障可分为设计错误和数据错误两种

软件设计中的错误是不可避免的，只能相应地减少。要勇者正确的设计，并采用相应的措施加以解决。数据错误包括因操作失误产生的输入错误和存储数据本身出错两方面。因操作不正确产生的输入错误是操作人员的过失，是技术不熟练或粗心造成造成的，可以通过技术培训加强工作责任心、严格操作规程解决。存储数据出错应通过系统安全设计、纠错措施来解决。

（2）从引起故障的故意性来分，软件故障可分为有非故意性故障和故意性故障

非故意性故障是经常发生的，比如设计者在设计时对需求分析研究不够，甚至于理解错误等，引起规格说明或者设计上的某些故障。又如，程序设计者对程序设计语言语义的错误理解等都可能引起故障。故意性故障是通过人为的一种手段故意造成的故障，它可能使部分甚至整个软件的行为都发生改变，从而使软件以及与该软件有关的数据及系统遭受莫大的影响。在网络上发生的种种有关这方面事故就是最好的明证。

（3）从故障的持续时间，软件故障可分为有永久性故障和暂时性故障两种

永久性故障一旦形成就不可能自动消失。暂时性故障与环境、系统的性能有很大关系。这类故障分为间歇性故障和瞬时性故障。前者以系统的内部原因为主，故障以间歇性状态出现，表现为时好时坏。而后者则以外部原因为主而引起的，以一次性出现故障为它的主要表现形式。如在短时间内向软件输入过多的数据而造成无法接受数据的故障。

此外，还有其他错误，比如逻辑错误、算法错误、操作错误、I/O 和用户

接口错误等。

4.3.3　软件质量控制和评估

1. 软件质量控制

软件质量控制是一组由开发组织使用的程序和方法，使用它们可在规定的资金投入和时间限制的条件下，提供满足客户质量要求的软件产品并持续不断地改善开发过程和开发组织本身，以提高将来生产高质量软件产品的能力。根据该定义，可以看到软件质量控制有这样一些含义：①软件质量控制是开发组织执行的一系列过程；②软件质量控制的目标是以最低的代价获得客户满意的软件产品；③对于开发组织本身来说，软件质量控制的另一个目标是从每一次开发过程中学习，以便使软件质量控制一次比一次更好。

因此，软件质量控制是一个过程，是为了得到客户规定的软件产品的质量，软件开发组织所进行的软件构造、度量、评审以及采取一切其他适当活动的一个计划过程；同时，它也是一组程序，是由软件开发组织为了不断改善自己的开发过程而执行的一组程序。值得指出的是，无论是对质量控制，还是对过程改善，度量都是它们的基础。软件质量控制的一般方法主要有：目标问题度量法、风险管理法、PDCA 质量控制法等。

2. 软件质量框架模型

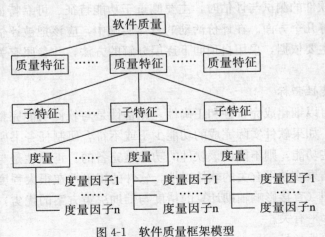

图 4-1　软件质量框架模型

软件质量框架是一个"质量特征—质量子特征—度量因子"三层结构模型，如图 4-1 所示。在这个框架模型中，上层是面向管理的质量特征，每一个质量特征是用以描述和评价软件质量的一组属性，代表软件质量的一个方面。软件质量不仅从该软件外部表现出来的特征来确定，而且必须从其内部所具有的特征来确定。

第二层的质量子特征是上层质量特征的细化，一个特定的子特征可以对应若干个质量特征。软件质量子特征是管理人员和技术人员关于软件质量问题的通讯渠道。

最下面一层是软件质量度量因子（包括各种参数），用来度量质量特征。定量化的度量因子可以直接测量或统计得到，为最终得到软件质量子特征值和特征值提供依据。

3. 评估指标的选取原则

选择合适的指标体系并使其量化是软件测试与评估的关键。评估指标可以分为定性指标和定量指标两种。理论上讲，为了能够科学客观地反映软件的质量特征，应该尽量选择定量指标。但是对于大多数软件来说，并不是所有的质量特征都可以用定量指标进行描述，所以不可避免地要采用一定的定性指标。

在选取评估指标时，应该把握针对性、可测性、简明性、完备性、客观性等原则。应该注意的是，选择的评估指标不是越多越好，关键在于指标在评估中所起的作用的大小。如果评估时指标太多，不仅增加结果的复杂性，有时甚至会影响评估的客观性。指标的确定一般是采用自顶向下的方法，逐层分解，并且需要在动态过程中反复综合平衡。

4. 软件质量评估指标体系

一般在软件的测试与评估时，主要侧重于功能特征、可靠特征、易用特征和效率特征等几个方面。在评价活动的具体实施中，应该把被评估软件的研制任务书作为主要依据，采用自顶向下逐层分解的方法，并参照有关国家软件质量标准。

（1）功能性指标

功能性可以细化成完备性和正确性。完备性是与软件功能完整、齐全有关的软件属性。如果软件实际完成的功能少于或不符合研制任务书所规定的明确或隐含的那些功能，则不能说该软件的功能是完备的。正确性是与能否得到正确或相符的结果或效果有关的软件属性。软件的正确性在很大程度上与软件模块的工程模型（直接影响辅助计算的精度与辅助决策方案的优劣）和软件编制人员的编程水平有关。

（2）可靠性指标

根据相关的软件测试与评估要求，可靠性可以细化为成熟性、稳定性、易恢复性等。对于软件的可靠性评价主要采用定量评价方法。即选择合适的可靠性度量因子（可靠性参数），然后分析可靠性数据而得到参数具体值，最后进行评价。

（3）易用性指标

易用性可以细化为易理解性、易学习性和易操作性等。这三个特征主要是针对用户而言的。对软件的易用性评价主要采用定性评价方法。

（4）效率特征指标

效率特征可以细化成时间特征和资源特征。具体有输出结果更新周期、处理时间、吞吐率和代码规模几个指标。

4.3.4　软件测试

软件测试是在软件投入运行前，对软件需求分析、设计规格说明和编码的最终复审，是软件质量保证的关键步骤。软件测试是为了发现错误而执行程序的过程。正确认识软件测试的定义是十分重要的，它决定了测试方案的设计。

1. 软件测试的内容

软件测试主要工作内容是验证和确认，下面分别给出其概念：

验证是保证软件正确地实现了一些特定功能的一系列活动，即保证软件做了您所期望的事情。

①确定软件生存周期中的一个给定阶段的产品是否达到前阶段确立的需求的过程。

②程序正确性的形式证明，即采用形式理论证明程序符号设—计规约规定的过程。

③评市、审查、测试、检查、审计等各类活动，或对某些项处理、服务或文件等是否和规定的需求相一致进行判断和提出报告。

确认是一系列的活动和过程，目的是想证实在一个给定的外部环境中软件的逻辑正确性。即保证软件以正确的方式来做了这个事件。

①静态确认，不在计算机上实际执行程序，通过人工或程序分析来证明软件的正确性。

②动态确认，通过执行程序做分析，测试程序的动态行为，以证实软件是否存在问题。

软件测试对象不仅仅是程序测试，软件测试应该包括整个软件开发期间各个阶段所产生的文档，如需求规格说明、概要设计文档、详细设计文档，当然软件测试的主要对象还是源程序。

2. 软件测试方法

软件测试方法研究以最少的测试数据来测试出程序中更多的潜在错误，如何测试得彻底，如何设计测试数据是测试的关键技术。从是否针对系统的内部结构和具体实现算法的角度来看，可分为白盒测试和黑盒测试。

（1）黑盒测试

是根据被测试程序功能来进行测试，所以也称为功能测试。测试者给组件或系统一些输入，同时检查相应的输出。如果输出不是想要的，那么测试就成功地检测出软件中的问题了。黑盒测试是把测试看成一个黑盒子，完全不考虑程序的内部结构和处理过程的测试方法。它是在保证外部信息完整性的同时，检查程序功能是否能按照规格说明书的内容正常使用。黑盒测试的主要目的是：设法以最少测试数据子集来尽可能多的测试出软件系统的错误。用黑盒法设计程序测试用例的方法有等价类划分法、边界值分析法和错误猜测法。

（2）白盒测试

又称结构测试，透明盒测试、逻辑驱动测试或基于代码的测试。白盒测试是一种测试用例设计方法，盒子指的是被测试的软件，白盒指的是盒子是可视的，你清楚盒子内部的东西以及里面是如何运作的。通过检查软件内部的逻辑结构，对软件中的逻辑路径进行覆盖测试；在程序不同地方设立检查点，检查程序的状态，以确定实际运行状态与预期状态是否一致。

3. 测试步骤

一个大型软件系统通常由若干个子系统构成，每个子系统又由若干个模块构成。软件测试分以下几个步骤。

（1）单元测试

单元测试又称模块测试。它是针对软件设计的最小单位（程序模块）进行正确性检验的测试工作，其目的在于发现各模块内部可能存在的各种差错。

（2）集成测试

通过了解单元测试的模块，要按照一定的策略组装为完整的程序。在组装过程中进行的测试，就称为集成测试或组装测试。

（3）确认测试

又称有效性测试。它的任务是验证软件的功能和性能及其它特性是否与用户的要求一致。

（4）系统测试

系统测试是将通过确认测试的软件，作为整个基于计算机的一个元素，与计算机硬件、外设、某些支持软件、数据和人员等其他系统元素结合在一起。

第 5 章　Web 安全技术

5.1　概述

Web 是由 Web 服务器、Web 浏览器及通信协议三个部分组成的开放式应用系统。Web 服务器是用于管理 Web 页面，并使这些页面通过本地网络或 Internet 供客户浏览器使用。常见的服务器软件有 Apache（该软件占据市场份额最大，可在多种环境下运行，如 UNIX、Linux、olaris、Windows2003 等）和 IIS（在 Windows 环境中占据首要地位）。Web 浏览器软件有 Netscape 的 Web 浏览器 NetscapeNavigator、etscapeCommunicator（可在所有平台上运行）和 IE 浏览器（主要用于 Windows 平台）。Web 服务器与浏览器之间通过 HTTP 协议相互响应。

随着操作系统和网络协议的弱点和漏洞逐渐得到修补，防火墙和入侵检测系统的功能越来越完善，许多攻击者将攻击目标转向 Web 服务器本身和基于 Web 的应用程序，因此当前 Web 安全的要求也在逐渐增加。Web 的精华是交互性，这也正是它的致命弱点。基于 Web 的各种应用很受用户欢迎，如聊天室、电子商务、自动的 E-mail 回复等，但同时也给入侵者带来了机会。一些攻击者通过各种手段闯入 Web 站点或公司内部网络，窃取信息甚至破坏系统。比如，1998 年 12 月 7 日，黑客对美国 Web Communication 公司的 Web 服务器发起了"SYN 洪水"攻击，导致该公司的网站瘫痪 9 个小时，给该公司的 2200 名商业用户造成了巨大损失。根据目前的技术水平，Web 服务所面临的安全威胁有以下几种。

1. 黑客的攻击与犯罪活动

黑客通常利用 Web 系统和管理上的漏洞骗过 Web 服务器的软件，窃取系统口令。黑客也常常利用自己开发的欺骗程序监听用户的登录会话，窃取用户的账号和口令。

2. 病毒的破坏

随着 Web 用户的激增，在缺乏有效的安全控制措施和对 Web 安全策略认识不足的情况下，病毒的威胁也日益严重。

3. 恶意代码的泛滥

除了病毒、蠕虫、特洛伊木马和逻辑炸弹之外，还有其他大量未经授权的软件充斥网络。

4. 错误或失误

Web 的从业人员存在失误是不可避免的，但也给 Web 带来许多安全问题。比如，一个程序设计的错误可能会摧毁一个系统。

5. 网关接口的漏洞

比如，许多 Web 页面显示文件和指向其他站点的超链接，以寻找特定信息。而这些超链接是搜索引擎通过通用网关接口（CGI）脚本执行的方式实现的。别有用心的人通过修改这些 CGI 脚本，以执行他们的非法任务。

6. 机密性缺口

政府、信用卡机构及其他电子部门收集了许多有关个人和公司的信息，并使 Web 拥有 3 个巨大的数据库站点。这些数据库对个人隐私已构成巨大威胁。

7. 跳板

黑客非法侵入目标主机并以此为基地，进一步攻击其他目标，从而使这些被利用的主机成为"替罪羊"，并由此遭受困扰甚至法律制裁。

8. 发泄不满

有些人为了发泄不满情绪可能在 Web 站点上捣鬼和破坏。尤其是心怀怨恨的 Web 从业人员，他们熟悉服务器、小程序、脚本和系统的缺陷，可能泄露机密信息，非法进入机密数据库，删除和更改数据，甚至破坏数据库或系统。

9. 间谍

公司员工或黑客可能被其他公司或组织收买为间谍。据资料报道，间谍在经济发展大潮中日益增多，被盗的信息中具有破坏力的包括制造和产品开发信息、销售和支出数据、客户名单和计划信息等。

10. 对 Web 的依赖

目前，越来越多的个人和组织在日常生活和工作中依赖 Web 系统。但由于 Web 服务器出问题是不可避免的，若 Web 服务器出故障，其影响将是巨大的。

5.2 Web 的安全体系结构

Web 赖以生成的环境包括计算机硬件、操作系统、计算机网络、网络服务和应用，然而所有这些都存在着安全隐患。因此，Web 的安全体系结构非常复杂，主要包括：①客户端软件的安全，即 Web 浏览器软件的安全；②主机系统安全（运行浏览器的计算机设备及其操作系统的安全）；③客户端的局域网安全；④Internet 的安全；⑤服务器端的局域网安全；⑥主机系统的安全（运行服务器的计算机设备及操作系统的安全）；⑦服务器上的相关软件安全。

在分析 Web 服务器的安全性时，一定要考虑全面，在影响安全的因素中，安全性最差的决定了服务器的安全级别。由于篇幅的限制不能够详细地讨论所有影响 Web 安全的因素，这里仅考虑影响 Web 安全最直接的因素。

5.2.1 Web 浏览器软件的安全需求

Web 浏览器为用户提供了一个简单实用而且功能强大的图形化界面，使得用户能够轻松自如地在网络的海洋里冲浪。但是，使用浏览器的用户也可能遇到一系列的安全问题。当用户点击鼠标，一张张精彩的网页出现在电脑屏幕上的同时，浏览器程序极有可能已经把某些信息传送给网络上的某一台计算机，浏览器向它索取网页，网页通过网络传到浏览器计算机中。在返回来的内容中，有的是浏览器用户需要的，能够看到的，但是同时还有浏览器不能显示的内容，悄悄地存入浏览器计算机硬盘。这些不显示的内容，有的可能是协议工作内容，对用户是透明的；有的则可能是恶意代码，它们或窃取 Web 浏览器用户在计算机上的隐私，或破坏计算机的设备，或使得用户在网上冲浪时误入歧途。因此，注意 Web 浏览器的安全保障是十分重要的。

一般情况下，用户使用 Web 浏览器获取信息时，安全需求有以下几方面：①确保运行浏览器的系统不被病毒或者其他恶意程序侵害而遭受破坏；②确保个人安全信息不外泄；③确保所交互的站点的真实性，以免被骗遭受损失。

5.2.2 主机系统的安全需求

网络攻击者通常通过主机的访问来获取主机的访问权限，一旦攻击者突破了这个机制，就可以完成任意的操作。对某个计算机，通常是通过口令认证机制来实现登陆的。现在大部分个人计算机没有提供认证系统，也没有身份的概念，极其容易被别有用心者获取访问权限。因此，一个没有认证机制的 PC 是 Web 服务器最不安全的平台。所以，确保主机系统的认证机制，严密地设置及管理访问口令，是主机系统抵御威胁的有力保障。

5.2.3 Web 服务器的安全需求

随着开放系统的发展和 Internet 的延伸，技术间的交流变得越来越容易，同时，人们也更容易获取功能强大的攻击安全系统的工具软件；另一方面，由于人才流动频繁，掌握系统安全情况的有关人员可能会成为无关人员，从而使得系统安全秘密地扩散成为可能。为了满足 Web 服务器的安全需求，必须对各类用户访问 Web 资源的权限作严格管理；维持 Web 服务的可用性，采取积极主动的预防、检测措施，防止他人破坏而造成设备、操作系统停运或服务瘫痪；确保 Web 服务器不被用做跳板来进一步侵入内部网络和其他网络，同时避免不必要的麻烦甚至法律纠纷。因此要真正做到安全，需要考虑以下几个方面的安全需求。

1. 维护公布信息的真实完整

维护公布信息的真实性和完整性是 Web 服务器最基本的要求。Web 服务器在一定程度上是站点拥有者的代言人，代表拥有者的形象。如果公布的信息被人篡改，不但会使信誉遭到破坏，无法提供信息服务，甚至会导致用户和站点拥有者的矛盾。

2. 维持 Web 服务的安全可用

为确保 Web 服务确实有效，一方面要确保用户能够获得 Web 服务，防止系统本身可能出现的问题及他人恶意的破坏；另一方面，要确保所提供的服务质量，尤其是像金融或电子商务这样的站点，对其要求更高。

3. 保护 Web 访问者的隐私

在服务器上一般保留着用户的个人信息。一般情况下，用户不希望自己的隐私被别人发现甚至利用，保护 Web 访问者的隐私是取得用户的信赖和使用 Web 服务器的前提。Web 服务器应确保这些信息的安全，不被泄露。

4. 保证 Web 服务器不被入侵者作为"跳板"使用

要保证 Web 服务器不被用做"跳板"来进一步危害内部或其他网络，这是 Web 服务器最基本的要求，也是服务器保护自己和 Web 浏览器用户的最基本的条件。

5.2.4　Web 服务器上相关软件的安全需求

Web 服务器的硬件设备和相关软件的安全性是建立安全的 Web 站点的坚实基础。人们在选择 Web 服务器主机设备和相关软件时，除了考虑价格、功能、性能和容量等因素外，安全是一个不容忽视的因素。

对于 Web 服务器，最基本的性能要求是响应时间和吞吐量。响应时间指服务器在单位时间内最多允许的连接数目；吞吐量指服务器在单位时间内传输到网络上的字节数。典型的功能需求有：提供静态页面和多种动态页面服务的能力，接受和处理用户信息的能力，提供站点搜索服务的能力，远程管理的能力。

典型的安全需求有，在已知的 Web 服务器（包括软、硬件）漏洞中，针对该类型 Web 服务器的攻击最少；对服务器的管理操作只能由授权用户执行；拒绝通过 Web 访问 Web 服务器上不公开的内容；能够禁止内嵌在操作系统或 Web 服务器软件中的不必要的网络服务；有能力控制对各种形式的执行程序的访问；能对某些 Web 操作进行日志记录，以便于入侵检测和入侵企图分析；具有适当的容错功能。

在构建 Web 服务器时，首先要从实际情况出发，根据安全策略决定具体的需求，广泛地收集、分析有关安全信息和相关知识，借鉴优秀方案的精华，能够最好地满足本单位的 Web 安全需求。

5.3　Web 安全协议

现今 Web 安全协议广泛地用在 Internet 和 Intranet 的服务器产品和客户端产品中，用于安全地传送数据，集中到每个 Web 服务器和浏览器中，从而来保证来用户都可以与 Web 站点安全交流。本节将详细介绍 SSL、TSL、IPSec 安全协议及在 WEB 服务器安全的应用。

5.3.1　SSL（安全套接层）协议

SSL 协议是 NetScape 公司于 1994 年提出的一个关注互联网信息安全的信息加密传输协议，其目的是为客户端（浏览器）到服务器端之间的信息传输构建一个加密通道，此协议是与操作系统和 Web 服务器无关。同时，NetScape 在 SSL 协议中采用了主流的加密算法（如 DES、AES 等）和采用了通用的 PKI 加密技术。目前，SSL 已经发展到 V3.0 版本，已经成为一个国际标准，并得到了所有浏览器和服务器软件的支持。

1. SSL 协议概述

安全套接层协议（SSL）是在 Internet 基础上提供的一种保证私密性的安全协议。它能使客户/服务器之间的通信不被攻击者窃听，并且始终对服务器进行认证，还可选择对客户进行认证。SSL 协议要求建立在可靠的传输层协议（如 TCP）之上。SSL 协议的优势在于它是与应用层协议独立无关的。高层的应用层协议（如 HTTP、FTP、TELNET 等）能透明的建立在 SSL 协议之上。SSL 协议在应用层协议通信之前就已经完成加密算法、通信密钥的协商以及服务器认证工作。此后，应用层协议所传送的数据都会被加密，从而保证通信的私密性。

通过以上叙述，SSL 协议提供的安全信道有以下 3 个特性：①私密性（因为在握手协议定义了会话密钥后，所有的消息都被加密）；②确认性（因为尽管会话的客户端认证是可选的，但是服务器端始终是被认证的）；③可靠性

（因为传送的消息包括消息完整性检查）。

2. SSL 协议

SSL 协议由 SSL 记录协议和 SSL 握手协议两部分组成。

（1）SSL 记录协议

在 SSL 协议中，所有的传输数据都被封装在记录中。记录是由记录头和长度不为 0 的记录数据组成的。所有的 SSL 通信包括握手消息、安全空白记录和应用数据都使用 SSL 记录层。SSL 记录协议包括了记录头和记录数据格式的规定。

①SSL 记录头格式。SSL 的记录头可以是 2 个或 3 个字节长的编码。SSL 记录头包含的信息包括：记录头的长度、记录数据的长度、记录数据中是否有粘贴数据。其中粘贴数据是在使用块加密算法时，填充实际数据，使其长度恰好是块的整数倍。最高位为 1 时，不含有粘贴数据，记录头的长度为两个字节，记录数据的最大长度为 32767 个字节；最高位为 0 时，含有粘贴数据，记录头的长度为三个字节，记录数据的最大长度为 16383 个字节。当数据头长度是三个字节时，次高位有特殊的含义。次高位为 1 时，标识所传输的记录是普通的数据记录；次高位为 0 时，标识所传输的记录是安全空白记录（被保留用于将来协议的扩展）。记录头中数据长度编码不包括数据头所占用的字节长度。记录头长度为 2 个字节的记录长度的计算公式：记录长度 = （（byte [0] &0x7f）<<8）| byte [1]。其中 byte [0]、byte [1] 分别表示传输的第一个、第二个字节。记录头长度为 3 个字节的记录长度的计算公式：记录长度 = （（byte [0] &0x3f）<<8）| byte [1]。其中 byte [0]、byte [1] 的含义同上。判断是否是安全空白记录的计算公式：（byte [0] &0x40）! =0。粘贴数据的长度为传输的第三个字节。

②SSL 记录数据的格式。SSL 的记录数据包含三个部分：MAC 数据、实际数据和粘贴数据。MAC 数据用于数据完整性检查。计算 MAC 所用的散列函数由握手协议中的 CIPHER－CHOICE 消息确定。若使用 MD2 和 MD5 算法，则 MAC 数据长度是 16 个字节。MAC 的计算公式：MAC 数据＝HASH[密钥，实际数据，粘贴数据，序号]。当会话的客户端发送数据时，密钥是客户的写密钥（服务器用读密钥来验证 MAC 数据）；而当会话的客户端接收数据时，密钥是客户的读密钥（服务器用写密钥来产生 MAC 数据）。序号是一个可以被发送和接收双方递增的计数器。每个通信方向都会建立一对计数器，分别被发送者和接收者拥有。计数器有 32 位，计数值循环使用，每发送一个记录计数值递增一次，序号的初始值为 0。

③SSL 协议的操作，如图 5-1 所示。

◇分段：每个上层应用数据被分成 214 字节或更小的数据块。记录中包含

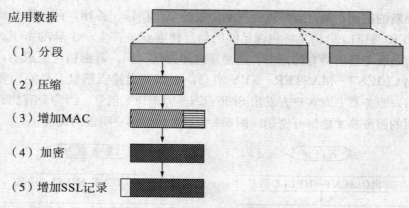

应用数据

（1）分段

（2）压缩

（3）增加MAC

（4）加密

（5）增加SSL记录

图 5-1　SSL 记录协议的操作

类型、版本号、长度和数据字段。

◇压缩：可选项，并且是无损压缩，压缩后内容长度的增加不能超过 1024 字节。在压缩数据上计算消息认证 MAC。对压缩数据及 MAC 进行加密。增加 SSL 记录头。

④SSL 记录协议字段，如表 5-1 所示。SSL 记录协议字段内容包括：内容类型（8 位），封装的高层协议；主要版本（8 位），使用的 SSL 主要版本号，对于 SSLv3.0，值为 3；次要版本（8 位），使用的 SSL 次要版本号，对于 SS-Lv3.0，值为 0；压缩长度（16 位），明文数据（如果选用压缩则是压缩数据）以字节为单位的长度。已经定义的内容类型是握手协议、警告协议、改变密码格式协议和应用数据协议。其中改变密码格式协议是最简单的协议，这个协议由值为 1 的单字节报文组成，用于改变连接使用的密文族。警告协议用来将 SSL 有关的警告传送给对方。警告协议的每个报文由两个字节组成，第一字节指明级别（1 警告或 2 致命），第二字节指明特定警告的代码。

表 5-1　SSL 记录协议字段

内容类型	主要版本	次要版本	压缩长度
明文（压缩可选）			
MAC（0，16 或 20 位）			

（2）SSL 握手协议

SSL 握手协议包含两个阶段，第一个阶段用于建立私密性通信信道，第二个阶段用于客户认证。

①第一阶段：是通信的初始化阶段，通信双方都发出 HELLO 消息。当双方都接收到 HELLO 消息时，就有足够的信息确定是否需要一个新的密钥。若

不需要新的密钥，双方立即进入握手协议的第二阶段。否则，此时服务器方的 SERVER－HELLO 消息将包含足够的信息使客户方产生一个新的密钥。这些信息包括服务器所持有的证书、加密规约和连接标识。若密钥产生成功，客户方发出 CLIENT－MASTER－KEY 消息，否则发出错误消息。最终当密钥确定以后，服务器方向客户方发出 SERVER－VERIFY 消息。因为只有拥有合适的公钥的服务器才能解开密钥。图 5-2 为握手协议第一阶段的流程。

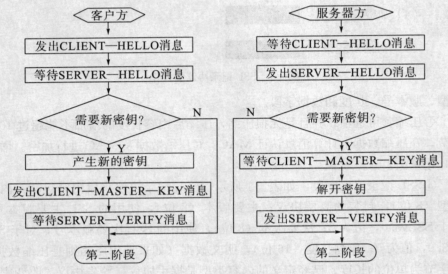

图 5-2 SSL 握手流程

需要注意的一点是每一通信方向上都需要一对密钥，所以一个连接需要四个密钥，分别为客户方的读密钥、客户方的写密钥、服务器方的读密钥、服务器方的写密钥。

②第二阶段：主要任务是对客户进行认证，此时服务器已经被认证了。服务器方向客户发出认证请求消息：REQUEST－CERTIFICATE。当客户收到服务器方的认证请求消息，发出自己的证书，并且监听对方回送的认证结果。而当服务器收到客户的认证，认证成功返回 SERVER－FINISH 消息，否则返回错误消息。到此为止，握手协议全部结束。

（3）警告协议

警告协议用于指示在什么时候发生了错误或两个主机之间的会话在什么时候终止。

3. SSL 协议典型的消息流程

SSL 协议典型的消息流程如表 5-2 所示。

表 5-2　SSL 协议典型的消息流程

消息名	方向	内容
不需要新密钥		
CLIENT−HELLO	C→S	challenge, sessionid, cipherspecs
SERVER−HELLO	S→C	connection _ id, session _ id _ hit
CLIENT−FINISH	C→S	Eclien _ twrite _ key [connection _ id]
SERVER-VERIFY	S→C	Eserver _ write _ key [challenge]
SERVER−FINISH	S→C	Eserver _ write _ key [sessionid]
需要新密钥		
CLIENT−HELLO	C→S	challenge, cipher _ specs
SERVER−HELLO	S→C	connectionid, server _ certificate, cipher _ specs
CLIENT − MASTER −KEY	C→S	Eserver _ public _ key [masterkey]
CLIENT−FINISH	C→S	Eclien _ twrite _ key [connection _ id]
SERVER−VERIFY	S→C	Eserverwritekey [challenge]
SERVER−FINISH	S→C	Eserver _ write _ key [newsessionid]
需要客户认证		
CLIENT−HELLO	C→S	challenge, session _ id, cipher _ specs
SERVER−HELLO	S→C	connectionid, session _ id _ hit
CLIENT−FINISH	C→S	Eclient _ write _ key [connection _ id]
SERVER-VERIFY	S→C	Eserver _ write _ key [challenge]
REQUEST − CERTIFI-CATE	S→C	Eserver _ write _ key [auth _ type, challenge']
CLIENT−CERTIFICATE	C→S	Eclient _ write _ key [cert _ type, client _ cert, response _ data]
SERVER−FINISH	S→C	Eserver _ write _ key [session _ id]

4. 加密认证算法

（1）加密算法和会话密钥

如前所述，加密算法和会话密钥是在握手协议中协商并有 CIPHER-CHOICE 指定的。现有的 SSL 版本中所用到的加密算法包括：RC4、RC2、I-DEA 和 DES，而加密算法所用的密钥由消息散列函数 MD5 产生。RC4、RC2 是由 RSA 定义的，其中 RC2 适用于块加密，RC4 适用于流加密。下述为 CI-PHER-CHIOCE 的可能取值和会话密钥的计算：

SSL _ CK _ RC4 _ 128 _ WITH _ MD5

SSL _ CK _ RC4 _ 128 _ EXPORT40 _ WITH _ MD5

SSL _ CK _ RC2 _ 128 _ CBC _ WITH _ MD5

SSL _ CK _ RC2 _ 128 _ CBC _ EXPORT40 _ WITH _ MD5

SSL _ CK _ IDEA _ 128 _ CBC _ WITH _ MD5

KEY-MATERIAL－0 = MD5〔MASTER-KEY, "0", CHALLENGE, CONNECTION-ID〕

KEY-MATERIAL－1 = MD5〔MASTER-KEY, "1", CHALLENGE, CONNECTION-ID〕

CLIENT-READ-KEY=KEY-MATERIAL－0〔0－15〕

CLIENT-WRITE-KEY=KEY-MATERIAL－1〔0－15〕

SSL _ CK _ DES _ 64 _ CBC _ WITH _ MD5

KEY-MATERIAL－0 = MD5〔MASTER-KEY, CHALLENGE, CON-NECTION-ID〕

CLIENT-READ-KEY=KEY-MATERIAL－0〔0－7〕

CLIENT-WRITE-KEY=KEY-MATERIAL－0〔8－15〕

SSL _ CK _ DES _ 192 _ EDE3 _ CBC _ WITH _ MD5

KEY-MATERIAL－0 = MD5〔MASTER-KEY, "0", CHALLENGE, CONNECTION-ID〕

KEY-MATERIAL－1 = MD5〔MASTER-KEY, "1", CHALLENGE, CONNECTION-ID〕

KEY-MATERIAL－2 = MD5〔MASTER-KEY, "2", CHALLENGE, CONNECTION-ID〕

CLIENT-READ-KEY－0=KEY-MATERIAL－0〔0－7〕

CLIENT-READ-KEY－1=KEY-MATERIAL－0〔8－15〕

CLIENT-READ-KEY－2=KEY-MATERIAL－1〔0－7〕

CLIENT-WRITE-KEY－0=KEY-MATERIAL－1〔8－15〕

CLIENT-WRITE-KEY－1=KEY-MATERIAL－2〔0－7〕

CLIENT-WRITE-KEY－2=KEY-MATERIAL－2〔8－15〕

其中，KEY-MATERIAL－0〔0－15〕表示 KEY-MATERIAL－0 中的 16 个字节，KEY-MATERIAL－0〔0－7〕表示 KEY-MATERIAL－0 中的头 8 个字节，EY-MATERIAL－1〔8－15〕表示 KEY-MATERIAL－0 中的第 9 个字节到第 15 个字节。其他类似形式有相同的含义。"0"、"1"表示数字 0、1 的 ASCII 码 0x30、0x31。

（2）认证算法

认证算法采用 X. 509 电子证书标准，通过使用 RSA 算法进行数字签名来实现的。

①服务器的认证。在上述的两对密钥中，服务器方的写密钥和客户方的读密钥、客户方的写密钥和服务器方的读密钥分别是一对私有、公有密钥。对服务器进行认证时，只有用正确的服务器方写密钥加密 CLIENT-HELLO 消息形成的数字签名才能被客户正确的解密，从而验证服务器的身分。若通信双方不需要新的密钥，则它们各自所拥有的密钥已经符合上述条件。若通信双方需要新的密钥。首先服务器方在 SERVER-HELLO 消息中的服务器证书中提供了服务器的公有密钥，服务器用其私有密钥才能正确的解密由客户方使用服务器的公有密钥加密的 MASTER-KEY，从而获得服务器方的读密钥和写密钥。

②客户的认证。同上，只有用对应的客户方写密钥加密的内容才能被服务器方用其读密钥正确的解开。当客户收到服务器方发出的 REQUEST-CER-TIFICATE 消息时，客户首先使用 MD5 消息散列函数获得服务器方信息的摘要，服务器方的信息包括：KEY-MATERIAL－0、KEY-MATERIAL－1、KEY-MATERIAL－2、CERTIFICATE－ CHALLENAGE-DATA （ 来自于 REQUEST-CERTIFICATE 消息）和服务器所赋予的证书（来自于 SERVER-HELLO）消息。其中 KEY-MATERIAL－1 和 KEY-MATERIAL－2 是可选的，与具体的加密算法有关。然后客户使用自己的读密钥加密摘要形成数字签名，从而被服务器认证。

5.3.2　TLS（传输层安全）协议

1. TLS 协议概述

TLS 协议是基于 Netscape 发展的 SSL。IETF（Internet Engineering Task Force）将 SSL 作了标准化，规范为 RFC2246，并将其称为 TLS（Transport Layer Security）。当前的 TLS 版本是 V1. 0，从技术上讲，TLS1. 0 与 SSL3. 0 的差别非常小。TLS 协议的主要目标是在两个通信应用程序之间提供保密性和数据完整性。该协议由两层组成：TLS 记录协议（TLS Record）和 TLS 握手协议（TLS Handshake）。较低的层为 TLS 记录协议，位于某个可靠的传输协议（例如 TCP）上面。

2. TLS 记录协议

TLS 记录协议提供了具有 2 个基本特性的连接安全性。

（1）私有

对称加密系统被用来数据加密。用于连接的对称加密术密钥是唯一产生的并且基于由另一个协议（如握手协议）协商的密钥。记录协议也可以不加密使用。

（2）可靠

信息传输包括使用密钥进行信息完整性检查。可靠的功能被用于估算。记录协议在没有的情况下也能操作，但一般只能用于这样的模式情形，即有另一个协议正在使用记录协议传输协商安全参数。

TLS 记录协议是一种分层协议。每一层中的信息可能包含长度、描述、内容等字段。记录协议支持信息传输、将数据分段到可处理块、压缩数据、应用 MAC、加密以及传输结果。对接收到的数据进行解密、校验、解压缩和重组后将它们传送到高层客户机。

3. TLS 握手协议

TLS 握手协议允许服务器与客户机彼此之间相互认证，并且在应用程序协议传输和接收其第一个数据字节前，协商加密算法和加密密钥。握手协议提供了 3 个连接安全的基本特性。

（1）可以使用非对称的或公共密钥的密码术来认证对等方的身份

该认证是可选的，但至少需要一个对等方。

（2）共享密钥的协商是安全的

对偷窃者来说协商密钥是难以获得的。此外，经过认证的连接不能获得密钥，即使是进入连接中间的攻击者也不能。

（3）协商是可靠的

没有经过通信成员的检测，任何攻击者都不能修改通信协商。TLS 的优势在于独立的应用协议。高层协议可以分布在 TLS 协议上面。然而，TLS 标准把如何添加 TLS 协议安全性、如何启动 TLS 握手协议和如何解释认证证明留给了运行在 TLS 上的协议的设计者和实施者。

5.3.3 SSL 和 TLS 的区别

最新版本的 TLS 是 IETF 制定的一种新的协议，它建立在 SSL 3.0 协议规范之上，是 SSL 3.0 的后续版本。在 TLS 与 SSL3.0 之间存在着显著的差别，主要是它们所支持的加密算法不同，所以 TLS 与 SSL3.0 不能互操作。

1. TLS 与 SSL 的区别

（1）版本号

TLS 记录格式与 SSL 记录格式相同，但版本号的值不同，TLS 的版本 1.0 使用的版本号为 SSL 3.1。

（2）报文鉴别码

SSL 3.0 和 TLS 的 MAC 算法及 MAC 计算的范围不同。TLS 使用了 RFC

−2104 定义的 HMAC 算法。SSL 3.0 使用了相似的算法，两者差别在于在 SSL 3.0 中，填充字节与密钥之间采用的是连接运算，而 HMAC 算法采用的是异或运算。但是两者的安全程度是相同的。

（3）伪随机函数

TLS 使用了称为 PRF 的伪随机函数来将密钥扩展成数据块，是更安全的方式。

（4）报警代码

TLS 支持几乎所有的 SSL 3.0 报警代码，而且 TLS 还补充定义了很多报警代码，如解密失败（decryption_failed）、记录溢出（record_overflow）、未知 CA（unknown_ca）、拒绝访问（access_denied）等。

（5）密文族和客户证书

SSL 3.0 和 TLS 存在少量差别，即 TLS 不支持 Fortezza 密钥交换、加密算法和客户证书。

（6）certificate_verify 和 finished 消息

SSL 3.0 和 TLS 在用 certificate_verify 和 finished 消息计算 MD5 和 SHA −1 散列码时，计算的输入有少许差别，但安全性相当。

（7）加密计算

TLS 与 SSL 3.0 在计算主密钥值（master secret）时采用的方式不同。

（8）填充

用户数据加密之前需要增加填充字节。在 SSL 中，填充后的数据长度要达到密文块长度的最小整数倍。而在 TLS 中，填充后的数据长度可以是密文块长度的任意整数倍（但填充的最大长度为 255 字节），这种方式可以防止基于对报文长度进行分析的攻击。

2. TLS 的主要增强内容

TLS 的主要目标是使 SSL 更安全，并使协议的规范更精确和完善。TLS 在 SSL v3.0 的基础上提供了以下增强内容：①更安全的 MAC 算法；②更严密的警报；③"灰色区域"规范的更明确的定义。

3. TLS 对于安全性的改进

（1）对于消息认证使用密钥散列法

TLS 使用"消息认证代码的密钥散列法"（HMAC），当记录在开放的网络（如因特网）上传送时，该代码确保记录不会被变更。SSLv3.0 还提供键控消息认证，但 HMAC 比 SSLv3.0 使用的消息认证代码（MAC）功能更安全。

（2）增强的伪随机功能（PRF）

PRF 生成密钥数据。在 TLS 中，HMAC 定义 PRF。PRF 使用两种散列算法保证其安全性。如果任一算法暴露了，只要第二种算法未暴露，则数据仍然是安全的。

（3）改进的已完成消息验证

TLS 和 SSLv3.0 都对两个端点提供已完成的消息，该消息认证交换的消息没有被变更。然而，TLS 将此已完成消息基于 PRF 和 HMAC 值之上，这也比 SSLv3.0 更安全。

（4）一致证书处理

与 SSLv3.0 不同，TLS 试图指定在 TLS 之间实现交换的证书类型。

（5）特定警报消息

TLS 提供更多的特定和附加警报，以指示任一会话端点检测到的问题。TLS 还对何时应该发送某些警报进行记录。

5.3.4 IPSec 协议

IPSec（Security Architecture for IP network）协议是 Internet 工程任务组（IETF）为 IP 安全推荐的一个协议。通过相应的隧道技术，可实现 VPN。IPSec 有两种模式，即隧道模式和传输模式。IPSec 协议组还包括支持网络层安全性密钥管理要求的密码技术。ISAKMP（Internet Security Association Key Management Protocol，Internet 安全协定密钥管理协议）为 Internet 密钥管理提供框架结构，为安全属性的协商提供协议支持。它本身不能建立会话密钥，然而它可与各种会话密钥建立协议一起使用，如 Qakley，为 Internet 密钥管理提供完整的解决方案。

Qakley 密钥确定协议使用一种混合的 Diffie-Hellman 技术，在 Internet 主机及路由器上建立会话密钥。Qakley 提供重要的完美的前向保密安全特性，它基于经过大量公众审查的密码技术。完善的前向保密确保在任何单个密钥受损时只有用此密钥加密的数据受损。而用后续的会话密钥加密的数据不会受损。

ISAKMP 及 Qakley 协议已结合到一种混合协议中。用 Qakley 分解 ISAKMP 使用 ISAKMP 框架来支持 Qakley 密钥交换模式的子集。这种新的密钥交换协议提供可选的完美前向保密、全安全关联特性协商以及否认、非否认的鉴别方法。例如，这种协议的实施可用于建立虚拟专用网络（VPN）并允许远程用户从远程站址（有动态分配的 IP 地址）接入安全网络。

IPSec 工作时，首先两端的网络设备必须就 SA（security association，安全关联）达成一致，这是两者之间的一项安全策略协定。SA 包括加密算法、鉴别算法、共享会话密钥和密钥使用期限。

SA 是单向的，故欲进行双向通信需建立两个 SA（各为一个方向）。这些

SA 通过 ISAKMP 协商或可人工定义。SA 商定之后,然后确定是使用鉴别、保密和完整性或仅仅只用鉴别。

IPSec 接收端的网络设备根据接收端的 SA 数据库对使用 IPSec 加密的数据进行相应的解密并接收,这样就达到了传送数据的私有性和完整性。

5.4　Web 服务器安全

开放标准的使用使得 Web 服务成为一种优秀的机制,可以通过 Web 服务将功能向客户端公开,以及用它来承载前端 Web 服务可以访问的中间层业务逻辑。然而,由于标准的局限性,以及需要支持各种客户端类型,从而使 Web 服务面临着安全方面的挑战。在分析 Web 服务器的安全性时,要充分考虑影响 Web 服务器安全性的有关因素。

5.4.1　Web 服务器的安全策略

1. Web 服务器存在的隐患与漏洞

一般来说,Web 服务器上可能存在的隐患与漏洞有以下几种。

①因各种原因可能不能返回客户要访问的秘密文件、目录或重要数据。

②在远程用户向服务器发送信息时,中途可能遭到非法拦截。

③由于 Web 服务器本身存在漏洞,因此可能遭受黑客入侵。

④CGI (Common Gateway Interface,公共网关接口) 安全方面存在漏洞,可能会给 Web 主机系统造成危险,也可能给黑客入侵创造条件。

2. Web 服务器的安全策略和安全机制

Web 服务器的安全策略是由个人或组织针对安全而制定的一整套规则和决策。每个 Web 站点都应有一个安全策略,这些安全策略因需求的不同而各不相同。对 Web 服务提供者来说,安全策略的一个重要的组成是明确哪些人可以访问哪些 Web 文档,同时还定义获权访问 Web 文档的人和使用这些访问的人的有关权力和责任。采取何种安全措施,取决于制定的安全策略。必须根据需要和目标来设置安全措施,估计和分析安全风险。制定 Web 站点的安全策略的基本原则是不要为细节所困扰。

安全机制是实现安全策略的技术或手段。必须根据需要和目标来设置安全系统,估计和分析可能的风险。定义安全策略,选择一套安全机制,首先要做的是威胁分析,主要包括以下几个方面。

①有多少外部入口点存在? 有哪些威胁?

②研究谁会对网络产生威胁:威胁来自黑客,还是训练有素的有知识的入侵者,或是来自工业间谍?

③分析会有什么样的威胁：入侵者访问哪些数据库、表、目录或信息？威胁是网络内部的非授权使用，还是移动数据？

④数据是遭受到了破坏，还是受到了攻击？攻击是网络内、外的非授权访问，还是地址欺骗、IP 欺骗及协议欺骗等？

⑤确定安全保护的目标。

⑥提出价格合理的安全机制。

根据威胁程度的大小、方向和入侵的对象，进行分析评价，作为制定 Web 的安全策略和设计网络安全措施的基本依据。安全设计时，要优先考虑必要的且可行的步骤，正确制定安全策略，并采取必要的安全措施。

对 Web 服务器安全来说，最重要的安全提升机制包括：主机和网络的配套工具和技术、Web 应用程序的配置、Web 服务的认证机制、防火墙及日志和监视。每种机制都涉及某种类型系统的安全性，并且它们之间是相互联系的。

5.4.2　Web 服务器的安全服务

安全管理 Web 服务器，可以从以下几个方面采取一些预防措施：

①对于在 Web 服务器上所开设的账户，应在口令长度及修改期限上做出具体要求，防止被盗用。限制在 Web 服务器上开账户，定期进行用户检查和清理。

②尽量在不同的服务器上运行不同的服务（如 mail 服务和 Web 服务等）程序。尽量使 FTP、mail 等服务器与 Web 服务器分开，去掉 FTP、sendmail、tftp、NIS、NFS、finger、netstat 等一些无关的应用。这样在一个系统被攻破后，不会影响到其他的服务和主机。

③关闭 Web 服务器上不必须的特性服务，否则，有可能遭到该特性所导致的安全威胁。在 Web 服务器上去掉一些绝对不用的如 shell 等的解释器，即当在 CGI 程序中没用到 Perl（Practical Extraction and Report Language）时，就尽量把 Perl 在系统解释器中删除掉。

④定期查看服务器中的日志（logs）文件，应该定期地记录 Web 服务器的活动，分析一切可疑事件。其中，最重要的是监视那些试图访问服务器上的文档的用户。

⑤设置好 Web 服务器上系统文件的权限和属性。

⑥通过限制访问用户 IP 或 DNS。限制 CGI-BIN 目录的访问或使用权限。许多 Web 服务器本身存在一些安全上的漏洞，需要在版本升级时不断地更新。

⑦恰当地配置 Web 服务器，只保留必要的服务，删除和关闭无用的或不

必要的服务。

⑧增强服务器操作系统的安全，密切关注并及时安装系统及软件的最新补丁；建立良好的账号管理制度，使用足够安全的口令，并正确设置用户访问权限。

⑨对 Web 服务器进行远程管理时，避免使用 Telnet、FTP 等明文传输协议，因为容易被监听，建议使用 SSL 等安全协议进行加密。

⑩严格检查 CGI 程序和 ASP、ASPX、PHP、JSP 等脚本程序的使用。因为这些程序会带来系统的安全隐患，而且某些脚本程序本身就存在安全漏洞。

⑪使用防火墙及壁垒主机，对数据包进行过滤，禁止某些地址对服务器的某些服务的访问，并在外部网络和 Web 服务器中建立双层防护。

⑫使用入侵检测系统、监视系统、事件、安全记录和系统日志，以及网络中的数据包，对危险和恶意访问进行阻断、报警等响应。

⑬在 WEB 服务器上使用有效的防病毒系统，防止病毒及木马程序的侵入是保证服务器系统安全的一个关键。

⑭使用漏洞扫描和安全评估软件，对 WEB 系统进行全面的扫描、及时发现并弥补安全漏洞。

5.5　Web 浏览器安全

5.5.1　Web 浏览器面临的威胁

浏览器为用户提供了美观、实用的图形界面，通过鼠标操作可以浏览、检索与其相关的分布在各地的多媒体信息（可以是文字、图片、图像、动画等信息）。浏览器功能强大，使用方便，图文、声像并茂，很受用户欢迎，已成为因特网上最具有代表性的信息查询工具，应用十分广泛。目前市场上有二十多种浏览器，并且这个数字还在继续增加，我们常见到的浏览器有 Mosaic、Netscape、Navigator、Netscape Communicator、Internet Explorer、MyIE、Tencent Explorer 和 Lynx 等。浏览器作为互联网上信息浏览的客户端软件，其安全性一直是用户关心的问题。

从浏览器的开发厂家到最终用户，人们始终关心着浏览器是否从因特网上下载了某些有害的东西，或者用户机器里保存的一些信息被某些程序破坏或者盗取。值得关注的是，一些专门进行网络破坏的黑客也把目光盯在了浏览器上，他们利用浏览器的某些漏洞，在网页里放置一些恶意代码，通过浏览器对网页的解释执行来修改用户端 Windows 的注册表，从而达到破坏用户数据的目的。

1. 浏览器的自动调用

浏览器一个强大的功能就是自动调用浏览器所在计算机中的有关应用程序，以便正确显示从 Web 服务器取得的各种类型的信息。某些功能强大的应用程序依靠来自 Web 服务器的任意输入参数来运行，可能被用于获取非授权访问权限，对 Web 浏览器所在的计算机构成了极大的安全威胁。浏览器中使用的协议有 HTTP、FTP、GOPHER、WAIS 等，还包括 NNTP 和 SMTP 协议。当用户使用浏览器时，实际上是在申请 HTTP 等服务器。这些服务器都存在漏洞，是不安全的。

2. 恶意代码

由于某些动态页面以来源不可信的用户输入的数据为参数生成页面，所以 Web 网页中可能会不经意地包含一些恶意的脚本程序等。如果 Web 服务器对此不进行处理，那么很可能对 Web 服务器和浏览器用户双方都带来安全威胁。即使采用 SSL 来保护传输，也不能阻止这些恶意代码的传输。

现在有这样的一些网站，只要链接到其页面上，不是 IE 首页被改就是 IE 的某些选项被禁用了。一些网页上的恶意代码还可以格式化硬盘或删除硬盘上存储的数据，它们的主要行为包括：①修改 IE 浏览器的标题；②修改 IE 浏览器的默认首页，迫使用户在启动 IE 时都要访问它设置好的网站，这种情况尤以暴力或色情网站为多；③禁止 Internet 选项、禁止 IE 右键菜单的弹出或者右键菜单变成灰色无法使用，网络所具有的功能被屏蔽掉；④禁止系统对注册表的任何操作。

3. 浏览器本身的漏洞

浏览器的功能越来越强大，但是由于程序结构的复杂性，出现在浏览器上的漏洞层出不穷。开发商在堵住了旧的漏洞的同时，可能又出现了新的漏洞。浏览器的安全漏洞可能让攻击者获取磁盘信息、安全口令，甚至破坏磁盘文件系统等。

IE 是 Windows 系统附带的一个浏览器，由于 Windows 操作系统的普及，使用 IE 浏览器的用户也较其他浏览器的用户多，但是微软的 IE 浏览器中同样存在着许多潜在的安全威胁：①缓冲区溢出漏洞；②在 Microsoft Internet Explorer 7.0 和 6.0 及以下的版本，存在一系列的编程漏洞；③递归 Frames 漏洞；④重定向漏洞；⑤Internet Explorer 4 和 Internet Explorer 5 在 WIN95/NT 下，通过该漏洞可以任意地读取浏览者本地硬盘的文件，并可能对 Windows 进行欺骗，而且有可能绕过防火墙读取本地文件。

最新的 IE7.0 在特定情况下存在窗口内容注入的漏洞。当用户在浏览器窗口中打开了某个恶意网站，并且在另一个窗口中打开一个合法网站的时候，恶意站点能够替换合法站点生成的弹出窗口。该漏洞会导致个人敏感信息的泄漏。

微软发现了这个问题，把它当成已知的风险，认为用户应当自觉避免此类风险，因此微软似乎不会发布安全补丁。IE7.0 会在弹出窗口中显示地址条，这个功能是之前版本的 IE 所不具备的功能。用户应当检查地址条以便确保内容是合法的，首先应当确认网页地址和 SSL 连接的内容是可信的。

网景公司的 Navigator 浏览器在 IE 之前曾风靡一时，但它同样存在着很多漏洞：①缓冲区溢出漏洞（存在于书签文件，可能被用来使浏览器执行任意的代码）；②个人喜好漏洞（该漏洞会影响 Netscape Communicator 4.0 到 4.4 版本，它允许恶意的 Web 站点通过猜测 prefs. js 文件的路径名从访问用户的硬盘上读取 Communicator 的 prefs. js 内容，其中包含了用户的电子邮件地址、域名和口令）；③类装载器漏洞（该 Classloader Java 漏洞允许恶意的 Web 站点通过一个 Java Applet 来读取、修改或者删除用户本地计算机上的文件）；④长文件名电子邮件漏洞（当用户在阅读一个带有长文件名的电子邮件消息时，如果打开了"文件"菜单，就可能遭受这个漏洞的攻击）；⑤Singapore 隐私漏洞（允许一个网络黑客监视用户在 Web 上的活动。可能还有更多的漏洞还没有被发现，这些浏览器本身的漏洞都会给浏览器用户、浏览器所连接的服务器或整个网络系统造成一种潜在的威胁）。

4. 浏览器泄露的敏感信息

Web 服务器大多对每次接受的访问都做相应的记录，并保存到日志文件中。通常包括来访的 IP 地址、来访的用户名、请求的 URL、请求的状态和传输的数据大小。浏览器在向外传送信息的时候，很可能已经把自己的敏感信息送了出去。

5. Web 欺骗

由于 Web 网页具有容易复制的特点，使得 Web 欺骗变得很容易实现。Web 欺骗就是一种网络欺骗，攻击者构建的虚假网站看起来就像真实站点，具有同样的链接和页面，而实际上，被欺骗的所有浏览器用户与这些伪装的页面的交互都受攻击者控制。

5.5.2　Web 浏览器的安全策略

随着电子商务的广泛应用，人们开发了各种跟踪用户活动的方法，其中有两种关键的方法是通过 Web 浏览器实现的。

①IP 地址和缓冲（cache）窥探。用户每次访问 Web 服务器时都会留下一定的痕迹。这个痕迹在不同的服务器上以不同的方法记录下来，包括访问者的

IP 地址、用户主机名，甚至用户名。这样网络管理员就可以精确判断出用户的位置、网络地址的名字、曾经访问的地方。

②Cookie。Cookie 是一个保存在客户机中的简单的文本文件，这个文件与特定的 Web 文档关联在一起，用户在浏览 Web 网页时可以存储有关用户的信息。Cookie 可以让 Web 服务器记住用户名、用户口令、兴趣等，从而保存该客户机访问这个 Web 文档时的信息，当客户机再次访问这个 Web 文档时，服务器就自动检索这些信息，这些信息可供该文档使用。Cookie 具有可以保存在客户机上的神奇特性，因此它可以帮助实现记录用户个人信息的功能，而不必使用复杂的 CGI 等程序。Cookie 可以用来定制个性化空间，根据个人喜好进行栏目设定，即时、动态地产生用户所要的内容，这就迎合了不同层次用户的访问兴趣，减少用户项目选择的次数，可以更合理地利用网页服务器的传输带宽。Cookie 还可以用来记录站点轨迹，如显示用户访问该网页的次数；显示用户上一次的访问时间；甚至是记录用户以前在本页中所做的选择等。针对 Web 浏览器所面临的种种威胁，应该制定相应的安全策略。

1. 浏览器的自动调用

浏览器比 FTP 服务器更容易转换和执行，同样，一个恶意的侵入也就更容易得到转换和执行。浏览器一般只能理解一些基本的数据格式，比如 HT-ML、JPEG、GIF 等格式的图形，对其他的数据格式，浏览器要通过外部程序来观察。这样，就引入了一些不安全的因素。因此，可以采取这样一些方法措施：①不要轻信陌生人的建议而随便修改外部程序的配置；②不要允许危险的外部程序进入站点；③不要随便地增加外部程序；④不是默认的外部程序要多加注意。

2. 恶意代码

对于这些恶意修改，可以用网络实名来将 IE 修复到默认状态。网络实名是最快捷、最方便的网络访问方式，企业、产品、品牌的名称就是实名，输入中英文、拼音及其简称均可直达目标。修复工作主要包括内容：

①修复 IE 标题。IE 标题是指 IE 窗口最上面网页标题后的 Microsoft Internet Explorer，很多恶意网站都会更改它。

②修复 IE 起始页为空白页。IE 起始页是指启动 IE 时链接到的页面，这也是恶意网站的目标之一，每当打开浏览器就链接到它的网站，网络实名可以将 IE 起始页恢复为空白页。

③取消对 IE 的非法限制。很多恶意网站在修改完别人的设置后，为了不让他们改回来，就把 IE 的某些选项菜单隐藏或禁用了。网络实名可以删除这些对 IE 的非法限制。

④解除对注册表编辑器的非法限制。感染计算机病毒或访问某些网站页面后，有可能无法运行注册表编辑器来修改注册表信息。网络实名可以解除这种非法限制。

3. 浏览器本身的漏洞

浏览器软件公司在发现安全漏洞的同时不断地发布相应的"补丁"程序，以弥补其对应的不足之处，或者是开发浏览器新的增加了相应安全功能的升级版本。所以我们在使用浏览器过程中应多注意软件开发商所发布的"补丁"程序或升级版本，及时地给自己的浏览器打"补丁"或进行升级，这是减小因浏览器本身存在漏洞而造成的威胁的最有效的一种方法。

2008 年 12 月 9 日晚间消息，微软曝出最新 XML 安全漏洞，将影响到所有使用 IE 控件的程序，包括各主要浏览器、邮件客户端、办公软件、Rss 订阅器以及可嵌入网页的所有第三方软件，影响范围极其广泛。

5.5.3　Web 浏览器的安全通信

1. Web 浏览器的安全使用

上网离不开浏览器，所以浏览器的安全性能非常重要。我们有时会看到类似这样的报道："当心，浏览网页硬盘会被共享！""可以格式化硬盘的网页代码"等，这些在技术上是可行性的，绝不是危言耸听。现在市场上的许多浏览器可以说是各有特色。微软的浏览器 IE6.0 因为采用开放的标准并加强了对 Cookie 的管理而受到普遍欢迎。从理论上看，能更安全地进行信息传输和访问 Web 服务器。如果访问的 Web 服务器不符合指定的最低安全要求，IE6.0 将在任务栏上发出警告。

一般而言，IE6.0 的安全使用及设置技巧有以下几条：①屏蔽恶意网站，通过 IE6.0 的 Cookie 策略，个性化地设定浏览网页时的 Cookie 规则，更好地保护自己的信息，增加使用 IE 的安全性；②有效保护 IE 的首页和工具栏，经常清除已浏览网址（URL），清除已访问网页；③使用智能过滤控件，经常清除已浏览网址（URL）和已访问过的网页，禁用或限制使用 Java、Java 小程序脚本、ActiveX 控件和插件；④调整自动完成功能的设置，做到只选择针对 Web 地址、表单和密码使用"自动完成"功能，也可以只在某些地方使用此功能，还可以清除任何项目的历史记录；⑤若需要隐藏控制面板、网上邻居等选项，可以使用安全特别设置；⑥使用在线杀毒功能，以便全面掌握计算机的安全状态。

当然，要想做到无忧无虑地上网，实现网上安全冲浪，应该注意的问题很多，比如，安装个人防火墙和病毒防火墙、及时更新杀毒软件、使用安全合理的密码口令、不随意下载和运行不明软件等。而且，从网络用户自身来讲，还要提高自己的素质修养、保持良好的心态，要经得住一些恶意网站的诱惑，尤其是包含有不健康内容，或者是反动内容的网站，因为这类网站往往是对用户浏览器或计算机造成威胁的主要源泉。我们只要养成良好的上网习惯，就能在很大程度上保证"防黑于未然"。

2. 传输和传输更新

如果客户机不能与站点建立联系（更不用说链接和交换数据了）的话，那么这个站点实际算不上是一个站点。通常认为，Web 由传输协议（GTTP）、数据格式（HTML）及浏览器（Mosaic、Netscape、Internet Explorer 等）组成。使用协议、数据格式或浏览器，无须任何特别要求。因此，使用 Web 浏览器、Web 专用协议、Web 专用数据格式等工具，就可以建立 Web 链接。

不断更新是 Web 站点安全的关键。信息链接不停地更新、重建与改变，将有助于保证安全。Web 的整个概念以 HTML 文档为中心，必须保持其最新，否则，将严重限制服务质量。本质上讲，Web 只允许单一种类的文本作为链接资源。

更新包含使用户获得最新信息的能力。但提高质量无疑以牺牲速度作为代价，而且通过允许链接独立存储的数据信息，可以在 Web 传输的同时处理各种形式的文档类型。这种方法被用于描述超媒体的 HyTime 国际标准采纳。它允许在封闭的数据格式中使用链接，但不能使用 URL 名。

3. Web 传输的安全需求

Web 浏览器和 Web 服务器之间的信息交换也是通过数据包的网络传输来实现的，所以，Web 数据传输过程的安全性直接影响着 Web 的安全。当因特网上的传输信息被非法截获，尤其当远程用户向 Web 服务器传输交易信息（如财政数据或信用卡信息）时，交易的数据可能被非法截获。因此，在 Web 上进行交易时可以通过数字签名技术，使消息的发送者和接收者在交换信息时都承认参加了信息的交换，当接收者知道发送者签署了交易合同时，应当确信该交易是可靠的。此外，对在因特网上传送的信息必须加密，防止他人偷看，并确保信息不会被改变，直到信息到达目的地。必须保证用户和 Web 服务器传送的信息没有被泄露或篡改，这一点在经济交易时尤为重要。

不同的 Web 应用对于传输有着不同的要求，但一般都包括：①保证传输方所发信息的真实性：要求所传输的数据包必须是发送方发出的，而不是他人伪造的；②保证传输信息的完整性：要求所传输的数据包完整无缺，当数据包被删节或被篡改时，有相应的检查办法；③特殊的安全性较高的 Web，需要传输的保密性：敏感信息必须采用加密方式传输，防止被截获而泄密；④认证应用的 Web，需要信息的不可否认性；对于那些身份认证要求较高的 Web 应用，必须有识别发送信息是否为发送方所发的方法；⑤对于防伪要求较高的 Web 应用，要保证信息的不可重用性；尽量做到信息即使被中途截取，也无法被再次使用。

第 6 章　网络互联安全技术

6.1　概述

6.1.1　网络互联的概念

网络互联就是利用网络互联设备，将两个或者两个以上具有独立自治能力的计算机网络连接起来，通过数据通信扩大资源共享和信息交流的范围，以容纳更多的用户。20 世纪 90 年代以来，局域网迅速发展并被广泛地应用，许多单位和部门都建立了局域网，网络的应用和信息的共享促进了网络向外延伸的需求。网络互联成了 20 世纪 90 年代计算机网络发展的标志。越来越多的人开始意识到，如果没有网络互联技术的支持，用于信息传输的计算机网络也会形成一个个"信息孤岛"。因此网络互联是计算机网络发展到一定阶段的必然结果。

网络互联的目的是使一个网络上的用户能访问其他网络上的资源，使不同网络上的用户能互相通信和交换数据。ISO 提出了 OSI/RM，目的是解决世界范围内网络的标准化问题，使一个遵守 OSI/RM 标准的系统可以与位于世界任何地方且遵守同一标准的任何其他系统互相通信。同时，在 OSI/RM 出现以前已大量存在非 OSI/RM 网络体系结构，在这些网络中，物理结构、协议和所采用的标准各不相同，且不同的网络类型有着不同的通信手段，如采用总线的、采用分组交换的、采用卫星通信的，以及采用无线电、红外线和蓝牙等不同技术的数据传输。

随着硬件技术的不断发展，还会出现新的通信网络类型，然而在某些情况下，仍然会采用非 OSI/RM 系统来支持网络应用的运行。这就需要将各种相同的、不同的网络联接起来，才能满足人们各种各样的应用需要。

实现网络互联的基本条件是：①在需要连接的网络之间提供物理链路，建立数据交换的连接通道，并且有全面的控制规程；②在不同的网络之间建立适当的路由；③能够在有差异的网络中进行数据交换；④能够进行有效的网络管理。

网络互联通常要经过中间设备，这些中间设备统称为中继系统。在两个网络互联的路径中可以有多个不同类型的中继系统。按 OSI/RM 所属的层次划分，网络互联可以分为物理层的互联、数据链路层的互联、网络层的互联和高层的互联。

每一种网络技术都满足特定的一组约束条件。由于网络硬件和物理编址的不兼容性，连接到给定网络的计算机只能与连接到同一网络的其他计算机通信，这就使得网络形成了一个个信息孤岛。尽管网络技术互不兼容，研究人员仍然设计出了一种支持异构网络，而且提供全局服务的通信系统方案，并称之为网络互联。网络互联既要使用硬件，也要使用软件。附加的硬件系统用于将一组物理网络互联起来，然后在所有相连的计算机中运行附加的软件，即可允许任意两台计算机之间的进行通信。

6.1.2　网络互联的实现方法

网络互联的具体方式有很多，但总体来说，进行网络互联时应注意：①网络之间至少提供一条物理上连接的链路及对这条链路的控制协议；②不同网络进程之间提供合适的路由，以便交换数据；③选定一个相应的协议层，使得从该层开始，被互相连接的网络设备中的高层协议都是相同的，其低层协议和硬件差异可通过该层屏蔽，从而使得不同网络中的用户可以互相通信。

在提供上述服务时，要求能在不修改原有网络体系结构的基础上适应各种差别，如不同的寻址方案、不同的最大分组长度、不同的网络访问控制方法、不同的检错纠借方法、不同的状态报告方法、不同的路由选择方法、不同的用户访问控制、不同的服务（面向连接服务和无连接服务）、不同的管理与控制方式以及不同的传输速率等。因此，一个网络与其他网络连接的方式与网络的类型密切相关。

通过互联设备连接起来的两个网络之间要能够进行通信，两个网络上的计算机使用的协议（在某一个协议层以上所有的协议）必须是一致的。因此，根据网络互联所在的层次，常用的互联设备有：①物理层互联设备，即转发器（Repeater）；②数据链路层互联设备，即桥接器（Bridge）；③网络层互联设备，即路由器（Router）；④网络层以上的互联设备，统称网关（Gateway）已可实现网关的功能。但目前的路由器通常已可实现网关的功能。

网络的互联有 3 种方法构建互联网，它们分别与五层实用参考模型的低三层一一对应。例如，用来扩展局域网长度的中继器（即转发器）工作在物理层，用它互联的两个局域网必须是一模一样的。因此，中继器提供物理层的连接并且只能连接一种特定体系的局域网，图 6-1 就是一个基于中继器的互联网，两个局域网体系结构必须一致。

在数据链路层，提供连接的设备是网桥和第 2 层交换机。这些设备支持不同的物理层并且能够互联不同体系结构的局域网，图 6-2 所示是一个基于桥式交换机的互联网，两端的物理层不同，并且连接不同的局域网体系。

由于网桥和第 2 层交换机独立于网络协议，且都与网络层无关，使得它们可以互联有不同网络协议（如 TCP/IP、IPX 协议）的网络。网桥和第 2 层交换机根本不关心网络层的信息，它通过使用硬件地址而非网络地址在网络之间转发帧来实现网络的互联。此时，由网桥或第 2 层交换机连接的两个网络组成一个互联网，可将这种互联网络视为单个的逻辑网络。

对于在网络层的网络互联，所需要的互联设备应能够支持不同的网络协议（比如 IP、IPX 和 AppleTalk），并完成协议转换。用于连接异构网络的基本硬件设备是路由器。使用路由器连接的互联网可以具有不同的物理层和数据链路层。图 6-3 所示就是一个基于路由器和第 3 层交换机的互联网，它工作在网络层，连接使用不同网络协议的网络。

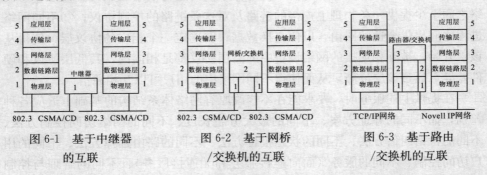

图 6-1　基于中继器　　　图 6-2　基于网桥　　　图 6-3　基于路由
　　　　的互联　　　　　　　/交换机的互联　　　　/交换机的互联

在一个异构联网环境中，网络层设备还需要具备网络协议转换（Network Protocol Translation）功能。在网络层提供网络互联的设备之一是路由器。实际上，路由器是一台专门完成网络互联任务的计算机，它可以将多个使用不同技术（包括不同的传输介质、物理编址方案或帧格式）的网络互联起来，利用网络层的信息（比如网络地址）将分组从一个网络路由到另一个网路。具体来说，它首先确定到一个目的结点的路径，然后将数据分组转发出去。支持多个网络层协议的路由器被称为多协议路由器。因此，如果一个 IP 网络的数据分组要转发到几个 Apple Talk 网络，两者之间的多协议路由器必须以适当的形式重建该数据分组以便 AppleTalk 网络的结点能够识别该数据分组。由于路由器工作在网络层，如果没有特意配置，它们并不转发广播分组。路由器使用路由协议来确定一条从源结点到特定目的地结点的最佳路径。

6.2　局域网间的互联

局域网互联是将多个局域网相互连接以实现信息交换和资源共享。由于局域网覆盖的距离有限，能支持的联网计算机的数目有限，以及局域网上能传输的通信量有限，这就要求将多个局域网互联。用于将局域网络相联的技术可以在网络协议体系的各层上实现，主要包括链路层间的互联、网络层间的互联、会话层间的互联、应用层间的互联技术等。

6.2.1　物理层间的互联

物理层间的互联一般采用中继系统进行互联。中继系统作用于同种网络的 OSI/RM 物理层上，只对比特信号进行接收、波形整形、放大和发送，可以扩大一个网络的作用地域范围，一般不具备网络管理能力，使用的设备主要有中继器、集线器和调制解调器。

1. 中继器互联

中继器（Repeater，RP）是工作于 OSI 的物理层，连接网络线路的一种装置。中继器常用于两个网络节点之间物理信号的双向转发工作，连接两个（或多个）网段，对信号起中继放大作用，补偿信号衰减，支持远距离的通信。中继器主要完成物理层的功能，负责在两个节点的物理层上按位传递信息，完成信号的复制、调整和放大功能，以此来延长网络的长度。中继器对所有送达的数据不加选择地予以传送。

由于传输线路噪声的影响，承载信息的数字信号或模拟信号只能传输有限的距离，中继器的功能是对接收信号进行再生和发送，从而增加信号传输的距离。它是最简单的网络互联设备，连接同一个网络的两个或多个网段。如以太网常常利用中继器扩展总线的电缆长度，标准细缆以太网的每段长度最大 185 米，最多可有 5 段，因此增加中继器后，最大网络电缆长度则可提高到 925 米。一般来说，中继器两端的网络部分是网段，而不是子网。

中继器可以连接两局域网的电缆，重新定时并再生电缆上的数字信号，然后发送出去，这些功能是 ISO 模型中第一层——物理层的典型功能。中继器的作用是增加局域网的覆盖区域，例如以太网标准规定单段信号传输电缆的最大长度为 500 米，但利用中继器连接 4 段电缆后，以太网中信号传输电缆最长可达 2000 米。中继器只将任何电缆段上的数据发送到另一段电缆上，并不管数据中是否有错误数据或不适于网段的数据.

由于存在损耗，在线路上传输的信号功率会逐渐衰减，衰减到一定程度时将造成信号失真，因此会导致接收错误。中继器就是为解决这一问题而设计的。它完成物理线路的连接，对衰减的信号进行放大，保持与原数据相同。一般情况下，中继器的两端连接的是相同的媒体，但有的中继器也可以完成不同媒体的转接工作。

2. 集线器互联

集线器（HUB）属于数据通信系统中的基础设备，它和双绞线等传输介质一样，是一种不需任何软件支持或只需很少管理软件管理的硬件设备，被广泛应用到各种场合。集线器工作在局域网（LAN）环境，像网卡一样，应用于 OSI 参考模型第一层，因此又被称为物理层设备。

集线器内部采用了电器互联，当维护 LAN 的环境是逻辑总线或环型结构时，完全可以用集线器建立一个物理上的星型或树型网络结构。在这方面，集线器所起的作用相当于多端口的中继器。其实，集线器实际上就是中继器的一种，其区别仅在于集线器能够提供更多的端口服务，所以集线器又叫多口中继器。

依据 IEEE 802.3 协议，集线器功能是随机选出某一端口的设备，并让它独占全部带宽，与集线器的上联设备（交换机、路由器或服务器等）进行通信。由此可以看出，集线器在工作时具有以下两个特点。

首先，Hub 只是一个多端口的信号放大设备，工作中当一个端口接收到数据信号时，由于信号在从源端口到 Hub 的传输过程中已有了衰减，所以 Hub 便将该信号进行整形放大，使被衰减的信号再生（恢复）到发送时的状态，紧接着转发到其他所有处于工作状态的端口上。从 Hub 的工作方式可以看出，它在网络中只起到信号放大和重发作用，其目的是扩大网络的传输范围，而不具备信号的定向传送能力，是一个标准的共享式设备。

其次，Hub 只与它的上联设备（如上层 Hub、交换机或服务器）进行通信，同层的各端口之间不会直接进行通信，而是通过上联设备再将信息广播到所有端口上。

由此可见，即使是在同一 Hub 的两个不同端口之间进行通信，都必须要经过两步操作：第一步是将信息上传到上联设备；第二步是上联设备再将该信息广播到所有端口上。

3. 调制解调器互联

调制解调器（Modulator/Demodulator Modem）是为数据通信的数字信号在具有有限带宽的模拟信道上进行远距离传输而设计的，它一般由基带处理、调制解调、信号放大和滤波、均衡等几部分组成。调制是将数字信号与音频载波组合，产生适合于电话线上传输的音频信号（模拟信号），解调是从音频信号中恢复出数字信号。

调制解调器一般分为外置式、内置式和 PC 卡式 3 种。可通过电话线或专用网缆，外置调制解调器与计算机串行接口；内置式调制解调器直接插在计算机扩展槽中；PC 卡式是笔记本计算机采用的，直接插在标准的 PCMCIA 插槽中。

6.2.2　链路层间的互联

在 OSI/M 的数据链路层的互联主要应用桥接和交换技术，对帧信息进行存储转发，对传输的信息有较强的管理能力。它们可控制数据流量、处理传输错误、提供物理编址以及管理对物理媒体的访问。数据链路层实现网络互联常用的设备是网络适配器、网桥和交换机等。

1.　网桥互联

网桥工作在数据链路层，将两个局域网（LAN）连起来，根据 MAC 地址（物理地址）来转发帧，可以看作一个"低层的路由器"（路由器工作在网络层，根据网络地址如 IP 地址进行转发）。它可以有效地联接两个 LAN，使本地通信限制在本网段内，并转发相应的信号至另一网段，网桥通常用于联接数量不多的、同一类型的网段。网桥通常有透明网桥和源路由选择网桥两大类：①透明网桥（使用这种网桥，不需要改动硬件和软件，无需设置地址开关，无需装入路由表或参数，只须插入电缆就可以，现有 LAN 的运行完全不受网桥的任何影响）；②源路由选择网桥（源路由选择的核心思想是假定每个帧的发送者都知道接收者是否在同一局域网（LAN）上，当发送一帧到另外的网段时，源机器将目的地址的高位设置成 1 作为标记）。

2.　交换机互联

交换机（Switch）也称为交换器。交换机按每一数据包中的 MAC 地址相对简单地决策信息转发。而这种转发决策一般不考虑包中隐藏的更深的其他信息。

交换技术允许共享型和专用型的局域网段进行带宽调整。交换机能经济地将网络分成小的冲突网域，为每个工作站提供更高的带宽。协议的透明性使得交换机在软件配置简单的情况下直接安装在多协议网络中：交换机使用现有的电缆、中继器、集线器和工作站的网络适配器，不必做高层的硬件升级；交换机对工作站是透明的，这样管理开销低廉，简化了网络节点的增加、移动和网络变化的操作。

6.2.3　网络层间的互联

网络层互联一般连接相同协议的网络，可以连接异构网络，还可以利用协议将整个网络划分为若干逻辑子网。中继系统在网络层对数据包进行存储转发，对传输的信息有很强的管理能力，本层的互联主要解决的技术问题是：路由选择、拥塞控制、差错处理和分段技术等。网络层互联的典型设备是路由器，它具有判断网络地址和选择路径的功能；完成网络层中继的任务。

1. 路由器互联

路由器互联与网络的协议有关，路由器工作在 OSI 模型中的第三层，即网络层。路由器利用网络层定义的"逻辑"上的网络地址（即 IP 地址）来区别不同的网络，实现网络的互联和隔离，保持各个网络的独立性。路由器不转发广播消息，而把广播消息限制在各自的网络内部。发送到其他网络的数据先被送到路由器，再由路由器转发出去。

IP 路由器只转发 IP 分组，把其余的部分挡在网内（包括广播），从而保持各个网络具有相对的独立性，这样可以组成具有许多网络（子网）互联的大型网络。由于是在网络层的互联，路由器可方便地连接不同类型的网络，只要网络层运行的是 IP 协议，通过路由器就可互联起来。网络中的设备用它们的网络地址（TCP/IP 网络中为 IP 地址）互相通信。IP 地址是与硬件地址无关的"逻辑"地址。路由器只根据 IP 地址来转发数据。IP 地址的结构有两部分，一部分定义网络号，另一部分定义网络内的主机号。目前，在 Internet 中采用子网掩码来确定 IP 地址中的网络地址和主机地址。子网掩码与 IP 地址一样是 32bit，并且两者是一一对应的，子网掩码中数字为"1"所对应的 IP 地址中的部分为网络号，为"0"所对应的则为主机号。网络号和主机号合起来，才构成一个完整的 IP 地址。同一个网络中的主机 IP 地址，其网络号必须是相同的，这个网络称为 IP 子网。

通信只能在具有相同网络号的 IP 地址之间进行，若要与其他 IP 子网的主机进行通信，必须经过同一网络上的某个路由器或网关（gateway）。不同网络号的 IP 地址即使接在一起也不能直接通信。路由器有多个端口，用于连接多个 IP 子网。每个端口的 IP 地址的网络号要求与所连接的 IP 子网的网络号相同。不同的端口为不同的网络号，对应不同的 IP 子网，这样才能使各子网中的主机通过自己子网的 IP 地址把要求出去的 IP 分组送到路由器上。

2. 路由原理

当 IP 子网中的一台主机发送 IP 分组给同一 IP 子网的另一台主机时，直接把 IP 分组送到网络上，对方就能收到。而要送给不同 IP 子网上的主机时，需要选择一个能到达目的子网上的路由器，把 IP 分组送给该路由器，由路由器负责把 IP 分组送到目的地。如果没有找到这样的路由器，主机就把 IP 分组送给一个称为"缺省网关（default gateway）"的路由器上。"缺省网关"是每台主机上的一个配置参数，是接在同一个网络上的某个路由器端口的 IP 地址。

路由器转发 IP 分组时，只根据 IP 分组目的 IP 地址的网络号部分，选择合适的端口，把 IP 分组送出去。同主机一样，路由器也要判定端口所接的是否是目的子网，如果是，就直接把分组通过端口送到网络上，否则要选择下一个路由器来传送分组。路由器也有缺省网关，用来传送没有指明目的地址的 IP 分组。通过路由器把知道如何传送的 IP 分组正确转发出去，不知道的 IP 分组送给"缺省网关"路由器，这样一级级地传送，IP 分组最终将送到目的地，送不到目的地的 IP 分组则被网络丢弃了。

目前 TCP/IP 网络全部是通过路由器互联起来的，Internet 就是成千上万个 IP 子网通过路由器互联起来的国际性网络。这种网络称为以路由器为基础的网络（router based network），形成了以路由器为节点的"网间网"。在"网间网"中，路由器不仅负责对 IP 分组的转发，还要负责与别的路由器进行联络，共同确定"网间网"的路由选择和维护路由表。

路由动作包括两项基本内容：寻径和转发。寻径即判定到达目的地的最佳路径，由路由选择算法来实现。由于涉及到不同的路由选择协议和路由选择算法，要相对复杂一些。为了判定最佳路径，路由选择算法必须启动并维护包含路由信息的路由表，其中路由信息依赖于所用的路由选择算法而不尽相同。路由选择算法将收集到的不同信息填入路由表中，根据路由表可将目的网络与下一站（nexthop）的关系告诉路由器。路由器间互通信息进行路由更新，更新维护路由表使之正确反映网络的拓扑变化，并由路由器根据量度来决定最佳路径，这就是路由选择协议（routing protocol），如路由信息协议（RIP）、开放式最短路径优先协议（OSPF）和边界网关协议（BGP）等。

转发即沿寻径好的最佳路径传送信息分组。路由器首先在路由表中查找，判明是否知道如何将分组发送到下一个站点（路由器或主机），如果路由器不知道如何发送分组，通常将该分组丢弃；否则就根据路由表的相应表项将分组发送到下一个站点，如果目的网络直接与路由器相连，路由器就把分组直接送到相应的端口上，这就是路由转发协议（routed protocol）。

路由转发协议和路由选择协议是相互配合又相互独立的概念，前者使用后者维护的路由表，同时后者要利用前者提供的功能来发布路由协议数据分组。下文中提到的路由协议，除非特别说明，都是指路由选择协议，这也是普遍的习惯。

6.2.4　应用层间的互联

网关（Gateway）是应用层使用的互联设备，属于能够连接不同网络的硬件和软件的结合产品。网关用来连接异类网络，是一个协议转换器，工作在 OSI/RM 模型或 TCP/IP 体系的高层。通过网关可使不同格式、不同通信协议、不同结构类型的网络连接起来，使不同协议网络间的信息包传送和接收，简化了网络的管理。网关的实现较为复杂，因此，工作效率较低，透明性不强，一般只限于几种协议的转换，用于提供某种特殊用途的连接。

网关的连接方式有两种：无连接的网关和面向连接的网关。网关提供的服务主要是连接、翻译和转换，使不同类型的网络体系能够相连。网关是用于大型网络中心或大型计算机系统的设备，在面向连接的网关中又分为半网关和全网关。半网关的概念是在两个子网之间存在一定距离时，一般是将一个网关分成两半，中间用一条链路连接起来。全网关的概念是一种面向连接的数据报网络的互联。

局域网的网关可以使运行不同协议或运行于 OSI/RM 模型不同层次上的局域网网段之间通信或隔离，路由器和计算机都可以配置成网关。

6.3 局域网与广域网间的互联

6.3.1 概述

局域网与广域网间互联可以将一个单一网络扩展到其他合作单位的网络或特定用户。此时，访问策略应根据互联网络策略来进行规划，以创建和保护不同利益的工作组和局部网络。在网络互联时，除了选用一般的网络组件外，还要考虑引入类似于防火墙的安全组件、增强访问控制能力。局域网与广域网之间互联主要有两种方式：拨号方式和专用线路方式。拨号方式是用电话拨号技术将局域网和广域网互联起来。专用线路方式是两个节点之间建立一个安全永久的信道。专用线路不需要经过任何建立或拨号进行连接，它是点到点连接的网络。

通常情况下，实现局域网与广域网间互联需要从安全、性能、管理和标准等几个主要方面全面考虑。下面介绍一下采用 VPN 技术实现局域网与广域网间互联时如何考虑安全、性能、管理和标准的。

1. 安全

安全是实现网络互联的一个重要因素。网络互联安全主要涉及数据保密性、数据完整性和公网上的访问控制等内容。

（1）数据保密性

VPN 中的数据保密性主要是通过加密封装或隧道实现的。加密是指利用对称或非对称加密技术把数据包中的部分或全部内容进行相应处理。而隧道方式是指将整个数据包封装到一个新的数据包中。加密方式需要支持强加密标准，如 DES、3DES、RSA 和 IDEAS 等。隧道方式需要支持隧道协议标准，如 IPSec、L2TP 等。

（2）数据完整性

VPN 中的数据完整性主要是通过安全散列算法（SHA，Secure Hash Algorithm）、消息摘要（MD4，Message-Digest Algorithm 是）或 MD5 算法实现的。发送端的散列函数首先把任意长度的输入变成一个固定的散列值，然后将这个散列值与数据一起发送给接收者。当接收者收到这个数据包后，使用自己计算出来的散列值与收到的数据包中的散列值进行比较，如果一致则接收这个数据包，否则拒绝接收。

（3）访问控制

VPN 的访问控制措施可分为认证（VPN 支持用户 ID/口令、智能卡、令牌认证和 X.509 证书等多种认证方案）、授权（通过配置用户帐户和授权级别，可以对任何非授权行为进行告警）、接入控制（VPN 利用安全审计信息来对用户 ID、主机 ID、IP 地址或子网地址等进行接入控制。并对接入用户实施跟踪、审计和控制）和计费（VPN 需要提供多种方案来对客户的各种网络活动进行计账和管理）等多种形式。

2. 性能

实现 VPN 方案的另一个重要因素是 VPN 的性能。从用户角度来讲，关心的并不是 VPN 的技术细节，如 VPN 的接入控制、VPN 经过哪个公用网络等，而更多的是关心 VPN 网络的性能，例如，VPN 的延时、丢包率、兼容性、所需费用等。影响 VPN 性能的因素很多，有 VPN 技术本身的问题，有服务供应商的问题，还有经费等问题等。在诸多因素中，以下几个因素对将要实现的 VPN 的性能的影响更大一些。

（1）服务质量（Quality of Service，QoS）

在公网上建立 VPN 时，用户能够控制的只是网络边界，而 VPN 网络主干是由服务提供者控制的。为了确保一定的服务质量，VPN 方案应该设计成在边界和主干上具有带宽分配和优先排队机制。各种服务质量保证必须与服务提供者的服务协议有组合才有可能获得可接受的服务质量。对于帧中继或基于 ATM 的 VPN 主干，由于它们对端到端的设计参数控制较严格，所以容易达到一定的 QoS 目标。

（2）服务等级协商（Service Level Agreement，SLA）

在 VPN 主干上，如果提供了并行一定的经费保证，服务提供者就能提供 SLA。某些服务提供者还专门为 VPN 提供了并行 IP 主干的功能，即使不能实现并行，也会尽最大努力来提高 VPN 主干的性能以满足通信要求。大多数一级服务提供者都具有 0%～50% 的缓存能力，并将网络时延和丢包率限制在最低许可范围内。

　　（3）多协议支持

　　VPN 需要支持多种网络协议，特别是包容传统的网络协议，如 Novel 的 IPX、IBM 的 SNA 等。在 IP 主干上数据时，需要对各种协议进行封装和拆封。这种封装和拆封增加了网络边界设备（如路由器、防火墙）的处理时间，进而影响了网络的总体性能。

　　（4）可靠性和容错性

　　在考虑建立高可靠性和高容错性 VPN 网络时，对网络的最终性能、实用性和 VPN 服务费用都有很大影响。因此，要慎重考虑建立高可靠性和高容错性 VPN 结构。

　　3．管理

　　VPN 的管理主要包括安全策略管理和审计管理等内容。在安全策略管理上，VPN 需要提供一个集中的安全策略管理程序来满足安全策略管理的要求。一个安全策略管理系统应该可以设置对 VPN 的访问时间、用户和组对特定服务和文件的认证、对源和目标网络授权、设定用户的 ID 和口令、选择其他认证机制等。当使用专门或未注册的地址连接网络时，VPN 应该提供地址管理能力。当拨入的用户被本地 ISP 动态分配 IP 地址时，也需要地址管理。一个在公网上建立的局域网到广域网的 VPN 网络很容易被入侵和遭到攻击。在 VPN 上增加入侵检测功能是十分重要的。VPN 需要记录和报告重大事件，以便及时处理违反安全策略的问题。

6.3.2　局域网与广域网间互联的标准与交互操作性

　　VPN 方案应尽可能地遵循已公开的标准。公开标准节互操作性及对 VPN 服务提供者的选择性。这些公开标准可分为加密（如 IPSec）、数据完整性（如 MD5）、代理服务（如 SOCKSv5）、认证（如 CHAP）、密钥交换（如 IKE、SKIP、Diffie-Hellman）和数字签名（如 X. 509v3）。某些服务提供者已在操作系统（如 Windows）、隧道协议（如 L2F、PPTP）和认证服务（如 RADI-US、NT 域认证、TACACS+）等领域中制定了很多标准。

6.4　远程拨入局域网间的互联

6.4.1　拨号接入技术

　　话带 modem 的拨号接入技术是通过现有的模拟电话线路和电话网络，使用话带 modem 进行拨号实现最低成本的因特网接入。它也是接入网技术中应用最早、技术最成熟的一种接入技术。然而，随着 xDSL 技术的出现，拨号接入技术已逐渐使用不多了。拨号接入主要分为两种：话带 modem 拨号接入和 ISDN 拨号接入。

1. 话带 modem 拨号接入

modem（调制解调器）是 modulator 和 demodulator 的缩写，是基于公用电话交换网（PSTN）的 IP 接入的主要设备之一。其主要作用是将计算机的数字信号转变成模拟信号在电话线上传输。modem 的种类很多，有基带的、宽带的、有线的、无线的、音频的、高频的、同步的：异步的。其中最普及、最便宜的就是利用电话线作为传输介质的音频 modem，也称话带 modem。

基于 PSTN 的 modem 拨号接入是一种简单、便宜的接入方式。用户需要事先从 ISP（Internet service provider，Internet 服务提供商）处得到拨叫的特服号码、登录用户名及登录口令，经过拨号、身份验证之后，通过 modem 和模拟电话线，再经 PSTN 接入 ISP 网络平台，在网络侧的拨号服务器上动态获取 IP 地址，从而接入 Internet。图 6-4 给出了典型的通过 PSTN 拨号接入 Internet 网络的应用示意图。

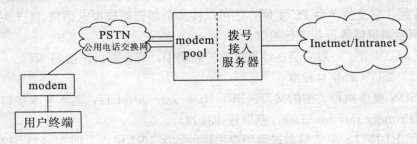

图 6-4　PSTN 拨号接入应用模型

用户拨号入网通常采用的链路协议为 PPP（point to point protocot，点到点协议）。当用户与拨号接入服务器成功建立 PPP 连接时，通常会得到一个动态 IP 地址。在 ISP 的拨号服务器中存储了一定数量的空闲的 IP 地址，一般称为 IP pool（IP 地址池）。当用户拨通拨号服务器时，服务器就从"池"中选出一个 IP 地址分配给用户计算机，这样用户的计算机就有了一个全球唯一的 IP 地址，此时，用户 PC 机成为 Internet 的一个站点。当用户下线后服务器就收回这个 IP 地址，放回 IP 地址池中，以备下次分配使用。

2. ISDN 拨号接入

（1）ISDN 拨号接入应用模型

综合业务数字网（ISDN）由电话综合数字网（IDN）发展而来，是数字交换和数字传输的结合。ISDN 实现了用户线的数字化，提供端到端的数字连接，极大地提高了传输质量。ISDN 的接入模型如图 6-5 所示。ISDN 的设备分为网络终端（NTl）、终端适配器（TA）和 ISDN 卡 3 种设备。

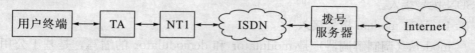

图 6-5　ISDN 拨号接入应用模型

①NTl（netwnrk terminal，网络终端）。这是用户传输线路的终端装置。它是实现在普通电话线上进行数字信号传送和接收的关键设备。该设备安装于用户端，是实现 N-ISDN 功能的必备硬件。网络终端分为基本速率 NTl 和一次群速率 NTl 两种。NTl 提供了 U 接口和 S/T 接口间物理层的转换功能，使 IS-DN 用户可在现有的电话线上通过 NTl 提供的接口直接接入标准 ISDN 设备。NTl 向用户提供 2B+D 两线双向传输能力，它能以点对点的方式支持最多 8 个终端设备接入，可使多个 ISDN 用户终端设备合用一个 D 信道。

②TA（terminal adapter，终端适配器）。TA 是将传统数据接口如 V. 24 连接到 ISDN 线路，使那些不能直接接入 ISDN 网络的非标准 ISDN 终端与 IS-DN 连接。它支持单台 PC 上网，还可以接多个如普通模拟电话机、G3 类传真机、调制调解器等设备进行通信。

③ISDN 卡。一般安装在计算机的扩展槽中，将计算机连接到 NTl。

（2）ISDN 的接口标准

ISDN 提供两种类型的接口：BRI（base rate interface，基本速率接口）和 PRI（Primary rate interface，基群速率接口）。

①BRI 接口。电信局向普通用户提供的均为 BRI 接口，即 2B+D。BRI 接口可在一对双绞线上提供两个 B 通道（每个 64Kb/s）和一个 D 通道（16Kb/s），D 通道用于传输信令，B 通道则用于传输话音、数据等，所以总速率可达 144Kb/s。因为一路电话只占用一个 B 通道，因此，可同时进行通话和上网。

②PRI 接口。分为 30B+D（30×64Kb/s ＋ 64Kb/s－欧洲标准）和 23B ＋ D（23×64Kb/s ＋ 64Kb/s－美国/日本标准）两种，用于需要传输大量数据的应用，如 PBX、LAN 互联等。

我国电信部门早在 1996 年开始就大力建设 ISDN 并推广应用。由于 ISDN 具有数字信号传输质量好、线路可靠性高、可以同时使用多个终端、通话建立时间短等优点，曾经吸引了大量的用户。但 ISDN 接入需要在用户端安装终端适配器，造成使用成本增加。随着 ADSL 等宽带技术的日趋成熟和成本的降低，ISDN 逐渐成为一种过渡技术，失去了市场。

6.4.2　ADSL 技术

xDSL 是 DSL（Digital Subscriber Line）的统称，意即数字用户线路，是以铜电话线为传输介质的点对点传输技术。DSL 技术在传统的电话网络（POTS）的用户环路上支持对称和非对称传输模式，解决了经常发生在网络服务供应商和最终用户间的"最后一公里"的传输瓶颈问题。由于电话用户环路已经被大量铺设，因此充分利用现有的铜缆资源，通过铜质双绞线实现高速接入就成为运营商成本最小最现实的宽带接入网解决方案。DSL 技术目前已经得到大量应用，是非常成熟的接入技术。

非对称数字用户线路技术（ADSL）是一种非对称的 DSL 技术，所谓非对称是指用户线的上行速率与下行速率不同，上行速率低，下行速率高，特别适合传输多媒体信息业务，如视频点播（VOD）、多媒体信息检索和其他交互式业务。ADSL 在一对铜线上支持上行速率 512Kbps～1Mbps，下行速率 1Mbps～8Mbps，有效传输距离在 3～5 公里范围以内。

现在比较成熟的 ADSL 标准有两种：G. DMT 和 G. Lite。G. DMT 是全速率的 ADSL 标准，支持 8Mb/s/1.5Mb/s 的高速下行/上行速率，但是，G. DMT 要求用户端安装 POTS 分离器，比较复杂且价格昂贵；G. Lite 标准速率较低，下行/上行速率为 1.5Mb/s/512Kb/s，但省去了复杂的 POTS 分离器，成本较低且便于安装。就适用领域而言，G. DMT 比较适用于小型或家庭办公室（SOHO），而 G. Lite 则更适用于普通家庭用户。

6.4.3　VPDN 技术

VPDN 是拨号业务的 VPN，指利用公共网络的拨号及接入网实现的虚拟专用网，可为企业、小型 ISP、移动办公人员提供接入服务。VPDN 能够充分利用现有的网络资源，提供经济、灵活的联网方式，为客户节省设备、人员和管理所需要的投资，降低用户的费用，所以必将得到广泛的应用。

VPDN 的主要特点是：安全性好，不易受攻击；保密性好，可有效防止非法访问；组网灵活、投资省、建设快；易用、易管理，可自动生成和管理 VPDN 用户。

1. VPDN 基本原理

VPDN 主要由网络接入服务器（NAS）、用户端设备（CPE）和管理工具组成。VPDN 的构成如图 6-6 所示。

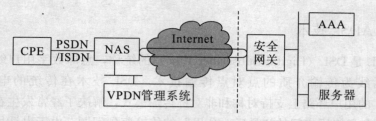

图 6-6　VPDN 网络结构

在图 6-6 中，NAS 由大型 ISP 或电信部门提供，其作用是作为 VPDN 的接入服务，提供广域网接口，负责与 PSTN、ISDN 的连接，并支持各种 LAN 的协议、安全管理和认证、隧道及相关技术；CPE 是 VPDN 的用户端设备，位于用户总部，根据网络功能的不同，可以是由 NAS、路由器或防火墙等提供相关的设备来担任；VPDN 管理工具对 VPDN 设备和用户进行管理。属于电信部门或大型 ISP 的设备及其统计工作由电信部门和 ISP 来管理，属于用户的设备及用户管理功能由用户方进行管理。

2. VPDN 的基本结构

VPDN 的设计基于两种基本结构：一种是由客户端发起的 VPDN；另一种是由网络访问服务器（Network Access Server，NAS）发起的 VPDN。NAS 是一种由 Internet 服务提供商 ISP 维护的网络访问服务器，用户首先通过拨号进入 NAS，然后再继续通过 NAS 拨入到网络。

（1）由客户端发起的 VPDN

用户通过与其共享的 ISP 网络，建立一个加密的 IP 隧道。用户管理发起建立隧道的用户网络。由客户端发起的 VPDN 的主要优点是可以安全地连接客户端和 ISP。但是，在使用和管理上，不如由 NAS 发起的 VPDN 灵活。

（2）由 NAS 发起的 VPDN

用户拨号进入 ISP 的 NAS 后，这个 NAS 可以建立一条到用户的专用网络的加密隧道。NAS 发起的 VPDN 比客户端发起的 VPDN 更加健壮，这种方式允许用户使用多个隧道来连接多个网络，而且在客户端不需要维护创建隧道的软件。NAS 发起的 VPDN 在客户端和 ISP 之间的连接通道上没有进行加密，但是对于大多数用户这不是问题，因为仅供电话系统比 Internet 要安全得多。因此，一般情况下，服务提供商都提供 NAS 发起的 VPDN 服务。

3. VPDN 隧道协议

VPDN 隧道协议有点到点隧道协议（PPTP）、第二层转发协议（L2F）、第二层隧道协议（L2TP）等几种。

（1）点到点隧道协议（PPTP）

PPTP 是 PPP（点到点协议）的一种扩展，提供了在 IP 网上建立多协议的安全 VPN 的通信方式，远端用户能够通过任何支持 PPTP 的 ISP 访问企业的专用网络。PPTP 提供 PPTP 客户机及其服务器之间的保密通信。通过 PPTP，客户可以采用拨号方式接入公共的 IP 网，方法是：拨号客户首先按常规方式拨号到 ISP 的 NAS，建立 PPP 连接；在此基础上，客户进行第二次拨号，建立到 PPTP 服务器的连接。

（2）第二层转发协议（L2F）

L2F 是可以在多种介质上建立多协议安全 VPN 的通信方式。它将链路层的协议封装起来传送，因此网络的链路层完全独立于用户的链路层协议。L2F 远端用户能够通过任何拨号方式接入公共 IP 网络，方法是：先按常规方式拨号到 ISP 和 NAS，建立 PPP 连接；然后，NAS 根据用户名等信息发起第二次连接，呼叫用户网络的服务器。

（3）第二层隧道协议（L2TP）

L2TP 是在 Internet、帧中继、ATM 或 X. 25 等包交换网络中建立隧道的另一种方法，它是由 IETF 提出的第二层隧道协议的标准。L2TP 结合了 L2F 和 PPTP 的优点，目前的 VPDN 主要采用这个协议。L2TP 的基本操作如图 6-7 所示。首先，L2TP 客户通过 PSTN 向第二层访问集线器 LAC（即靠近 L2TP 客户的 NAS）发送 PPP 请求；当 LAC 接收到用户的请求后，LAC 执行第二层的连接协议，包括 PPP 认证，如果协议和认证通过，则 LAC 发起一个到第二层网络服务器 LNS（即靠近 L2TP 服务器的 NAS）的控制连接来建立 L2TP 隧道；隧道一旦建立，LAC 就将接收到的 PPP（1）数据封装到 L2TP 隧道中并发送到 LNS；当 LNS 接收到这个数据包时，将其解封不原成 PPP（1），最后转发给 L2TP 服务器。

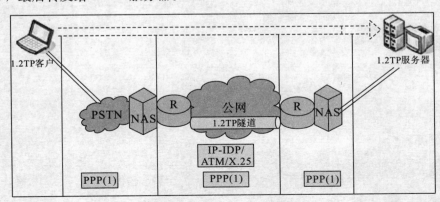

图 6-7　L2TP 的基本操作

（4）安全协议（IPSec）

IPSec 是一组开放的网络安全检查协议的总称，提供访问控制、无连接的完整性、数据来源验证、加密及数据流分类加密等服务。

4. VPDN 实施方式

VPDN 的实施方式有两种：一种是通过 NAS 与 VPDN 网关建立隧道；另一种是客户机与 VPDN 网关建立隧道。前者是 NAS 通过隧道协议与 VPDN 网关建立通道，将客户的 PPP 连接直接连到企业网关上，目前可以使用的协议有 L2F 和 L2TP。后者是由客户机首先建立与因特网的连接，再通过专用的客户软件与网关建立通道连接，一般使用 PPTP 和 IPSec 协议。

5. VPDN 业务认证功能

拨号用户使用 VPDN 业务时有两种认证情况：一种是一次认证；另一种是二次认证。一般情况下，为了保证 VPN 的安全性，通常需要采用二次认证。所谓二次认证是指在接入服务器和企业安全服务器上分别进行用户认证。接入服务器进行初步认证，确定该用户是否为合法的 VPDN 用户以及是否建立 IP 隧道。隧道建立后，企业安全服务器对用户进行第二次认证，再次确认用户是否为企业的合法用户。一般来说，二次认证方式要比一次认证方式的安全性高。但在企业的人力、物力资源匮乏，又有较大的业务量时，通常也可采用一次认证，即仅在接入服务器上作认证。

第 7 章　系统漏洞修复与扫描技术

7.1　概述

从 1988 年第一个针对 Unix/Linux 系统的蠕虫诞生以来，计算机蠕虫病毒以其快速、多样化的传播方式不断给网络世界带来灾害。尤其是近几年针对广泛使用的 Windows 操作系统的高危蠕虫不断出现，给社会造成了巨大的损失，蠕虫现在已经成为网络上最可怕的安全威胁。"冲击波"、"震荡波"都是利用了微软 Windows 系统的漏洞进行传播和感染，也就是说它们都依赖于漏洞的存在。产生安全漏洞的主要原因有 3 点：

①很多软件在设计时忽略或者很少考虑安全性问题造成了安全漏洞。这样产生的安全漏洞分为两类：第一类是操作系统本身设计缺陷带来的安全漏洞，这类漏洞将被运行在该系统上的应用程序所继承；第二类是应用软件程序的安全漏洞（该漏洞更为常见，更需要得到广泛的关注）。

②保证系统安全不是仅仅使用个别安全工具就能做到的，需要在对网络进行总体分析的前提下制定安全策略，并且用一系列安全软件来实现一个完整的安全解决方案。

③保证系统的安全还需要提高人员的安全防范意识，最终做到安全有效的防范。在现在的网络环境中，绝大多数漏洞存在的原因在于管理员对系统进行了错误的配置，或者没有及时升级系统软件到最新版本。

如果及时掌握网络中存在漏洞的主机情况，就能通过安装补丁程序有效地防范蠕虫和网络黑客的攻击。因此就有了漏洞扫描技术和对应的技术工具——扫描软件。

漏洞扫描技术是检测远程或本地系统安全脆弱性的一种安全技术，用于检查、分析网络范围内的设备、网络服务、操作系统、数据库系统等的安全性，从而为提高网络安全的等级提供决策支持。网络漏洞扫描的基本原理是通过与目标主机 TCP/IP 端口建立连接并请求某些服务（如 TELNET、FTP 等），记录目标主机的应答，搜集目标主机相关信息（如匿名用户是否可以登录等），从而发现目标主机某些内在的安全弱点。系统管理员利用漏洞扫描技术对局域网络、Web 站点、主机操作系统、系统服务以及防火墙系统的安全漏洞进行扫描，可以了解正在运行的网络系统中存在的不安全的网络服务、在操作系统上存在的可能导致黑客攻击的安全漏洞，还可以检测主机系统中是否被安装了窃听程序、防火墙系统是否存在安全漏洞和配置错误等等。利用安全扫描软件，能够及时发现网络漏洞并在网络攻击者扫描和利用之前予以修补，从而提高网络的安全性。

7.2　系统漏洞及防范

系统漏洞是指操作系统软件或应用软件在逻辑设计上的缺陷或在编写时产生的错误，这个缺陷或错误可以被不法者或者黑客利用，通过植入木马、病毒等方式来攻击或控制整个电脑，从而窃取电脑中的重要资料和信息，甚至破坏整个系统。本节仅介绍常见的几种系统漏洞。

7.2.1　IPC＄默认共享漏洞

IPC＄（Internet Process Connection）是共享"命名管道"的资源，可以在连接双方建立一条安全的通道，实现对远程计算机的访问。Windows NT/2000/XP 提供了 IPC＄功能的同时，在初次安装系统时还打开了默认共享，即所有的逻辑共享（C＄，D＄，E＄……）和系统目录（ADMIN＄）共享。所有这些共享的目的，都是为了方便管理员的管理，但在有意无意中，导致了系统安全性的隐患。从 Windows 98 开始，共享给网络用户带来无穷无尽的烦恼，同时又是黑客攻击他人电脑的一把利器。如何彻底禁止 Windows 2000 和 Windows XP 系统的共享漏洞呢？

1.　查看共享资源

在 Windows XP 系统中，所有驱动器都默认为自动共享，但不显示共享的手形标志，这给网络安全留下了隐患。可以在"运行"栏中填入 cmd 进入命令提示符，输入 net share，查看电脑中的共享资源，找到共享目录，如图 7-1 所示；也可以依次打开"控制面板→管理工具→计算机管理→共享文件夹"，查看所有的共享资源，如图 7-2 所示。

2.　清除共享漏洞

首先确保以 Administrator 或 Power Users 组的成员身份登录系统，然后通过以下 3 个步骤清除共享的漏洞。

①依次打开"开始菜单→控制面板→管理工具→服务"，找到"Server"服务，停止该服务，并且在"属性"中将"启动类型"设置为"手动"或"已禁用"。

②修改注册表。依次打开"开始→运行"，输入 regedit 进入"注册表编辑

器",找到 HEKY_LOCAL_MACHINESystem\CurrentControlSetServicesLan-manServerParamaters 子键,在右侧的窗口中分别新建一个名为"AutoShareWks"和一个名为"AutoShareServer"的双字节键值,并且将值设置为"0"。

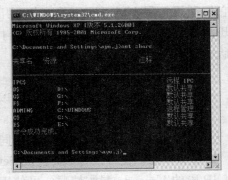 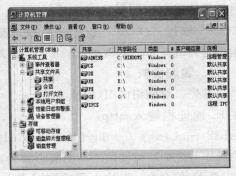

图 7-1　DOS 命令查看电脑中的共享资源　图 7-2　用管理工具查看电脑中的共享资源

③使用命令提示符下的"net share"命令也可以很好地消除这一隐患。打开 Windows 自带的记事本,输入如下内容:*net share admin* $ */del*

net share ipc $ */del*

net share c /del

接下来将该文件保存为一个扩展名为".bat"的批处理文件。最后,运用 Windows 的"任务计划"功能让该批处理文件在每次开机时都自动运行。(注:如果还有其他盘使用了共享,如 D 盘,则在记事本中添加"net share d /del"即可。输入时不要忽略参数之前的空格。)

7.2.2　Unicode 与二次解码漏洞

1. Unicode 漏洞危害

在 Unicode 字符解码时,IIS 4.0/5.0 存在一个安全漏洞,导致用户可以远程通过 IIS 执行任意命令。当用户用 IIS 打开文件时,如果该文件名包含 Unicode 字符,系统会对其进行解码。如果用户提供一些特殊的编码,将导致 IIS 错误地打开或者执行某些 Web 根目录以外的文件。未经授权的用户可能会利用 IUSR_machinename 账号的上下文空间访问任何已知的文件。该账号在默认情况下属于 Everyone 和 Users 组的成员,因此任何与 Web 根目录在同一逻辑驱动器上的能被这些用户组访问的文件都可能被删除、修改或执行。通过此漏洞,可查看文件内容、建立文件夹、删除文件、拷贝文件且改名、显示目标主机当前的环境变量、把某个文件夹内的全部文件一次性拷贝到另外的文件夹中、把某个文件夹移动到指定的目录和显示某一路径下相同文件类型的文件内容等。

2. Unicode 漏洞的成因

Unicode 漏洞的成因可大致归结为：从中文 Windows IIS 4.0＋SP6 开始存在，影响到中文 Windows 2000＋IIS 5.0、中文 Windows 2000＋IIS5.0＋SP1。台湾繁体中文也同样存在这样的漏洞。它们利用扩展 Unicode 字符（如利用"./"取代"/"和"\"）进行目录遍历漏洞。据了解，在 Windows NT 中编码为％c1％9c，在 Windows 2000 英文版中编码为％c0％af。

3. 漏洞检测

首先，对网络内 IP 地址为＊.＊.＊.＊的 Windows NT/2000 主机，可以在 IE 地址栏输入 http：// ＊.＊.＊.＊/scripts/..％c1％1c../winnt/system32/cmd.exe？/c+dir（其中％c1％1c 为 Windows 2000 漏洞编码，在不同的操作系统中，可使用不同的漏洞编码），如漏洞存在，还可以将 Dir 换成 Set 和 Mkdir 等命令；其次，要检测网络中某 IP 段的 Unicode 漏洞情况，可使用 Red. exe、SuperScan、RangeScan 扫描器、Unicode 扫描程序 Uni2. pl 及流光 Fluxay4. 7 和 SSS 等扫描软件。

4. 解决方法

若网络内存在 Unicode 漏洞，可采取如下方法进行补救：①限制网络用户访问和调用 CMD 命令的权限；②若没必要使用 scriptS 和 MSADC 目录，删除或改名；③安装 Windows NT 系统时不要使用默认 WINNT 路径，可以将路径改为其他的文件夹，如 C：\ mywindowsnt；④用户可从网上下载补丁程序①。

7.2.3 IDQ 溢出漏洞

IDQ 漏洞对操作系统的安全威胁非常大，因为攻击者通过 IDQ 漏洞远程溢出成功后，取得了服务器的管理员权限。微软曾发布安全公告，指出其 Index Server 和 Indexing Service 存在漏洞。作为安装过程的一部分，IIS 安装了几个 ISAPI 扩展 DLL。其中的 idq. dll 存在问题，它是 Index Server 的一个组件，对管理员脚本（.ida 文件）和 Internet 数据查询（.idq 文件）提供支持。下面介绍利用 IDQ 溢出漏洞进行攻击的方法。

1. 所需工具

SUPERSCAN 扫描器，IDQ 溢出工具，NC. EXE。

第一步：运行 SUPERSCAN 扫描器，定义 IP 段，扫描的端口设置成

---

① 下载地址可以有：http：// www. microsoft. com/ntserver/nts/downloads/critical/q269862/default. asp（IIS 4. 0 补丁地址），http：// www. microsoft. com/windows2000/downloads/critical/q269862/default. asp（IIS 5. 0 补丁地址）。

3389。这样就能扫到数台 3389 口开着的机器。

第二步：运行 IDQ 溢出工具，出现一个窗口，填好要入侵的主机 IP，选取所对应的系统 SP 补丁栏，其他设置不改，取默认。然后按右边的 IDQ 溢出键。如果成功，将会显示如图 7-3 所示的提示；如果不成功会提示连接错误。

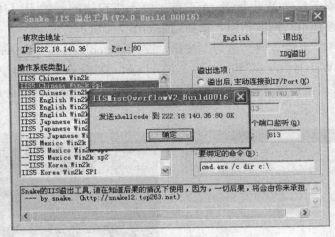

图 7-3　IDQ 溢出工具操作界面

第三步：连接成功后，打开 Windows 下的 DOS 状态，输入：nc-vv IP813，成功后可以用 net user 创建用户，用 net localgroup 加入管理员权限，于是可用 2000 客户端进入主机。

2.　防范策略

在"开始"→"程序"→"管理工具"→"Internet 工具"菜单里，选择 IIS 的属性，把 .idq 和 .ida 的映射删除；然后下载并安装全部的微软补丁包。

7.2.4　Webdav 溢出漏洞

Microsoft IIS 5.0 （Internet Information Server 5.0） 是 Microsoft Windows 2000 自带的一个网络信息服务器（包含 HTTP 服务）。IIS 5.0 默认提供了对 Webdav 的支持，Webdav 可以通过 HTTP 向用户提供远程文件存储服务。但是对于普通的 HTTP 服务器，这个功能不是必须的。IIS 5.0 包含的 Webdav 组件不充分检查传递给部分系统组件的数据，远程攻击者利用这个漏洞对 Webdav 进行缓冲区溢出攻击，可能以 Web 进程权限在系统上执行任意指令。

IIS 5.0 的 Webdav 使用了 ntdll.dll 中的一些函数，而这些函数存在一个缓冲区溢出漏洞。通过对 Webdav 的畸形请求可以触发这个溢出。成功利用这个漏洞可以获得 LocalSystem 权限。这意味着，入侵者可以获得主机的完全控制能力。

1. Webdav 溢出漏洞的应用

所需工具：WebdavScan（用于检测网段的 Microsoft IIS 5.0 服务器是否提供了对 WebDAV 的支持）、Webdav（Webdav 漏洞的溢出工具）和 NC.exe（远程连接工具）。

首先，双击启动 WebdavScan 工具，填入待扫描的起始 IP 与终止 IP，单击"Scan"按钮进行网段扫描，扫描结果如图 7-4 所示。

单击菜单"开始"→"运行"按钮，键入"cmd"后按"Enter"键，切换到保存有 Webdavx.exe 和 nc.exe 的目录，在命令行下键入"Webdav 192.168.0.21"，并按"Enter"键开始溢出攻击，Webdavx 会自动寻找溢出点，如图 7-5 所示。

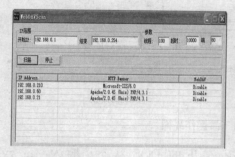

图 7-4　WebdavScan 扫描结果

图 7-5　Webdav 的工作结果

溢出成功后，输入"nc192.168.0.217788"，并按"Enter"键，可以远程连接得到目标计算机的一个 Shell。为了方便连接，可为 guest 账户设置一个密码，并加进管理员组里。更改 guest 密码的命令为"netuserguest 所更改密码"，把 guest 的用户密码设置为 hack，如图 7-6 所示。

接下来，把 guest 账户加到管理员组里，格式为"net localgroup administrators guest /add"，如图 7-7 所示。

图 7-6　更改 guest 账户密码　　　　图 7-7　提升 guest 账户为管理员权限

2. 防范策略

启动注册表编辑器（regedt32.exe），搜索注册表中的键：HKEY_LOCAL_MACHINE \ SYSTEM \ CurrentControlSet \ Services \ W3SVC \ Parameters。

单击【编辑】菜单，单击增加值，然后增加如下键值：

Value name：Disable Webdav

Data type：DWORD

Value data：1

Microsoft 已经为此发布了一个安全公告（MS03－007）以及相应补丁。[①]

7.2.5 SQL 空密码漏洞

1. 漏洞描述

目前很多主机的系统安全做得很好，可是 SQL 数据库却没有打补丁，而且数据库管理员的密码也是空的。这样的问题在一个专门运行后台数据库的主机上表现得严重些，可能有些管理员认为这样的服务器不能由 Web 直接访问，就放松了警惕。其实黑客的扫描器是不管这些的，只认漏洞不认主机。

2. 漏洞应用

①所需工具：流光（小榕开发的功能非常强大的扫描工具）、SqlExec. exe。

②查找有漏洞的服务器：启动"流光"，调出"高级扫描设置"，在"起始地址"和"结束地址"栏里，输入搜索的 IP 段。

③远程取得管理员权限：启动 SqlExec. exe，在"Host"栏里输入目标服务器的 IP，然后在"连接方式"栏里选择"TCP/IP"，再在其后的输入栏内输入 SQL 数据库的连接端口"1433"。因为黑客利用的是数据库 sa 空密码漏洞，所以"Pass"后的输入栏不用填，接着单击 SqlExec 软件界面右上角【Connect】按钮进行远程连接，等待几秒后，如果 SqlExec 中的【Disconnect】按钮由不可单击的灰色，变成可单击的黑色时，说明黑客已经通过 SqlExec 连接到目标服务器的数据库了。黑客然后在 CMD 里执行 DOS 命令"dir c：\"，按【Enter】键，来验证它是否真正连接上来了。如果成功的话，会显示目标服务器的 C 盘根目录的文件及文件夹。

这时，黑客通常在 CMD 里键入"netuser 用户名密码/add"来为目标服务器添加一个用户。这里，黑客利用命令添加了一个用户名为"g3eek"、密码为"521hxf"的用户（因为是国外的服务器，所以显示的是英文提示信息），如图 7-8 所示。

黑客紧接着键入"net localgroup administrators 用户名 /add"命令，把已添加的这个用户提升到管理员权限。黑客把上步添加的 g3eek 这个用户加到管理员组里。

下面键入"net start telnet"命令行，启动目标服务器的 Telnet 进程。命

---

① 下载地址：http：//www. microsoft. com/technet/security/bulletin/MS03－007. asp。

令发出后，显示：*The Telnet service is starting.*

The Telnet service was started successfully.

这时黑客已经成功地启动了 Telnet，如图 7-9 所示。打开 Windows 2000 的 CMD，利用黑客刚才添加成功的管理员和目标服务器建立 IPC＄连接，如图 7-10 所示。

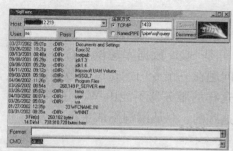

图 7-8　SqlExec 执行建立新用户命令

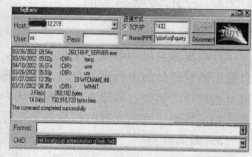

图 7-9　SqlExec 执行提升管理员命令

这时就可以对目标服务器进行任意操作了，比如更换网站的首页等。不过到最后，别忘了断开 IPC＄连接。命令语法为：net use\\ip\ipc$/del 使用这条命令，黑客就可以删除与目标服务器的 IPC＄连接，如图 7-11 所示。

图 7-10　与远程电脑建立 IPC＄连接

图 7-11　删除与远程电脑建立的 IPC＄连接

3. 防范策略

这个 SQL 空口令漏洞的危险度非常高。黑客入侵步骤一般为：扫描→找到有漏洞的服务器→用 SqlExec 工具对目标服务器进行连接→添加用户→提升权限。

7.3　系统漏洞扫描与补丁更新技术

7.3.1　利用系统本身及时更新系统补丁

1. 安装最纯净的系统

在安装系统之前，记住一定要把系统分区选择成 NTFS 格式。如果不小心把系统分区选成了 FAT32 格式，那么一定要在安装完成之后，运行"convertc：/fs：ntfs"命令（不含引号）把系统分区格式转为 NTFS 格式，其他的盘符也要格式化或转成 NTFS 格式。

2. 安装全部应用软件

在安装期间最好能把网络断开，尽量用本地的安装文件，不要上网下载。同时，把程序安装到非系统分区中可以一定程度地提高系统的运行速度。

3. 对系统进行设置

①修改管理员密码。这是利用系统本身及时更新系统补丁的基本的操作。

②设置文件的访问属性，具体的操作步骤为：在"我的电脑→工具→文件夹选项"下的查看选项卡中取消使用"使用简单文件共享"的选择。而后右键单击每个盘符，在安全选项卡下删除 everyone 用户组。因为这个用户组具有特殊的权限，可以创建文件，会被病毒利用。修改 user 用户组，增加修改权限，因为有的时候操作可能会用到修改文件的权限。再增加一个普通的用户账号，用这个用户进行日常操作，在操作需要管理员权限才能运行的程序时可以采用"以管理员身份运行"的命令。

③安装一切系统补丁。

④删除多余的系统服务，运行 services.msc，查看服务状态，关闭什么系统服务和开启什么系统服务，但是"终端服务"和"远程协助"要关掉。yFastUserSwitchingCompatibility（为在多用户下需要协助的应用程序提供管理）和 netlogon（支持网络上计算机 pass-through 账户登录身份验证事件）最好也关掉。

⑤关闭一切不需要的端口。端口的设置可以参考 Windows 防火墙的设置，打开 Windows 防火墙配置，选择例外选项卡，这里有很多程序和他们使用的端口方式，在禁用端口之前，最好看看程序正在使用的端口，否则会导致程序使用不正常，允许端口的设置方法如下：

在"网络连接"上单击右键，选择"属性"，打开"网络连接属性"对话框，在"常规"项里选中里面的"Internet 协议（TCP/IP）"然后单击下面的"属性"按钮，在"Internet 协议（TCP/IP）属性"窗口里，单击下面的"高级"按钮，在弹出的"高级 TCP/IP 设置"窗口里选择"选项"项，再单击下面的"属性"按钮，最后弹出"TCP/IP 筛选"窗口，通过窗口里的"只允许"单选框，分别添加"TCP"、"UDP"、"IP"等网络协议允许的端口，如图 7-12 所示。

⑥进行组策略的安全设置。运行 gpedit.msc 打开组策略管理器，在"计算机配置/Windows 设置/安全设置/账号策略/账号关闭策略"设置如下：账号关闭持续时间（确定至少 5~10 分钟）、账号关闭极限（确定最多允许 5~10 次非法登录）、随后重新启动关闭的账号（确定至少 10~15 分钟以后），主要是为了防止猜解密码。

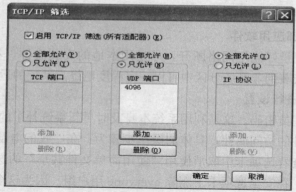

图 7-12 TCP/IP 筛选对话框

7.3.2 扫描并修复系统漏洞的工具软件简介

所谓系统漏洞，是指应用软件或操作系统软件在逻辑设计上的缺陷或在编写时产生的错误，这个缺陷或错误可以被不法者或者电脑黑客利用，通过植入木马、病毒等方式来攻击或控制整个电脑，从而窃取电脑中的重要资料和信息，甚至破坏计算机系统。如何避免系统漏洞所带来的风险呢？最直接的办法就是为系统漏洞打补丁。其实 Windows 系统自带有漏洞补丁工具，但是国内许多用户因为操作系统版权问题，很可能无法正常更新这些补丁，因此大多数用户都会选择漏洞修复软件来帮助自己完成漏洞修复。奇虎 360 安全卫士是由奇虎公司推出的安全类上网辅助工具软件（图 7-13），它拥有清理恶评及系统插件、管理应用软件等多项功能，修复系统漏洞就是其中一项功能，同时也是其最为重要的功能之一。

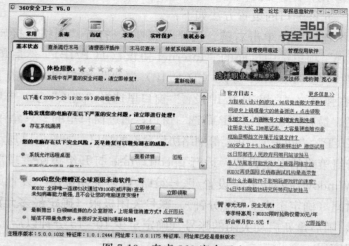

图 7-13 奇虎 360 安全卫士

　　Windows 优化大师是一款优秀的系统辅助软件（图 7-14），在 V7.78Build 7.1119 版新增了 Wopti 系统漏洞修复应用工具，便于用户自动下载补丁并修复检测出的漏洞，全面保证计算机用户系统安全。

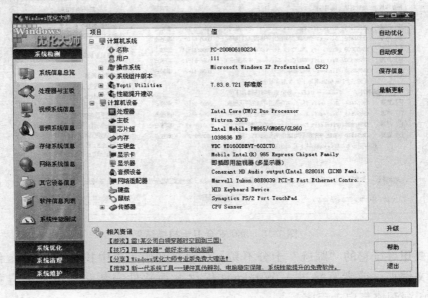

图 7-14　Windows 优化大师

　　本节对软件做了一个简单测试，分别从这些软件扫描漏洞的个数（在同系统下进行测试）、扫描速度、软件操作、软件稳定性（包括对 Windows2000/XP/Vista 系统的支持）等方面进行测试。

　　360 安全卫士提供了系统漏洞和安全风险扫描和提示功能，能让用户比较直观地看出系统中存在的漏洞以及安全风险，并且罗列出了每个漏洞的名称、严重程度、时间等相关信息。360 安全卫士能扫描出许多漏洞，扫描结果如图 7-15 所示，但扫描速度一般，在使用过程中主程序先扫描了一次，进入漏洞修复程序时又进行了一次扫描，但在 Vista 系统下扫描速度稍慢。

　　Windows 优化大师中的 Wopti 系统漏洞修复应用工具，具有界面简洁、操作简单等特点。软件中呈现出了漏洞名称、公告号、安全等级、漏洞描述等信息，但没给出漏洞补丁发布时间。Wopti 优化大师扫描出的这些漏洞多在系统安全中较为关键，即可能对系统安全造成严重威胁；扫描速度上表现较为出色，特别是在 Vista 系统下，扫描速度明显优于其他软件，Windows 优化大师将漏洞的信息存放在优化自己的服务器上，而不用链接到微软的服务器上去读取，因此在 Vista 下速度惊人。Wopti 漏洞修复工具有个不尽如人意的地方，

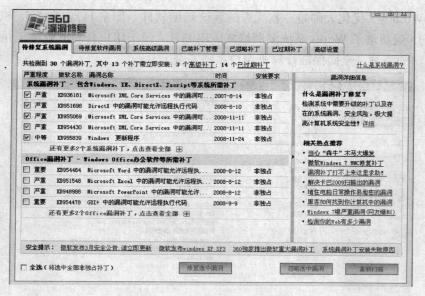

图 7-15 360 安全卫士扫描结果

就是要想寻觅它的"踪迹"十分不易，必须在开始菜单中找到 Windows 优化大师文件夹，或者直接进入 Windows 优化大师软件安装路径下才能寻找到 Wopti 漏洞修复启动程序。

7.4 基于 MBSA 的系统漏洞扫描与修复技术

7.4.1 MBSA 简介

Microsoft 基准安全分析器（Microsoft Baseline Security Analyzer，MBSA）是微软公司整个安全部署方案中的一种，目前使用最普遍的版本是 v1.2。该工具允许用户扫描一台或多台基于 Windows 的计算机，以发现常见的安全方面的配置错误。MBSA 将扫描基于 Windows 的计算机，并检查操作系统和已安装的其他组件（如 IIS 和 SQL Server），以发现安全方面的配置错误，并及时通过推荐的安全更新进行修补。

1. MBSA v1.2 的主要功能

MBSA v1.2 能够扫描运行以下系统的计算机：Windows NT4、Windows 2000、Windows XP Professional、Windows XP Home Edition 和 Windows Server 2003。MBSA 能够从运行以下系统的任何一台计算机上执行：Windows 2000Professional、Windows 2000Server、Windows XP Home、Windows XP Professional 或 Windows Server 2003。

（1）检查系统配置

①Windows 操作系统。通常，MBSA 扫描 Windows 操作系统（Windows NT 4、Windows 2000、Windows XP、Windows Server 2003）中存在的安全问题，如："Guest"（来宾）账户的状态、文件系统类型、可用的文件共享和管理员组的成员。每次 OS 检查的说明都会显示在安全报告中，并附带有关修复已发现问题的说明。

②Internet Information Server。该组检查将扫描 IIS 4.0 和 5.0 中存在的安全问题。该工具还将检查 IIS Lockdown 工具是否在计算机上运行，从而帮助管理员配置和保护他们的 IIS 服务器。每次 IIS 检查的描述都会显示在安全报告中，并附带有关修复任何已发现问题的说明。

③Microsoft SQL Server。该组检查将扫描 SQL Server 7.0 和 SQL Server 2000 中存在的安全问题，如身份验证模式的类型、SM 账户密码状态和 SQL Server 账户的成员资格。每一次 SQL Server 检查的描述都显示在安全报告中，并附带有关修复任何已发现问题的说明。

④检查桌面应用程序。该组检查扫描每个用户账户的 Internet Explorer 5.01+区域设置以及 Office 2000、Office XP 和 Office System 2003 的宏设置。

（2）安全更新

MBSA 可以通过引用 Microsoft 不断更新和发布可扩展标记语言（Extensible Markup Language，XML）文件（mssecure.xml）来确定将哪些关键安全更新应用于系统。该 XML 文件包含可用于特定的 Microsoft 产品的安全更新信息。该文件包含安全公告名称和标题以及有关特定产品安全更新的详细数据，其中包括：每个更新程序包中的文件及其各个版本的校验和、更新安装程序包所应用的注册表项、有关哪些更新可代替其他更新的信息以及 Microsoft 知识库中相关文章的编号等等。

当用户首次运行 MBSA 时，必须获取此 XML 文件的副本，以便该工具能够找到适用于每个产品的安全更新。该 XML 文件可以以压缩的形式（数字签名的.cab 文件）从 Microsoft 下载中心网站获得。MBSA 下载此.cab 文件，并验证签名，然后将此.cab 文件解压到正在运行 MBSA 的本地计算机上。值得注意的是，.cab 文件是类似于.zip 文件的压缩文件。在解压.cab 文件后，MBSA 会扫描用户计算机（或者选定的计算机），以确定正在运行的操作系统、服务软件包和程序。然后，MBSA 解析 XML 文件，标识可用于已安装的软件组合的安全更新。

MBSA 通过评估以下 3 项来决定是否在给定的计算机上安装特定的更新：更新所安装的注册表项、文件版本以及针对更新所安装的每个文件的校验（如果从命令行运行 MBSA 的话）。如果这些检查中的任何一项失败，此次更新就将在扫描报告中标记为缺少。MBSA 不仅仅扫描 Windows 安全更新，而且扫描与其他产品相关的更新。

当使用 MBSA GUI 版本（mbsa. exe）时，将使用－baseline（将扫描 Windows 更新中标记为关键安全更新的更新程序）和－nosum（不执行校验和的检查）开关参数。当使用 MBSA 命令行工具（mbsacli. exe）时，用户必须调用上面列出的两个开关参数来匹配 MBSA GUI 扫描结果，因为它们不是默认调用的。当用户通过 mbsacli. exe（使用/hf 开关参数）执行 HFNetChk-style 扫描时，它们还可以直接调用－baseline、－v 和－nosum 开关参数，以便与 GUI 扫描结果相匹配。当在 HFNetChk 模式（mbsacli. exe/hf）下运行 MBSA 时，将不检查 Office 安全更新，因为只有通过 Office Update Inventory Tool 代码并且使用 MBSA GUI 和 mbsacli. exe 才能对 Office 更新，从而进行扫描。

2. 扫描模式和类型

MBSA 可以选择要扫描的计算机包括有以下两种。

（1）单台计算机

MBSA 最简单的运行模式是扫描单台计算机，典型情况表现为"自动扫描"。当选择"选取一台计算机进行扫描"时，可以选择输入你想对其进行扫描的计算机的名称或 IP 地址。

（2）多台计算机

如果用户选择"选取多台计算机进行扫描"时，你将有机会扫描多台计算机，还可以选择通过输入域名扫描整个域，还可以指定一个 IP 地址范围并扫描该范围内的所有基于 Windows 的计算机。

扫描类型包括以下几种。

①MBSA 典型扫描：MBSA 典型扫描将执行扫描并且将结果保存在单独的 XML 文件中，这样就可以在 MBSA GUI 中进行查看（这与 MBSAV1. 1. 1 一样）。可以通过 MBSA GUI 接口（mbsa. exe）或 MBSA 命令行接口（mbsacli. exe）进行 MBSA 典型扫描。每次执行 MBSA 典型扫描时，都会为每一台接受扫描的计算机生成一个安全报告，并保存在正在运行 MBSA 的计算机中。这些报告的位置将显示在屏幕顶端（存储在用户配置文件文件夹中）。用户可以轻松地按照计算机名、扫描日期、IP 地址或安全评估对这些报告进行排序。

②HFNetChk 典型扫描：HFNetChk 典型扫描将只检查缺少的安全更新，并以文本的形式将扫描结果显示在命令行窗口中，这与以前独立版本的 HFNetChk 处理方法是一样的。

③网络扫描：MBSA 可以从中央计算机同时对多达 10000 台计算机进行远程扫描（假定系统要求与自述文件中列出的一样）。MBSA 被设计为通过在所扫描的每台计算机上拥有本地管理权限的账户，在域中运行。

7.4.2 MBSA 在系统漏洞扫描与修复的应用

微软的 MBSA 是一个强大的检测工具，该软件包含大部分的微软软件检测器，除检测漏洞之外，还提供了详细的解决方案以及补丁下载地址。

1. 漏洞检测

下载 MBSA，成功安装后，以管理员身份登陆系统，然后运行该软件，如图 7-16 所示。从图 7-16 中可以看到，主界面共有 3 个选项："Scan a computer（扫描一台电脑)"、"Scan more than one computer"（扫描几台电脑)"、"View existing security reports（查看安全报告)"，其中 "View existing security reports" 选项在第一次运行时由于没有检测过而呈灰色，表示处于不可用状态。这里以扫描一台电脑为例介绍其设置方法。

图 7-16　MBSA 运行界面　　　　　　图 7-17　MBSA 检测设置界面

首先点击 "Scan a computer"，在弹出的窗口中有很多设置选项，这里是进行检测的关键设置，如图 7-17 所示。在图 7-17 中，在 "Computer name" 和 "IP address" 中输入计算机名和 IP 地址，默认是本机，所以检测本机你也可以保持默认设置。"Security report name" 中是安全检测报告的文件名。接下来根据需要勾选相应的检测选项："Check for Windows vulnerabilities"（检测 Windows 系统漏洞)、"Check for weak passwords"（检测弱口令)、"Check for IIS vulnerabilities"（检测 IIS 服务器漏洞)、"Check for SQL vulnerabilities"（检测 SQL Server 漏洞)、"Check for security updates"（检测系统是否有安全更新程序)。设置完毕后，只要点击窗口下方的 "Start scan" 按钮即可进行检测了。

2. 查看检测报告

由图可看出，其中显示为 "X" 的表示存在漏洞或者有更新补丁没有安装，当然，显示为"√"表示没有任何安全问题。在"WindowsScanResults"中，我们可以看到有以下多方面的安全检测："FileSystem"（检测是否使用的 NT-FS 文件系统）、"WindowsFirewall"（是否开启防火墙）、"LocalAccountPass-wordTest"（检测账户密码是否为简单密码）、"AutomaticUpdates"（是否开启自动更新）、"GuestAccount"（是否打开 GUEST 账户）、"RestrictAnony-mous"（是否允许匿名登陆系统）、"Administrators"（是否有多个管理员账户）等，如果机器是在局域网中，还会检测是否自动登陆域以及密码是否有效等。检测出存在的漏洞后，可以通过手动或者其他方式来进行修复。此外，该软件还可以检测 OFFICE、SQLServer 的安全以及其他一些系统安全更新程序，如果有更新补丁，则可以直接通过选项下面的"Updates"按钮来进行升级安装。

第 8 章　虚拟网络应用技术

8.1　虚拟专用网络（VPN）技术

8.1.1　VPN 技术简介

1. VPN 的概念

VPN（Virtual Private Network，虚拟专用网络）通常是实现相关组织或个人的开放式、分布式的公用网络（这里主要指互联网）的安全通信。其实质是，利用共享的互联网设施，模拟"专用"广域网，将企业的分支机构、商业伙伴、移动办公等连接起来，并且提供安全的端到端数据通信的一种广域网技术，最终以极低的费用为远程用户提供能和专用网络相媲美的保密通信服务。因此，所谓的虚拟专用网络是指在物理上分布在不同地点的网络，通过公用网络连接而成逻辑上的虚拟子网，并采用认证、访问控制、机密性、数据完整性等在公用网络上构建专用网络的技术，使数据通过安全的"加密隧道"在公用网络上传播信息。

同时，VPN 又是一种网络连接技术，它通过共享的公用通信基础设施为用户提供定制的网络连接，这种定制的网络连接要求用户共享相同的安全性、优先级服务、可靠性和可管理性策略，在共享的公用基础通信设施上采用隧道技术、特殊配置技术和措施，仿真点到点的连接。VPN 可以构建在两个端系统之间、两个组织之间、一个组织机构内部的多端系统之间、跨越全局性因特网的多个组织之间、单个应用或多个应用的组合之间。

实际上，任何通信连接只要是全部或部分地通过公用通信基础设施来实现，那么这种连接所组成的网络就不是真正的私有网络，也不是真正意义上的物理网络连接。即是说，除非一个组织部署自己专有的通信介质和传输系统，那么任何网络都存在"虚拟化"的连接服务。

因此，VPN 是指在公用通信基础设施（如 Internet）上构建的虚拟专用或私有网络，也可以被认为是一种公用网络中隔离出来的网络；VPN 的隔离性提供了某种程度的通信隐秘性和虚拟性。

2. VPN 的应用领域

利用 VPN 技术可以解决所有利用公用通信网络进行通信的虚拟专用网络连接的问题，VPN 也为用户的远程安全通信提供了安全保障。目前，VPN 主要有以下 3 种应用领域。

（1）远程接入访问

远程接入访问主要用于企业内部人员的移动或远程办公，也可以用于商家为其顾客提供 B2C（Business to Customer）的安全访问服务；可以使远程用户在任何时间、任何地点采用拨号、ISDN、DSL、ADSL、移动 IP 和电缆技术与公司总部、公司内联网的 VPN 设备建立起隧道或隐秘信道，实现访问连接。基于 VPN 的远程接入访问不仅能使用户随时随地以其所需的方式安全访问企业资源，而且和传统远程接入网相比，具有这样一些优点：①减少用于相关调制解调器和终端服务设备的资金及关联费用，简化网络；②实现拨号接入本地ISP，而不必长途拨号接入公司，将显著降低长途通信的费用；③良好的可扩展性，新用户加入调度简便；④远端验证拨入用户服务（RADIUS）基于标准，基于策略功能的安全服务；⑤减少管理、维护和操作拨号网络的人力成本，专注于公司的核心业务。

当然，要实现远程接入访问，远程用户终端必须要配备相应的 VPN 软件。这样，远程用户借助于相应的 VPN 软件可与远程任何一台主机或网络，在相同策略下利用公用通信网络设施实现远程 VPN 访问，如图 8-1 所示。VPN 的这种应用也称为 Access VPN 或访问型 VPN，这也最基本的 VPN 应用类型。

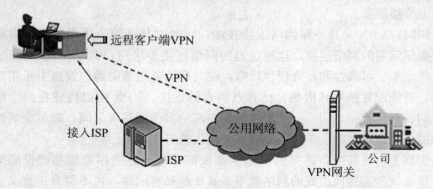

图 8-1　访问型 VPN 结构图

（2）内联网

内联网主要用于企业内部各分支机构的互联，基于 VPN 的内联网不仅能够为各分支机构提供便捷的安全通信，还能实现相互间基于策略的信息共享，杜绝未经授权的资源访问。比如，一个组织机构的总部或中心网络与跨地域的分支机构网络在公用通信基础设施上采用隧道技术和 IPSec 等 VPN 关键技术实现组织结构"内部"的虚拟专用网络，当它将组织所有权的 VPN 设备配置在各个分支机构网络与公用网络之间（即连接边界处）时，这样的内联网还具有管理上的自主控制、策略集中配置和分布式安全控制的安全特性。与传统内联网相比，基于 VPN 的内联网具有这样一些优势：①利用互联网，减少建立专用网络的费用；②拓扑结构灵活，甚至可以采用全互连结构；③互联网的全球互连性，使新的分支机构能更快、更容易地被连入企业内联网；④采用合适的网络拓扑，或利用互联网的冗余性，可以提高内联网的可用性。

　　利用 VPN 组建的内联网，也称为 Intranet VPN，是为了解决内联网结构安全和连接安全、传输安全的主要方法，其结构如图 8-2 所示。

图 8-2　Intranet VPN 结构图

（3）外联网

　　使用 VPN 技术在公用通信基础设施上将合作伙伴或有共同利益的主机或网络与内联网连接起来，根据安全策略、资源共享约定规则实施内联网内的特定主机和网络资源以及外部特定的主机和网络资源的相互共享。基于 VPN 的外联网，既可以向客户和合作伙伴提供快捷准确的信息服务，同时跟踪了解客户的最新需求，又可以保证自身内部网络的安全。基于 VPN 的外联网和基于 VPN 的内联网的网络架构极为相似，只是前者对于策略管理更为重要。同一外联网的两个的独立内联网通常由互联网连接，对于任一个内联网，其连接点只有一个且位于该内联网和互联网之间。在该连接点上部署着访问控制列表和针对不同客户和合作伙伴的严格的管理策略，为来自相关内联网的访问提供所需信息，同时禁止其对其他资源的访问。这种组建的外联网也称为 Extranet VPN，其结构如图 8-3 所示，是解决外联网结构安全和连接安全、传输安全的主要方法，当外联网 VPN 的连接和传输中使用了密码技术时，必须解决其中的密码分发和管理的一致性问题。

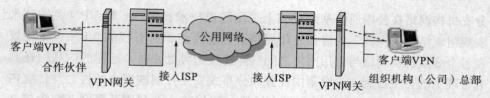

图 8-3 Extranet VPN 结构图

8.1.2 VPN 的关键安全技术

目前，VPN 主要采用 5 项技术来保证安全，这 5 项技术分别是隧道技术 (Tunneling)、加解密技术 (Encryption & Decryption)、密钥管理技术 (Key Management)、身份认证技术 (Authentication) 和访问控制技术 (Access Control)。后 4 种技术在本书的有关章节已得到详细介绍，这里只对隧道技术进行重点讨论。

隧道技术是将企事业网的数据封装在隧道中进行传输，按其拓扑结构分为点对点隧道和点对多隧道。点对多隧道，如距离－向量组播路由协议 (Distance-Vector Multicast Protocol)，只是为提高组播时的带宽利用率，适当扩弃点对点隧道的功能；而 VPN 中更多的是点对点通信，故这里主要讨论点对点隧道。

隧道由隧道两端的源地址和目的地址定义，叠加于 IP 主干网之上运行，为两端的通信设备（物理上不毗连）提供所需的虚拟连接。VPN 用户根据自身远程通信分布的特点，选择合适的隧道和节点组成 VPN，通过隧道传送的数据分组被封装（封装信息包括隧道的目的地址，可能包括隧道的源地址，这取决于所采用的隧道技术），来确保数据传送的安全。隧道技术不仅屏蔽了 VPN 所采用的分组格式和特殊地址，支持多协议业务传送（IPSec（IPsecurity）也可视为一种隧道技术，但需要适当扩展，以支持多协议业务），解决了 CRL 所存在的 VPN 地址冲突，而且可以很方便地支持 IP 流量管理，如 MPLS (Multi-Protocol Label Switching，多协议标记交换) 中基于策略的标记交换路径能够很好实现流量工程 (Trattic Engineering)。

目前存在多种隧道协议，可分为第二层和第三层隧道协议。第二层隧道协议包括：IP 封装 (IP Encapsulation)、点对点隧道协议 PPTP (Point-to-Point Tunneling Protocol)、第二层转发协议 L2F (Layer 2Forwarding)、第二层隧道协议 L2TP (Layer 2Tunneling Protocol)；第三层隧道协议包括：通用路由封装 GRE (Generic Routing Encapsulation)、IPSec (IP Security 存在两种工作模式，传输模式和隧道模式) 和 MPLS 等。

PPTP 是有 3COM 和 Microsoft 等公司开发的点对点隧道协议，也是第一个广泛使用来建立 VPN 的隧道协议。PPTP 是 PPP（点对点）协议的扩展，主要在认证、压缩和加密功能上做了许多扩展。PPTP 协议在一个已经存在的 IP 连接上封装 PPP 会话，将控制包和数据包分开，控制包采用 TCP 控制，用于严格的状态查询；数据包先封装在 PPP 协议中，然后封装到 GRE 协议（通用路由封装协议）中，用于在标准 IP 包中封装任何形式的数据包。这样，只要网络是连通的，就可以运行 PPTP 协议。

L2TP 定义了利用分组交换方式的公共网络基础设施（如 IP 网络、ATM 和帧中继网络）封装链路层 PPP（Point-to-Point Protocol，点对点协议）帧的方法。承载协议首选网络层的 IP 协议，也可以采用链路层的 ATM 或帧中继协议。L2TP 可以支持多种拨号用户协议，如 IP、IPX 和 Apple Talk，还可以使用保留 IP 地址。目前，L2TP 及其相关标准（如认证与计费）已经比较成熟，并且用户和运营商都可以运用 L2TP 组建基于 VPN 的远程接入网，因此国内外已经有不少运营商开展了此项业务。一般在实施中，运营商提供接入设备，客户提供网关设备（客户自己管理或委托运营商管理）。

IPSec 实际上是一套协议包而不是单个的协议，IPSec 是在 IP 网络上保证安全通信的开放标准框架，它在 IP 层提供数据源验证、数据完整性和数据保密性。其中比较重要的有 RFC2409 IKE（Internet Key Exchange）互连网密钥交换、RFC2401IPSec 协议、RFC2402AH（Authentication Header）验证包头、RFC2406ESP（Encapsulating Security Payload）加密数据等协议。IPSec 独立于密码学算法，这使得不同的用户群可以选择不同一套安全算法。

IPSec 主要由 AH（Authentication Header，认证头）协议，ESP（Encapsulating security Payload，封装安全载荷）协议以及负责密钥管理的 IKE（因特网密钥交换）协议组成。AH 为 IP 数据包提供无连接的数据完整性和数据源身份认证。数据完整性通过消息认证码（如 MD5、SHA1）产生的校验值来保证，数据源身份认证通过在待认证的数据中加入一个共享密钥来实现。ESP 为 IP 数据包提供数据的保密性（通过加密机制）、无连接的数据完整性、数据源身份认证以及防重防攻击保护。AH 和 ESP 可以单独使用，也可以配合使用，通过组合可以配置多种灵活的安全机制。密钥管理包括 IKE 协议和安全联盟 SA（Security Association）等部分。IKE 在通信双方之间建立安全联盟，提供密钥确定、密钥管理机制，是一个产生和交换密钥材料并协商 IPSec 参数的框架。IKE 将密钥协商的结果保留在 SA 中，供 AH 和 ESP 通信时使用。IPSec 工作模式支持传输模式和隧道模式，在公共 IP 网上建立私有 IP 的 VPN 就只能使用隧道模式。

MPLS 源于突破 IP 路由瓶颈的需要，融合 IP Switching 和 Tag Switching

等技术，跨越多种链路层技术，为无连接的 IP 层提供面向连接的服务。面向连接的特性，使 MPLS 自然支持 VPN 隧道，不同的标记交换路径组成不同的 VPN 隧道，有效隔离不同用户的业务。用户分组进入 MPLS 网络时，由特定入口路由器根据该分组所属的 VPN，标记（即封装）并转发该分组，经一系列标记交换，到达对应出口路由器，剔除标记、恢复分组并传送至目的子网。和其他隧道技术相比，MPLS 的封装开销很小，大大提高了带宽利用率。然而，基于 MPLS 的 VPN 还限于 MPLS 网络内部，尚未充分发挥 IP 的广泛互连性，这有待实现 MPLS 隧道技术与其他隧道技术的良好互通。

一项好的隧道技术不仅要提供数据传输通道，还应满足一些应用方面的要求。首先，隧道应能支持复用，节点设备的处理能力限制了该节点能支持的最大隧道数，复用（相当与 ATM 中的 VC(Virtual Circuit)/VP（Virtual Path）不仅能提高节点的可扩展性（可支持更多的隧道），部分场合下还能减少隧道建立的开销和延迟。L2TP、IPSec 和 MPLS 分别通过两个域（隧道标识和会话标识）、安全参数索引域和标记实现了复用功能。IETF 和 ATM 论坛联合制定了全球统一的 VPN 标识，结合使用 VPN 标识和隧道标识也可支持复用。其次，隧道还应采用一定的信令机制，好的信令不仅能在隧道建立时协调有关参数，而且可以显著降低管理负担。L2TP、IPSec 和 MPLS 分别通过 L2TP 控制协议、IKE（Internet Key Exchange，互联网密钥交换）协议和基于策略路由标记分发协议与针对标记交换路径隧道的资源保留协议扩展。此外，隧道技术还应支持帧排序和拥塞控制并尽力减少隧道开销等。

在下节中主要介绍基于 Windows Server 2000/2003 的 PPTP VPN 配置和 IPSec VPN 配置。

8.1.3　VPN 的配置示例

1. Windows 2000 环境下 PPTP VPN 的配置

在本配置示例中需要的设备和软件有：一台安装有 Windows Server 2000/2003 的服务器、两台安装有 Windows 2000/2003Professional 或 Windows XP Professional 的计算机，一台作为嗅探（sniffer）主机，另一台作为客户端；三台计算机通过 Hub 连接，以方便嗅探。具体连接如图 8-4 所示。

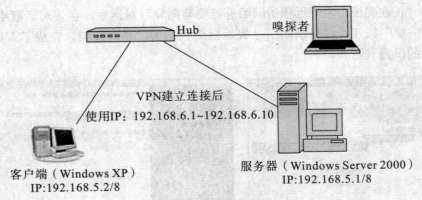

图 8-4 实验环境连接示意图

（1）VPN 服务器的设置

①选择执行"开始"→"所有程序"→"管理工具"→"路由和远程访问"，出现如图 8-5 所示的对话框。在该对话框中，鼠标右键单击"服务器状态"，在出现的菜单中，执行"添加服务器"命令，随后出现如图 8-6 所示的"添加服务器"对话框，在该对话框中，根据需要设置服务器。

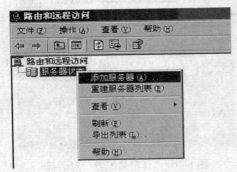

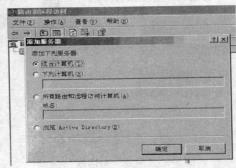

图 8-5 "路由和远程访问"对话框　　　图 8-6 "添加服务器"对话框

②配置 VPN 服务器。在安装有 Windows Server 2000/2003 的服务器中打开控制面板中的"管理工具"，然后打开"路由和远程访问"进入配置界面，如图 8-7 所示。

③在图 8-7 所示的对话框中，鼠标右键单击本地服务器（这里是 D_SERVER），选择"配置并启用路由和远程访问"菜单，随即会弹出"路由和远程访问服务器安装向导"对话框（图 8-8）；单击"下一步"按钮，显示如图 8-9 所示的"配置"对话框，在该对话框中，选择"自定义配置"单选按钮；单击"下一步"按钮，显示如图 8-10 所示的"自定义配置"对话框，在该对话框中，选择"VPN 访问"复选按钮；单击"下一步"按钮，显示如图 8-11 所

示的"正在完成路由和远程访问服务器安装向导"对话框,在该对话框中,单击"完成"按钮,在显示的信息提示框中框单击"是"按钮,完成了 VPN 服务器的设置(图 8-12)。

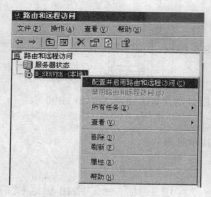

图 8-7 "路由和远程访问"
配置界面图

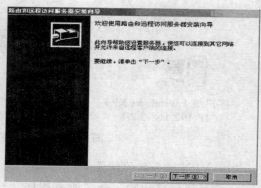

图 8-8 "路由和远程访问服务器
安装向导"对话框

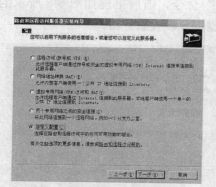

图 8-9 "配置"对话框

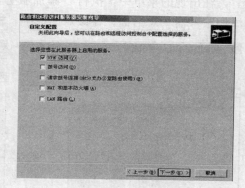

图 8-10 "自定义配置"对话框

图 8-11 "正在完成服务器
安装向导"对话框

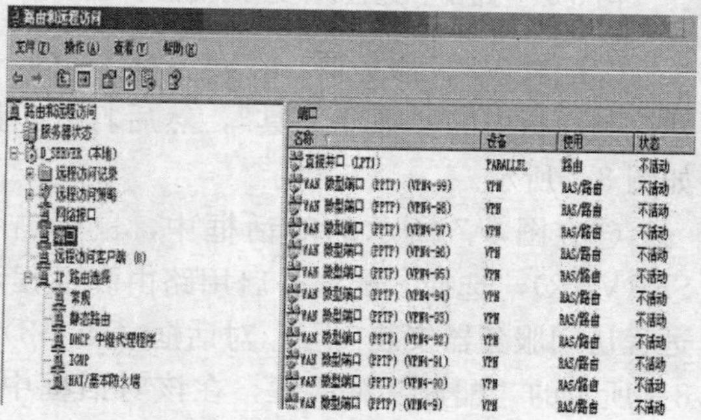

图 8-12 VPN 服务器配置完成对话框

（2）PPTP VPN 服务器设置

①在"路由和远程访问"对话框中，鼠标右键单击本地服务器（这里服务器名是 D＿SERVER），选择"配置并启用路由和远程访问"命令，随即会弹出"路由和远程访问服务器安装向导－Internet 连接"对话框。单击"下一步"按钮，在显示对话框中的公共设置中，选择"虚拟专用网络（VPN）服务器"，并单击"下一步"按钮。

②在随后出现对话框的"远程客户协议"中，由于我们只使用的是 TCP/IP 协议，直接单击"下一步"按钮；在随即出现的对话框中，单击"下一步"按钮跳过"Macintosh 客户身证"对话框；在出现的"路由和远程访问服务器安装向导－Internet 连接"对话框，选择"＜无 Internet 连接＞"，并单击"下一步"按钮；在随后出现的对话框中指定 IP 地址，根据预期的规划，选择"来自一个指定的地址范围"，并在 IP 地址范围中填入 192.168.5.1 和 192.168.5.10。

③单击"下一步"按钮，系统询问是否要管理多个远程访问的服务器，这里选择"不，我现在不想设置此服务器使用 Radius"，再单击"下一步"按钮，这样就完成了 PPTP 服务器的配置。

（3）设置有拨入权限的用户

①选择执行"开始"→"所有程序"→"管理工具"→"计算机管理"，在出现的"计算机管理"控制台的左边双击"本地用户合作"，展开后选择"用户"。

②直接对右边的"Administrator"权限进行开放的设置：右键单击"Administrator"，选择"属性"，在弹出的"Administrator 属性"对话框中选择"拨入"选项卡；然后在"远程访问权限（拨入或 VPN）"一栏中选择"允许访问"单选按钮，如图 8-13 所示；最后再单击"确定"按钮退出。至此，VPN 服务器的配置已全部完成，接下来是客户端的配置。

（4）本机（服务器）连接的测试

在远程连接到 VPN 服务器之前，最好先在 VPN 服务器的本机测试一下，测试过程如下：

①选择执行"开始"→"控制面板"→"网络连接"，在弹出的"网络连接"窗口中，选择菜单中的"文件"中的"新建连接"，此时将弹出"新建连接向导"对话框，单击"下一步"按钮，显示"网络连接类型"对话框。

②在"网络连接类型"对话框中选择"连接到到我的工作场所网络"，并单击"下一步"按钮，显示"网络连接"对话框（图 8-14）。

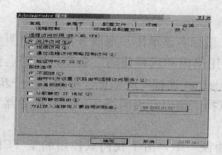

图 8-13 "Administrator 属性"对话框

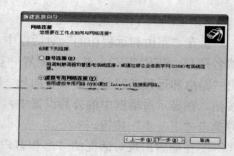

图 8-14 "网络连接"对话框

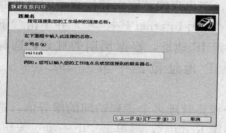

图 8-15 "连接名"对话框

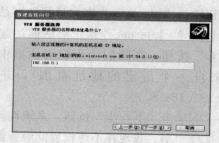

图 8-16 "VPN 服务器选择"对话框

③在"网络连接"对话框中，选择"虚拟专用网络连接"单选按钮，然后单击"下一步"按钮，显示"连接名"对话框（图 8-15）。

④在"连接名"对话框中输入公司名称（如填写"cuitzsb"），然后单击"下一步"按钮，显示"VPN 服务器选择"对话框（图 8-16）。

⑤在"VPN 服务器选择"对话框中填写服务器的 IP 地址，根据开始的约定此处 IP 为

192.168.5.1，然后单击"下一步"按钮，显示"正在完成新建连接向导"对话框（图 8-17）；再单击"完成"按钮，弹出"连接 cuitzsb"拨号窗口（图 8-18），此时输入你所在服务器所开放权限的用户名和密码，最后再单击"连接"按钮，完成服务器连接的测试。

图 8-17　"正在完成新建连接向导"对话框　　　图 8-18　"连接 cuitzsb"拨号窗口

注：为了更清楚地观察连接过程，可以使用 TCPView 软件来动态显示当前的活动端口的状态。通过观察服务器端口的变化，留意是哪些端口在提供相关服务，同时在嗅探机上开始嗅探功能，观察相关连接的变化。

⑥建立连接后，使用 ipconfig 命令，可以发现无论是客户机还是服务器均增加了一些连接，是否是新的连接用上了 192.168.6.x 的 IP 地址；在客户端 ping 192.168.6.1 地址，查看是否连接上了。（注：思考一下，若有其他机器在链路上进行嗅探，该 C/S 通信使用的 IP 地址是什么？到底是 192.168.5 网段还是 192.168.6 网段？可以在嗅探机上进行确认。）

2. Windows 2000 环境下 IPSec VPN 的配置

本例主要介绍的是基于 IPSec 的 VPN 中网关到网关的模拟环境配置步骤。其中地址均为假设的。在本配置示例中，需要的设备和软件：两台安装 Windows 2000Server 的 PC 机，分别安装两块网卡，在本例中称其为 A 机和 B 机，A 机所在私有地址段为 192.168.5.0/255.255.255.0，互联网端网卡 IP 地址为 202.1.1.1/255.255.255.0，B 机所在私有地址段为 192.168.6.0/255.255.255.0，互联网端网卡 IP 地址为 202.1.1.2/255.255.255.0，用一交叉网线直连 A、B 两机模拟互联网，另外一台内网 PC 机地址 192.168.6.2/255.255.255.0，称为 C 机。目的是通过 VPN 将两段内部网络互联。实验环境如图 8-19 所示。

IPSec 网关 A 机和 B 机需要配置的主要内容为：创建 IPSec 策略、定义 IPSec 筛选器列表（Filter List）、配置 IPSec 筛选器操作（Filter Action）和配置身份验证方法，具体步骤如下。

（1）A 机上的配置步骤

①创建 IPSec 策略。在 A 机上运行 IPSec 策略管理控制台：选择执行"开始"→"所有程序"→"管理工具"→"本地安全策略"，显示"本地安全设置"对话框；在"本地安全设置"对话框中右击"IP 安全策略，在本地机器"，

选择"创建 IP 安全策略",显示"欢迎使用'IP 安全策略向导'"对话框,单击"下一步"按钮;在出现的"IP 安全策略名称"对话框的"名称"文本框中输入命名所建的安全策略,比如"A 和 B 的安全通信",单击"下一步"按钮;在出现的"安全通讯请求"对话框中,清除"激活默认响应规则"复选框,单击"下一步"按钮;在出现的"正在完成 IP 安全策略向导"对话框中选中"编辑属性"复选框,单击"完成"按钮,出现"A 和 B 的安全通信属性"对话框。至此已创建名为"A 和 B 的安全通信"的 IP 安全策略,以下步骤为设置其属性。

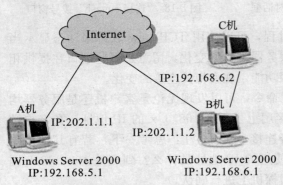

图 8-19　实验环境连接示意图

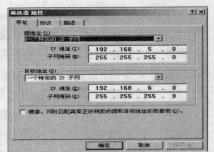

图 8-20　"A 到 B 的筛选器"
具体配置信息

②定义 IPSec 筛选器列表。在"A 和 B 的安全通信"属性框中,清除"使用添加向导"复选框,单击"添加"按钮,在出现的"新规则 属性"对话框中选择"IP 筛选器列表"选项卡;在"IP 筛选器列表"选项卡中命名筛选器,比如为"A 到 B 的筛选器",清除"使用添加向导"复选框,单击"添加"按钮,出现"筛选器属性"对话框;在"筛选器属性"对话框中的"寻址"选项卡中的"源地址"选择"一个特定的子网","目标地址"也选择"一个特定的子网",分别填上 IP 地址,清除"镜像"复选框,在"协议"标签中"选择协议类型"为"任意",如图 8-20 所示,单击"确定",再单击"关闭",至此已添加好名为"A 到 B 的筛选器"的筛选器。

③定义 IPSec 筛选器操作。在"新规则属性"对话框中,单击"IP 筛选器列表"标签,选中新建的"A 到 B 的筛选器",再单击"IP 筛选器操作"选项卡,清除"使用添加向导"复选框,单击"添加"按钮;在出现的"新筛选器操作属性"对话框中,选择"常规"选项卡;在出现的"常规"选项卡中的"名称"文本框中命名该操作,比如"A 和 B 筛选器操作";在"常规"选项卡中选择"安全措施"选项卡,单击"添加"按钮;在出现的"新增安全措施"

对话框中选择"自定义"单选框，单击"设置"按钮；在出现的"自定义安全措施设置"对话框中，设置 AH 完整性算法、ESP 完整性算法和加密算法，比如 AH 选 MD5，ESP 选 SHA1 和 3DES，单击"确定"按钮，再单击"确定"，出现如图 8-21 所示对话框，单击"确定"，至此已添加好名为"A 到 B 的筛选器操作"的筛选器操作。

　　④配置身份验证方法。身份验证方法定义在筛选器适用的通讯中需如何验证标识。双方都必须至少有一个通用身份验证方法，否则通讯将失败。Windows2000 提供 Kerberos、公钥证书、指定预共享密钥 3 种身份验证方法，使用 Kerberos 需合理设置 A、B 机之间的域关系，使用公钥证书需申请和安装相应证书，甚至需建立 CA（CertificationAuthority）中心，为简化起见，此处只介绍使用指定预共享密钥的身份验证方法配置步骤。在"新规则属性"对话框中，确保在"IP 筛选器列表"标签中选中"A 到 B 筛选器"，在"IP 筛选器操作"标签中选中"A 到 B 筛选器操作"，然后单击"身份验证方法"选项卡；在"身份验证方法"选项卡中单击"添加"按钮，选择"使用此字符串（预共享密钥）"单选框，输入"123456789"，单击"确定"。至此已配置好身份验证方法，如图 8-22 所示。

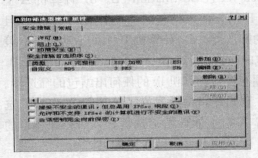

図 8-21　"筛选器操作属性"对话框　　　図 8-22　"身份验证方法属性"对话框

　　⑤设置隧道终点。在"编辑规则属性"对话框中，单击"隧道设置"选项卡；在"隧道设置"选项卡中选择"隧道终点有此 IP 地址指定"，并输入 B 机互联网端地址 202.1.1.2，如图 8-23 所示。

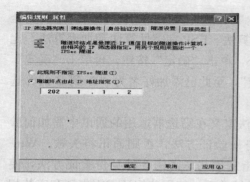

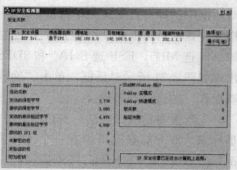

图 8-23　设置隧道终点界面　　　　图 8-24　在 B 机上打开的 IP 安全
　　　　　　　　　　　　　　　　　　　　　　监控工具窗口信息

⑥配置入站筛选器。IPSec 需要在筛选器列表中指定的计算机之间同时有入站和出站筛选器。入站筛选器适用于传入的通讯，并允许接收端的计算机响应安全通讯请求；或者按照 IP 筛选器列表匹配通讯。出站筛选器适用于传出的通讯，并触发一个在通讯发送之前进行的安全协商。例如，如果计算机 A 要与计算机 B 安全地交换数据：a）计算机 A 上的活动 IPSec 策略必须有针对计算机 B 的任何出站包的筛选器。Source＝A 且 Destination＝B。b）计算机 A 上的活动 IPSec 策略必须有针对计算机 B 的任何入站包的筛选器。Source＝B 且 Destination＝A。每方都必须有反向的筛选器：a）计算机 B 上的活动 IPSec 策略必须有针对计算机 A 的任何入站包的筛选器。Source＝A 且 Destination＝B。b）计算机 B 上的活动 IPSec 策略必须有针对计算机 A 的任何出站包的筛选器。Source＝B 且 Destination＝A。因此，至此还只是设置好了 A 机上的出站筛选器，还需在 A 机按 2 至 5 的步骤设置 A 机上的入站筛选器，只需将源和目的 IP 子网地址互换，且此时的隧道终点 IP 地址为 202.1.1.1 即可。

（2）B 机上的配置步骤

完全按在 A 机的配置过程，在 B 机上做同样配置，只需注意源和目的 IP 子网地址及隧道终点 IP 地址不要设置混淆即可。

（3）测试 IPSec 策略

按要求分别在 A、B 两机配置好 IPSec 策略后，需测试其是否正常工作，在测试前需将 A、B 两机配置成路由器，并起用 IP 路由功能，以在两网卡间路由 IP 包（起用方法在"管理工具"中的"路由和远程访问"工具中起用）。同时需在 A 机上添加到 B 机所在内网段的路由项，在 B 机上添加到 A 机所在内网段的路由项。在做好这些准备工作后，IPSec 策略测试步骤如下：

①运行 IPSec 策略管理控制台，在左边窗口选择"IP 安全策略，在本地机器"，在右边窗口出现创建的名为"A 和 B 的安全通信"的 IPSec 策略，右击

"A 和 B 的安全通信",选择"指派",则其"策略已指派"栏由"否"变为"是"。在 A、B 两机上均需做此操作。

②在 C 机上打开命令窗口,做 PING 操作(即 ping-t192.168.5.1)。该操作中源和目的 IP 地址匹配我们在 A、B 两机上设置的筛选器,其将触发 B、A 之间的安全通信。

③在 B 机上打开 IP 安全监控工具(方法:选择执行"开始"→"运行"→ipsecmon"即可)。

此时在其窗口上可看到目前在用 A、B 机之间建立的 SA 详细信息及发送和接收的身份验证字节数和加密的字节数等(图 8-24)。

8.2　虚拟局域网(VLAN)技术

8.2.1　VLAN 技术简介

VLAN (Virtual Local Area Network),又称虚拟局域网,是指网络中的站点不拘泥于所处的物理位置(即由位于不同物理局域网段的设备组成),而可以根据需要灵活地加入不同的逻辑子网中的一种网络技术。虽然 VLAN 所连接的设备来自不同的网段,但是相互之间可以进行直接通信,好像处于同一网段中一样,由此得名虚拟局域网。

VLAN 的主要作用有两点:一是提高网络的安全性,阻止未经授权的 VLAN 访问;二是提高网络传输效率,将广播隔离在子网内。因此,VLAN 在网络安全性和稳定性等方面都起着非常重要的作用。相比较传统的局域网布局,VLAN 技术更加灵活,具有以下优点:

①控制广播风暴。一个 VLAN 就是一个逻辑广播域,通过对 VLAN 的创建,隔离了广播,缩小了广播范围,可以控制广播风暴的产生。

②提高网络整体安全性。通过路由访问列表和 MAC 地址分配等 VLAN 划分原则,可以控制用户访问权限和逻辑网段大小,将不同用户群划分在不同 VLAN,从而提高交换式网络的整体性能和安全性。

③降低移动和管理成本。由于 VLAN 的成员与其物理位置无关,既可以连接至同一台交换机,也可以连接至不同的交换机;当需要把一台计算机从一个子网转移到另一个子网时,迁移工作将只是由网络管理员在网络管理计算机上重新定义 VLAN 中成员就可以完成。

④网络监督和管理的自动化。由于网络管理员可以通过网管软件查到 VLAN 间、VLAN 内通信和应用数据报的细目分类信息,而这些信息对于确定路由系统和经常遭到访问拒绝的服务器的最佳配置非常有用。因此,通过划

分 VLAN，可以使网络管理变得更加简单、轻松、有效。

为了创建虚拟网络，通常需要对已有的网络拓扑结构进行相应的调整。实现（或划分）虚拟局域网主要途径有：基于端口、基于 MAC 地址（网卡的硬件地址）、基于 IP 地址、IP 组播划分和基于规则的 VLAN。

(1) 基于端口的 VLAN

基于端口的 VLAN 是最实用的 VLAN，它保持了最普通常用的 VLAN 成员定义方法，配置也相当直观简单，就局域网中的站点具有相同的网络地址，不同的 VLAN 之间进行通信需要通过路由器。采用这种方式的 VLAN 其不足之处是灵活性不好。例如，当一个网络站点从一个端口移动到另外一个新的端口时，如果新端口与旧端口不属于同一个 VLAN，用户必须对该站点重新进行网络地址配置；否则，该站点将无法进行网络通信。基于端口的 VLAN 的每个交换端口可属于一个或多个 VLAN 组，比较适用于连接服务器。

(2) 基于 MAC 地址的 VLAN

在基于 MAC 地址的 VLAN 中，交换机对站点的 MAC 地址和交换机端口进行跟踪，在新站点入网时根据需要将其划归至某一个 VLAN，而无论该站点在网络中怎样移动，由于其 MAC 地址保持不变，因此用户不需要进行网络地址的重新配置。这种 VLAN 技术的不足之处是在站点入网时，需要对交换机进行比较复杂的手工配置，以确定该站点属于哪一个 VLAN。

(3) 基于 IP 地址的 VLAN

在基于 IP 地址的 VLAN 中，新站点在入网时无需进行太多配置，交换机则根据各站点网络地址自动将其划分成不同的 VLAN。基于 IP 地址的 VLAN 智能化程度较高，但实现起来也最复杂。

(4) 根据 IP 组播划分的 VLAN

IP 组播实际上也是一种 VLAN 的定义，即认为一个组播组就是一个 VLAN，这种划分的方法将 VLAN 扩大到了广域网，因此这种方法具有更大的灵活性，而且也很容易通过路由器进行扩展，当然这种方法不适合局域网，主要是效率不高。

(5) 基于规则的 VLAN

基于规则的 VLAN 也称为基于策略的 VLAN。这是最灵活的 VLAN 划分方法，具有自动配置的能力，能够把相关的用户连成一体，在逻辑划分上称为"关系网络"。网络管理员只需在网管软件中确定划分 VLAN 的规则（或属性），那么当一个站点加入网络中时，将会被"感知"，并被自己地包含进入正确的 VLAN 中。同时，对站点的移动和改变也可自动识别和跟踪。采用本方法，整个网络可以非常方便地通过路由器扩展网络规模。有的产品还支持一个端口上的主机分别属于不同的 VLAN，这在交换机与共享式 Hub 共存的环境中显得尤为重要。自动配置 VLAN 时，交换机中软件自动检查进入交换机端口的广播信息的 IP 源地址，然后软件自动将这个端口分配给一个由 IP 子网映射成的 VLAN。

以上划分 VLAN 的方式中，基于端口的 VLAN 端口方式建立在物理层上；MAC 方式建立在数据链路层上；网络层和 IP 广播方式建立在第三层上。

8.2.2　VLAN 配置示例

1. 三层交换机上的 VLAN 配置

前面对 VLAN 的有关知识作了一些简单介绍，本节主要对 VLAN 子网划分的主要网络设备——三层交换机（二层交换机可用来部署基于端口的 VLAN）的 VLAN 配置方法进行介绍。典型的 LAN 通常是由一台具备三层交换功能的核心交换机连接几台分支交换机（不一定具有三层交换能力）。假设核心交换机名称为：cuit；分支交换机分别为：par1、par2、par3、……，分别通过 port1 的光线模块与核心交换机相连；并且假设 VLAN 名称分别为 Counter、Market、Managing……

在一个快速一太网中，典型的 VLAN 配置一般需要以下几个步骤：①设置 VTP（VLAN Trunk Protocol，VLAN 干道协议）域（核心、分支交换机上都设置）；②配置中继链路（Trunk）协议（核心、分支交换机上都设置）；③创建 VLAN（在 Server 上设置）组；④将交换机端口划入 VLAN；⑤配置三层交换端口。

（1）设置 VTP 域（VTP Domain）

VTP 是一个在交换机只同步及传递 VLAN 配置信息的协议，为每个设备（路由器或交换机）在中继端口（Trunk Ports）通过广播组播地址（这些组播地址中包含了发送设备的管理域、配置修订号、已知 VLAN 及已知 VLAN 的确定参数），使所有相邻设备接收信息。通过监听这些广播，相同管理域中的所有设备都可以学习到发送设备上配置的新 VLAN，新 VLAN 也只需要在管理域内的一台设备上建立和配置 VTP。这样，信息就会自动被相同管理域内的其他设备识别和学习。

VTP 具有 3 种版本：VTP1 和 VPT2 没有什么差别，VPT2 支持令牌环 VLANs，而 VPT1 不支持；VPT3 不直接处理 VLAN 事务，它只负责管理域内不透明数据库的分配任务，但 VPT3 与前两个版本相比，具有支持扩展的 VPN、支持专用 VLAN 的创建、提供服务器的认证、避免出错的数据库进入 VTP 域、能与 VPT1 和 VPT2 进行交互、支持每个端口的配置和支持传播

VLAN 数据库和其他类型数据库等功能。

VPT 具有 3 种工作模式：Server 模式（允许创建、修改、删除 VLAN 及其他一些对整个 VTP 域的配置参数，保持与本 VPT 域中其他交换机传来的最新 VLAN 信息同步）、Client 模式（在该模式下，一台交换机不能创建、修改、删除 VLAN 配置，也不能在 NVRAM 中存储 VLAN 配置，但可以同步由本 VTP 域中其他交换机传来的 VLAN 信息）和 Transparent 模式（可以创建、修改、删除，也可以传递 VTP 域中其他交换机传送来的 VTP 广播信息，但并不参与本 VTP 域的同步和分配，也不将自己的 VLAN 配置传送给本 VTP 域中的其他交换机，即是说它的 VLAN 配置只影响到它自己）。

采用 Server 模式的通常只有核心交换机。分支交换机通常配置为 Client 模式，它们都是从核心交换机中获取 VTP 信息的。但交换机在默认情况下是 Server 模式，改变 Client 模式的语句格式为：set vtp domain cisco mode client（注：具体配置语句因不同型号的交换机可能有所不同，本语句的交换机是 Cisco）。

在配置 VLAN 子网前，首先分配 VTP 域名，在相同管理域内的交换机可以通过 VTP 协议互相分享 VTP 的有关信息。下面是交换机的 VTP 配置步骤：

cuit＃vlan database＃进入 vlan 配置模式

cuit(vlan)＃vtp domain com＃设置 vtp 管理域名称 com

cuit(vlan)＃vtp server＃设置交换机为服务器模式

par1＃vlan database＃进入 vlan 配置模式

par1(vlan)＃vtp domain cuit＃设置 vtp 管理域名称 com

par1(vlan)＃vtp client＃设置交换机为客户端模式

par2＃vlan database＃进入 vlan 配置模式

par2(vlan)＃vtp domain cuit＃设置 vtp 管理域名称 cuit

par2(vlan)＃vtp client＃设置交换机为客户端模式

par3＃vlan database＃进入 vlan 配置模式

par3(vlan)＃vtp domain cuit＃设置 vtp 管理域名称 cuit

par3(vlan)＃vtp client＃设置交换机为客户端模式

（2）配置中继链路（Trunk）协议

假若分支交换机较多，为了保证管理域能覆盖所有的分支交换机，必须配置中继链路（Trunk）协议。若网络比较简单，VLAN 网段较少，那么可以省略该步骤。

Cisco 交换机能够支持任何介质作为中继链路（中继线），为了实现链路中继，可以使用其特有的 ISL 标签。ISL（Inter-Switch Link）是一个在交换机之间、交换机与路由器之间及交换机与服务器之间传递多个 VLAN 信息及 VLAN 数据流的协议，通过在交换机直接相连的端口配置 ISL 封装，即可跨越交换机进行整个网络的 VLAN 分配和进行配置。

在核心交换机端需要作如下配置：

cuit(config)#interface gigabitethernet 2/1#进入第 2 号模块的第 1 个千兆以太网端口

cuit(config-if)#switchport#切换端口

cuit(config-if)#switchport trunk encapsulation isl#切换端口中继封装方式为 ISL

cuit(config-if)#switchport mode trunk#切换端口中继模式

cuit(config)#interface gigabitethernet 2/2

cuit(config-if)#switchport

cuit(config-if)#switchport trunk encapsulation isl#切换端口中继封装方式为 ISL

cuit(config-if)#switchport mode trunk

cuit(config)#interface gigabitethernet 2/3

cuit(config-if)#switchport

cuit(config-if)#switchport trunk encapsulation isl#切换端口中继封装方式为 ISL

cuit(config-if)#switchport mode trunk

在分支交换机端需要作如下配置：

par1(config)#interface gigabitethernet 0/1#进入第 0 号模块的第 1 个千兆以太网端口

par1(config-if)#switchport mode trunk#切换端口中继模式

par2(config)#interface gigabitethernet 0/1

par2(config-if)#switchport mode trunk

par3(config)#interface gigabitethernet 0/1

par3(config-if)#switchport mode trunk

……

　　至此，管理域的中继链路设置就完成了，但这些都只是配置 VLAN 的最基础工作。需要说明的是：VTP 只在使用 ISL、LANE 和 802.10 协议的中继口上传输，所以应在两个交换机之间定义哪个端口作为中继端口（Trunk port），在使用 ISL 协议时中继用于 Fast Ethernet 和 Gigabit Ethernet 端口；IEEE 802.10 协议中的中继只用于 FDDI/CDDI 端口；而 LAN Emulation（LANE）协议中的中继用于 ATM 端口。

　　(3) 创建 VLAN 组

　　要配置 VLAN，首先要做的就是创建不同的 VLAN 组。一旦建立了管理域，就可以创建 VLAN 了。创建 VLAN 组也是在核心交换机上进行的，这是因为只有核心交换机才具有 VLAN 协议。创建 VLAN 的命令格式为：

vlan "vlan 号" name "vlan 名称"

cuit(vlan)#vlan 10name counter#创建了一个编号为 10 名字为 Counter 的 VLAN

cuit(vlan)#vlan 11name market#创建了一个编号为 11 名字为 Market 的 VLAN

cuit(vlan)#vlan 12name managing#创建了一个编号为 12 名字为 Managing 的 VLAN

……

（4）将交换机端口划入 VLAN

VLAN 创建好后，还应该与分支交换机的某个端口进行对应。例如，要将 PAR1，PAR2，PAR3，…分支交换机的所有 1 号端口划入 Counter Vlan，所有 2 号端口划入 Market Vlan，所有 3 号端口划入 Managing Vlan，…。这时就应在交换机上进行如下配置（注：具体在哪台交换机上配置，可参见命令"♯"前面的提示符，如 PAR2 就是指在名为 PAR2 的分支交换机上配置了）。

PAR1(config)♯interface fastEthernet 0/1♯进入第 0 号模块的第 1 个快速以太网端口
PAR1(config-if)♯switchport access vlan 10♯划分该端口为 Counter VLAN 网段
PAR1(config)♯interface fastEthernet 0/2♯进入第 0 号模块的第 2 个快速以太网端口
PAR1(config-if)♯switchport access vlan 11♯划分该端口为 Market VLAN 网段
PAR1(config)♯interface fastEthernet 0/3♯进入第 0 号模块的第 3 个快速以太网端口
PAR1(config-if)♯switchport access vlan 12♯划分该端口为 Managing VLAN 网段
PAR2(config)♯interface fastEthernet 0/1♯进入第 0 号模块的第 1 个快速以太网端口
PAR2(config-if)♯switchport access vlan 10♯划分该端口为 Counter VLAN 网段
PAR2(config)♯interface fastEthernet 0/2♯进入第 0 号模块的第 2 个快速以太网端口
PAR2(config-if)♯switchport access vlan 11♯划分该端口为 Market VLAN 网段
PAR2(config)♯interface fastEthernet 0/3♯进入第 0 号模块的第 3 个快速以太网端口
PAR2(config-if)♯switchport access vlan 12♯划分该端口为 Managing VLAN 网段
PAR3(config)♯interface fastEthernet 0/1♯进入第 0 号模块的第 1 个快速以太网端口
PAR3(config-if)♯switchport access vlan 10♯划分该端口为 Counter VLAN 网段
PAR3(config)♯interface fastEthernet 0/2♯进入第 0 号模块的第 2 个快速以太网端口
PAR3(config-if)♯switchport access vlan 11♯划分该端口为 Market VLAN 网段
PAR3(config)♯interface fastEthernet 0/3♯进入第 0 号模块的第 3 个快速以太网端口
PAR3(config-if)♯switchport access vlan 12♯划分该端口为 Managing VLAN 网段

至此，VLAN 的划分已基本完毕。但 VLAN 间如何实现三层交换呢？

（5）配置三层交换端口

前面 VLAN 的划分已完成，但 VLAN 间如何实现三层（网络层）交换呢？这时就要给各 VLAN 分配网络（IP）地址了。给 VLAN 分配 IP 地址分两种情况：一是给 VLAN 所有的节点分配静态 IP 地址；二是给 VLAN 所有的节点分配动态 IP 地址。下面就这两种情况分别介绍。

假设给 VLAN Counter 分配的接口 IP 地址为 172.16.58.1/24，网络地址为 172.16.58.0，VLAN Market 分配的接口 IP 地址为 172.16.59.1/24，网络地址为 172.16.59.0，VLAN Managing 分配的接口 IP 地址为 172.16.60.1/24，网络地址为 172.16.60.0……如果动态分配 IP 地址，则设网络上的 DHCP 服务器 IP 地址为 172.16.1.11。

①给 VLAN 所有的节点分配静态 IP 地址。首先在核心交换机上分别设置

各 VLAN 的接口 IP 地址，如下所示：

CUIT(config)#interface vlan 10#进入 Counter VLAN 组所用端口

CUIT(config-if)#ip address 172.16.58.1255.255.255.0#配置 Counter VLAN 接口的 IP 地址

CUIT(config)#interface vlan 11#进入 Market VLAN 组所用端口

CUIT(config-if)#ip address 172.16.59.1255.255.255.0#配置 Market VLAN 接口 I 的 IP 地址

CUIT(config)#interface vlan 12#进入 Managing VLAN 组所用端口

CUIT(config-if)#ip address 172.16.60.1255.255.255.0#配置 Managing VLAN 接口的 IP 地址

……

再在各接入 VLAN 的计算机上设置与所属 VLAN 的网络地址一致的 IP 地址，并且把默认网关设置为该 VLAN 的接口地址（在相应的 Windows 系统的网络属性上配置）。这样，所有的 VLAN 也可以互访了。

②给 VLAN 所有的节点分配动态 IP 地址。首先在核心交换机上分别设置各 VLAN 接口和 DHCP 服务器的 IP 地址，如下所示：

CUIT(config)#interface vlan 10#进入 Counter VLAN 组所用端口

CUIT(config-if)#ip address 172.16.58.1255.255.255.0#配置 Counter VLAN 接口的 IP 地址

CUIT(config-if)#ip helper-address 172.16.1.11#设置 DHCP Server 的 IP 地址

CUIT(config)#interface vlan 11#进入 Market VLAN 组所用端口

CUIT(config-if)#ip address 172.16.59.1255.255.255.0#配置 Market VLAN 接口 I 的 IP 地址

CUIT(config-if)#ip helper-address 172.16.1.11#设置 DHCP Server 的 IP 地址

CUIT(config)#interface vlan 12#进入 Managing VLAN 组所用端口

CUIT(config-if)#ip address 172.16.60.1255.255.255.0#配置 Managing VLAN 接口的 IP 地址

CUIT(config-if)#ip helper-address 172.16.1.11#设置 DHCP Server 的 IP 地址

……

再在 DHCP 服务器上设置网络地址分别为 172.16.58.0，172.16.59.0，172.16.60.0 的作用域，并将这些作用域的"路由器"选项设置为对应 VLAN 的接口 IP 地址。这样，可以保证所有的 VLAN 也可以互访了。最后在接入 VLAN 的计算机进行网络设置，将 IP 地址选项设置为自动获得 IP 地址即可。

2. VLAN 配置实例

为了更进一步学习 VLAN 配置，下面介绍典型的、按端口划分的中型局域网 VLAN 配置方法。此配置不涉及前面介绍的链路中继（Trunk）协议，因此不需要 VTP 设置，非常适合初学者学习。本配置实例中，假设某公司有 100 台计算机左右，主要使用网络的部门有：生产部（20）、财务部（15）、人事部（8）和信息中心（12）4 大部分，如图 8-25 所示。

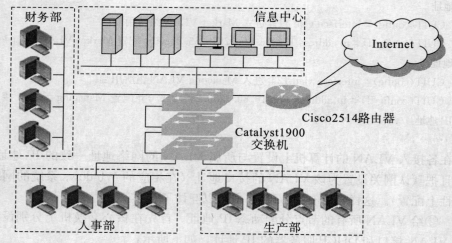

图 8-25　配置实例网络结构示意图

网络基本结构为：整个网络中干部分采用 3 台 Catalyst 1900 网管型交换机（分别命名为：Switch1、Switch2 和 Switch3，各交换机根据需要下接若干个集线器，主要用于非 VLAN 用户，如行政文书、临时用户等）、一台 Cisco 2514 路由器，整个网络都通过路由器 Cisco 2514 与外部互联网进行连接。所连的用户主要分布于 4 个部分，即：生产部、财务部、信息中心和人事部。主要对这 4 个部分用户单独划分 VLAN，以确保相应部门网络资源不被盗用或破坏。

通过 VLAN 的划分，可以把公司主要网络划分为：生产部、财务部、人事部和信息中心 4 个主要部分，对应的 VLAN 组名为：Prod、Fina、Huma、Info，各 VLAN 组所对应的网段如表 8-1 所示（注：之所以把交换机的 VLAN 号从"2"号开始，那是因为交换机有一个默认的 VLAN，那就是"1"号 VLAN，它包括所有连在该交换机上的用户）。

表 8-1　各 VLAN 组所对应的网段

VLAN 号	VLAN 名	端口号
2	Pord	Switch12~21
3	Fina	Switch22~16
4	Huma	Switch32~9
5	Info	Switch410~21

VLAN 的配置过程其实非常简单，只需两步：①为各 VLAN 组命名；②把相应的 VLAN 对应到相应的交换机端口。下面是具体的配置过程。

（1）VLAN 的创建

根据端口划分 VLAN 级的步骤如下（需要说明的是：不同型号的交换机的配置方法有所不同，具体请参见相应的交换机说明文档或手册或说明书）：

第 1 步：设置好超级终端，连接上 1900 交换机，通过超级终端配置交换机的 VLAN，连接成功后出现如下所示的主配置界面（交换机在此之前已完成了基本信息的配置）：

1user(s)now active on Management Console.

User Interface Menu

[M] Menus[K] Command Line

[I] IP Configuration Enter Selection：

注：超级终端是利用 Windows 系统自带的"超级终端"（Hypertrm）程序进行的，具体参见有关资料。

第 2 步：单击"K"按键，选择主界面菜单中"［K］Command Line"选项，进入如下命令行配置界面：

CLI session with the switch is open.

To end the CLI session, enter [Exit].

此时我们进入了交换机的普通用户模式，就像路由器一样，这种模式只能查看现在的配置，不能更改配置，并且能够使用的命令很有限，所以必须进入"特权模式"。

第 3 步：在上一步">"提示符下输入进入特权模式命令"enable"，进入特权模式，命令格式为">enable"，此时就进入了交换机配置的特权模式提示符：

#config t

Enter configuration commands,one per line. End with CNTL/Z

(config)#

第 4 步：为了安全和方便起见，我们分别给这 3 个 Catalyst 1900 交换机起个名字，并且设置特权模式的登陆密码。下面仅以 Switch1 为例进行介绍。配置代码如下：

(config)#hostname Switch1

Switch1(config)#enable password level 15XXXXXX

Switch1(config)#

注：特权模式密码必须是 4~8 位字符，且这里所输入的密码是以明文形式直接显示的，要注意保密。交换机用 level 级别的大小来决定密码的权限。

Level1 是进入命令行界面的密码，也就是说，设置了 level1 的密码后，下次连上交换机，并输入 K 后，就会让你输入密码，这个密码就是 level1 设置的密码。而 level15 是你输入了"enable"命令后让你输入的特权模式密码。

第 5 步：设置 VLAN 名称。因 4 个 VLAN 分属于不同的交换机，VLAN 命名的命令为" vlanvlan 号 name vlan 名称"，在 Switch1、Switch2、Switch3、交换机上配置 2、3、4、5 号 VLAN 的代码为：

```
Switch1(config)#vlan 2name Prod
Switch2(config)#vlan 3name Fina
Switch3(config)#vlan 4name Huma
Switch3(config)#vlan 5name Info
```

注：以上配置是按表 8−1 规则进行的。

第 6 步：上一步我们对各交换机配置了 VLAN 组，现在要把这些 VLAN 对应于表 8-1 所规定的交换机端口号。对应端口号的命令是"vlan-membership static/ dynamic VLAN 号"。在这个命令中， "static（静态）"和"dynamic（动态）"分配方式两者必须选择一个，不过通常都是选择"static（静态）"方式。

（2）VLAN 的端口号的应用配置

VLAN 端口号的具体应用配置步骤如下：

①名为"Switch1"的交换机的 VLAN 端口号的配置代码如下：

```
Switch1(config)#int e0/2#进入第 0 号模块的第 2 个端口
Switch1(config-if)#vlan-membership static 2#配置相应的端口对应的 VLAN2
Switch1(config-if)#int e0/3
Switch1(config-if)#vlan-membership static 2
Switch1(config-if)#int e0/4
Switch1(config-if)#vlan-membership static 2
……
Switch1(config-if)#int e0/20
Switch1(config-if)#vlan-membership static 3
Switch1(config-if)#int e0/21
Switch1(config-if)#vlan-membership static 3
Switch1(config-if)#
```

注：int 是 interface 命令缩写，是接口的意思。e0/2 是 ethernet 0/2 的缩写，代表交换机的 0 号模块 2 号端口。

②名为"Switch2"的交换机的 VLAN 端口号配置代码如下：

```
Switch2(config)#int e0/2
Switch2(config-if)#vlan-membership static 3
```

```
Switch2(config-if)＃int e0/3
Switch2(config-if)＃vlan-membership static 3
Switch2(config-if)＃int e0/4
Switch2(config-if)＃vlan-membership static 3
......
Switch2(config-if)＃int e0/15
Switch2(config-if)＃vlan-membership static 3
Switch2(config-if)＃int e0/16
Switch2(config-if)＃vlan-membership static 3
Switch2(config-if)＃
```

③名为"Switch3"的交换机的 VLAN 端口号配置代码如下（它包括两个VLAN 组的配置）：

VLAN 4（Huma）的配置代码：

```
Switch3(config)＃int e0/2
Switch3(config-if)＃vlan-membership static 4
Switch3(config-if)＃int e0/3
Switch3(config-if)＃vlan-membership static 4
Switch3(config-if)＃int e0/4
Switch3(config-if)＃vlan-membership static 4
......
Switch3(config-if)＃int e0/8
Switch3(config-if)＃vlan-membership static 4
Switch3(config-if)＃int e0/9
Switch3(config-if)＃vlan-membership static 4
Switch3(config-if)
```

VLAN5（Info）的配置代码：

```
Switch3(config)＃int e0/10
Switch3(config-if)＃vlan-membership static 5
Switch3(config-if)＃int e0/11
Switch3(config-if)＃vlan-membership static 5
Switch3(config-if)＃int e0/12
Switch3(config-if)＃vlan-membership static 5
......
Switch3(config-if)＃int e0/20
Switch3(config-if)＃vlan-membership static 5
Switch3(config-if)＃int e0/21
Switch3(config-if)＃vlan-membership static 5
```

Switch3(config-if)#

至此，已经按表 8-1 要求把 VLAN 都定义到了相应交换机的端口上了。为了验证我们的配置，可以在特权模式使用"show vlan"命令显示出刚才所做的配置，检查一下是否正确。

需要说明的是：以上是就 Cisco Catalyst 1900 交换机的 VLAN 配置进行的介绍，其他交换机的 VLAN 配置方法基本类似，参照有关交换机说明书即可。

8.3 专用虚拟局域网（PVLAN）技术

8.3.1 PVLAN 技术简介

1. PVLAN

随着网络应用技术的迅速发展，用户对于网络数据通信的安全性提出了更高的要求，诸如防范黑客攻击、控制病毒传播等，都要求保证网络用户通信的相对安全性。传统的解决方法是给每个客户分配一个 VLAN 和相关的 IP 子网，通过使用 VLAN，每个客户被从第 2 层隔离开，可以防止任何恶意的行为和 Ethernet 的信息探听。但是，这种分配给每个客户单一 VLAN 和 IP 子网的模型造成了巨大的可扩展方面的局限。这些局限主要表现在：①VLAN 的限制（交换机固有的 VLAN 数目的限制，导致企业网络不能划分太多的 VLAN，限制了网络的应用）；②复杂的 STP（对于每个 VLAN，每个相关的 Spanning Tree 的拓扑都需要管理，导致管理复杂繁琐）；③IP 地址的紧缺（IP 子网的划分势必造成一些 IP 地址的浪费，加上 IP 地址资源紧张，使 IP 地址的分配变得更加困难）；④路由的限制（每个子网都需要相应的默认网关的配置，管理起来非常麻烦，而且增加了路由的负担，影响了网络传输效率）。

针对以上局限性，现在有人提出了一种新的 VLAN 机制，即所有服务器在同一个子网中，但服务器只能与自己的默认网关通信。这一新的 VLAN 就是 PVLAN（Private VLAN）。采用 PVLAN 技术，使得同一 PVLAN 内的计算机彼此相互隔离（虽然它们位于同一 IP 地址段，拥有相同的子网掩码和默认网关，却无法实现彼此之间的通信），能保证接入网络的数据通信的安全。一个 PVLAN 不需要多个 VLAN 和 IP 子网掩码，就能提供具备第二层数据通信的安全连接，用户也只需与自己的默认网关连接。若所有的用户都接入 PVLAN，就可以实现所有用户与默认网关的连接，而与 PVLAN 内的其他用户没有任何访问。因此，PVLAN 能保证同一个 VLAN 中的各个端口互相之间不能通信（但是可以穿过 Trunk 端口），即使同一个 VLAN 中的用户，相互之间也不能受到广播的影响。

2. PVLAN 端口

在 PVLAN 中，交换机的端口有 3 种类型：①Promiscuous（混合）：Promiscuous 端口可以与所有接口通信，包括同一个 PVLAN 内的 isolated 和 Community 端口；②isolated（隔离）：同一个 PVLAN 内的 isolate 端口与其他端口在二层相互隔离，但仍可以与 Promiscuous 端口通信；③Community（共用体）：Community 端口可以彼此之间以及与 Promiscuous 端口进行通信，这些端口与其他 PVLAN 内的 Promiscuous 端口或 isolated 端口在二层被隔离，相互之间不能进行通信。

Community 端口属于 Community PVLAN，isolated 端口属于 isolated PVLAN，而代表一个 PVLAN 整体的是 PVLAN，前两类 PVLAN 必须和它绑定在一起，同时还包括 Promiscuous 端口。在 isolated PVLAN 中，isolated 端口只能和 Promiscuous 端口通信，彼此不能交换信息；在 Community PVLAN 中，Community 端口不仅可以和 Promiscuous 端口通信，还可以彼此交换信息。Promiscuous 端口与路由器或第三层交换机接口相连，它收到的信息可以发送到 Community 端口和 isolated 端口。

3. PVLAN 域

PVLAN 可以将正常的 VLAN 域划分为若干子域，子域分（表现）为 VLAN 对：Primary VLAN 和 Secondary VLAN。PVLAN 也可以由多个 VLAN 组成，一个对即为一个子域；PVLAN 内的所有 VLAN 对共享同一个 Primary VLAN，而每一个子域的 Secondary VLAN ID 与其他子域都不相同。Primary VLAN 与 Secondary VLAN 的关系如图 8-26 所示。

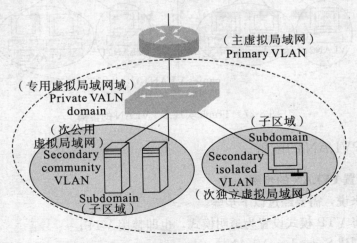

图 8-26　Primary VLAN 与 Secondary VLAN 的关系

Primary VLAN 与 Secondary VLAN 具有这样一些特征：① Primary VLAN：一个 PVLAN 只能有一个 Primary VLAN，所有端口只能实现单向的向下传输，即从 Promiscuous 端口到主机端口（isolated 端口和 Community 端口）和其他 Promiscuous 端口；②isolated VLAN：一个 PVLAN 只能有一个 isolated VLAN，isolated VLAN 属于 Secondary VLAN，所有端口只能实现单向向上传输，即从主机端口到 Promiscuous 端口和网关；③ Community VLAN：Community VLAN 属于 Secondary VLAN，所有端口只能实现单向向上传输，即从 Community 端口到 Promiscuous 端口和网关，及同一 Community VLAN 内的其他主机端口。

Secondary VLAN 有两种类型：①isolated VLAN：同一 isolated VLAN 内的端口在二层相互隔离，但必须借助于三层交换机才能实现相互通信；②Community VLAN：同一 Community VLAN 内的端口可以与其他端口通信，但与其他 Community VLAN 端口在二层相互隔离。

此外，多交换机之间 PVLAN 的连接是借助于 Trunk 协议来实现的。Trunk 协议不仅可以实现多个 VLAN 的传输，而且还可以实现多个 PVLAN 的传输，如图 8-27 所示。

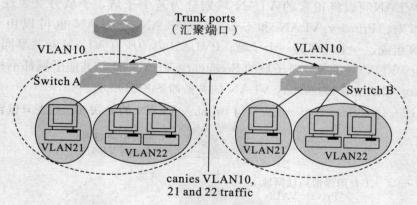

图 8-27　Trunk 实现多 PVLAN 的传输

8.3.2　PVLAN 的配置

1. 配置 PVLAN 的步骤

一般来说，需要经过以下步骤：

（1）将 VTP 模式设置为透明模式，也即禁用 VTP；

（2）创建 Secondary VLAN；

（3）创建 Primary VLAN；

（4）为 Primary VLAN 与 Secondary VLAN 建立关联（一个 isolated VLAN 可以与一个 Primary VLAN 关联，多个 Community VLAN 可以与一个 Primary VLAN 关联）；

（5）将接口配置为 isolated 或 Community 端口；

（6）将 isolated 或 Community 端口关联为 Primary VLAN 与 Secondary VLAN 对；

（7）将接口配置为 Promiscuous 端口；

（8）将 Promiscuous 端口映射为 Primary VLAN 与 Secondary VLAN 对。

2. 将 VLAN 配置为 PVLAN

（1）进入全局配置模式：Switch♯configure terminal

（2）指定预设置为 PVLAN 的 VLAN：Switch(config)♯vlan vlan-ID

（3）将指定 VLAN 设置为 PVLAN，同时指定 PVLAN 的类型（在退出 VLAN 配置模式时，该配置命令不会生效）：Switch(config-vlan)♯private-vlan{isolated｜primary}

（4）返回特权模式：Switch(config)♯end

（5）校验当前设置：Switch♯show vlan private-vlan{type}

（6）保存当前设置：Switch♯copy running-config startup-config

3. 关联 Primary VLAN 与 Secondary VLAN

（1）进入全局配置模式：Switch♯configure terminal

（2）指定 Primary VLAN，进入 VLAN 配置模式：Switch(config)♯vlan primary-vlan-ID

（3）建立 Secondary VLAN 与 Primary VLAN 的关联（该列表只包含一个 VLAN）：

Switch(config-vlan)♯private-vlan association{secondary-vlan-list｜addsecondary-vlan-list｜removesecondaryvlan-list}

（4）返回特权模式：Switch(config)♯end

（5）校验当前设置：Switch♯show vlan private-vlan{type}

（6）保存当前设置：Switch♯copy running-config startup-config

注：当在建立 Primary VLAN 与 Secondary VLAN 的关联时，应注意：① secondary-vlan-list 参数只能包含一个 isolated VLAN ID；②使用 remove 关键字可以清除 Secondary VLAN 与 Primary VLAN 的关联（该列表包括一个 VLAN）；③只有退出 VLAN 配置模式时，键入的命令才会生效。

4. 配置 PVLAN Promiscuous 端口

（1）进入全局配置模式：Switch♯configure terminal

（2）指定预配置的二层端口：Switch(config)♯interfaceinterface-id

（3）将二层接口配置为 PVLAN Promiscuous 端口：Switch(config-if)♯switchport mode private-vlan {host | Promiscuous | trunk}

（4）将 PVLAN Promiscuous 端口设置为 Primary VLAN，并选择 Secondary VLAN：

Switch(config-if)♯switchport private-vlan mappingprimary-vlan-id {secondary-vlan-list | addsecondary-vlan-list | removesecondary-vlan-list}

（5）返回特权模式：Switch(config)♯end

（6）校验当前设置：Switch♯show interfaceinterface-idswitchport

（7）保存当前设置：Switch♯copy running-config startup-config

注：在将二层接口配置为 Promiscuous 端口时，应注意：① secondary-vlan-list 参数不能有空格，也不能包括多个"，"分隔开的条目（每个条目只包括一个 PVLAN ID 或一个带有"－"的 PVLAN ID 范围；②键入 secondary-vlan-list 或使用 add 关键字，将 Secondary VLAN 映射到 PVLAN Promiscuous 端口；③使用 remove 关键字可以清除 Secondary VLAN 与 PVLANPromiscuous 端口的关联。

5. 配置 PVLAN Host 端口

（1）进入全局配置模式：Switch♯configure terminal

（2）指定预配置的二层端口：Switch(config)♯interfaceinterface-id

（3）将二层接口配置为 PVLAN Host 端口：Switch(config-if)♯switchport mode private-vlan {host | Promiscuous} | trunk

（4）将二层接口关联至 PVLAN：Switch(config-if)♯switchport private-vlan host-association primary-vlan-id secondary-vlan-id

（5）返回特权模式：Switch(config)♯end

（6）校验当前设置：Switch♯show interfaceinterface-idswitchport

（7）保存当前设置：Switch♯copy running-config startup-config

6. 配置 PVLAN Trunk 端口

（1）进入全局配置模式：Switch♯configure terminal

（2）指定预配置的二层端口：Switch(config)♯interfaceinterface-id

（3）将二层接口配置为 PVLAN Trunk 端口（以实现多个 Secondary VLAN 在一条链路上的传输）：Switch (config-if)♯switchport mode private-vlan {host | Promiscuous | trunk}

（4）建立 Primary VLAN 与 Secondary VLAN 的关联，并将 PVLAN 端口作为一个 PVLAN（使用该命令，可以指定多个 PVLAN 对，从而使 PVLAN

Trunk 端口实现多个 Secondary VLAN 的传输。如果关联被指定至一个已有的 Primary VLAN，现有关联将被替换。如果没有创建 Trunk 关联，Secondary VLAN 上接收的任何包都将被丢弃）：Switch(config-if)♯switchport private-vlanassociation trunkprimary-vlan-id secondary-vlan-id

（5）在 PVLAN Trunk 端口配置普通 VLAN 的允许列表：Switch(config-if)♯switchport private-vlantrunk allowed vlanvlan-listall | none | ［add | remove | except]vlan-atom[，vlan-atom…]

（6）将 VLAN 配置为非标签包（如果没有本地 VLAN，所有非标签包将被丢弃；如果本地 VLAN 是 Secondary VLAN，并且端口没有与 Secondary VLAN 关联，非标签包也将被丢弃）：Switch(config-if)♯switchport private-vlan trunk native vlanvlan-id

（7）返回特权模式：Switch(config)♯end

（8）校验当前设置：Switch♯show interfaceinterface-id

（9）保存当前设置：Switch♯copy running-config startup-config

7. 将 Secondary VLAN 映射为 Primary VLAN 三层 VLAN 接口

若借助于三层交换机实现 PVLAN 间的路由，必须为 Primary VLAN 配置为 SVI（Switch Virtual Interface），并且将 Secondary VLAN 映射至 SVI。

（1）进入全局配置模式：Switch♯configure terminal

（2）指定预配置的 Primary VLAN，进入接口配置模式：Switch(config)♯interface vlan primary-vlan-id

（3）将 Secondary VLAN 映射至三层 VLAN 接口（从而允许 PVLAN 在三层交换机上实现数据传输）：Switch(config-if)♯private-vlan mappingprimary-vlan-list｛secondary-vlan-list | add secondary-vlan-list | removesecondary-vlan-list｝

（4）返回特权模式：Switch(config)♯end

（5）校验当前设置：Switch♯show interface private-vlan mapping

（6）保存当前设置：Switch♯copy running-config startup-config

...

第 9 章　文件加密和数字签名技术

9.1　概述

通常我们依靠操作系统提供的安全机制来保护数据的安全。以普通的个人计算机来说，它们通常都允许通过启动光盘、U 盘等引导系统。这样对于在物理上能够接触到涉密计算机的入侵者来说，可以启动另一个不同的操作系统，该系统完全由入侵者来控制，此时他就可以完全避开正常的权限检查。入侵者甚至有可能盗走保存有机密数据的硬盘，或者整台计算机。由于笔记本电脑在现今社会应用广泛，而且经常被随身携带，因此出现遗失和被窃的可能性自然大大增加。相对于通过计算机网络系统入侵，物理入侵带来的安全威胁相对要小一些，但是只要数据足够重要，这种安全威胁就绝对不能忽略。威胁的根源是数据在存储介质中以明文方式保存，而应对这种威胁的唯一方法就是使用数据加密技术。

文件加密系统主要解决的是物理安全问题。文件加密是指加密后的文件在解密之前会面目全非，没有相应密码是不可阅读和修改的，而且这种密码很长，配对使用，即采用了公钥基础结构（PKI）技术。

文件加密技术可以阻止以任何非法方式获取、阅读、修改和操作文件的行为，主要用以确保文件的传输、存储安全。尽管非法用户可通过各种手段获取文件，但若对文件进行了加密，那么对于非法用户来说，这些文件也会因无法正常打开、阅读而变得毫无用处。文件加密可广泛应用到静态的文件保护和电子商务、文件传输以及电子邮件传递等动态安全保护。

数字签名就是用来确定发送文件或邮件的人是否是真实的、基于加密技术的一种技术。数字签名技术应用最多的就是电子邮件。伪造一封电子邮件对于一个普通人来说也是一件很容易的事，而要确认发信人身份是否真实，使用数字签名则是个好办法。

9.2　EFS 文件加密技术

9.2.1　EFS 概述

加密文件系统（EFS）是 Windows 2000/XP 专业版/2003 系统中 NTFS 文

件系统的一个组件，提供一种核心文件加密技术，用于在 NTFS 文件系统卷上存储已加密的文件。一旦加密了文件或文件夹，就可以像使用其他文件和文件夹一样使用它们。

对加密该文件的用户，加密是透明的。这表明不必在使用前手动解密已加密的文件，就可以正常打开和更改文件。使用 EFS 类似于使用文件和文件夹上的权限，两种方法可用于限制数据的访问。然而，使用 EFS 时，获得未经许可的加密文件和文件夹物理访问权的入侵者将无法阅读文件和文件夹中的内容，如果入侵者试图打开或复制已加密文件或文件夹，入侵者将收到拒绝访问消息。文件和文件夹上的权限则不能防止未授权的物理攻击。

9.2.2　EFS加密技术的应用

加密文件系统（EFS）允许用户以加密格式存储磁盘上的数据。加密是将数据转换成不能被其他用户读取的格式的过程。一旦用户加密了文件，只要文件存储在磁盘上，它就会自动保持加密状态。解密是将数据从加密格式转换为原始格式的过程。一旦解密了文件，只要文件存储在磁盘上，它就会保持解密状态。EFS 只能对存储在磁盘上的数据进行加密。对传输在 TCP/IP 网络上的数据进行加密可使用以下两种可选功能：网际协议安全（IPSec）和 PPTP 加密。

1. 加密文件或文件夹

（1）单击"开始"，依次指向"所有程序"、"附件"菜单，然后单击"Windows 资源管理器"菜单，打开"Windows 资源管理器"。

（2）右键单击要加密的文件或文件夹，然后单击"属性"。

（3）在"常规"选项卡上，单击"高级"。

（4）选中"加密内容以便保护数据"复选框。

2. 解密文件或文件夹

（1）单击"开始"，依次指向"所有程序"、"附件"菜单，然后单击"Windows 资源管理器"菜单命令，打开"Windows 资源管理器"。

（2）右键单击加密文件或文件夹，然后单击"属性"。

（3）在"常规"选项卡上，单击"高级"。

（4）清除如图 9-1 所示中的"加密内容以便保护数据"复选框。

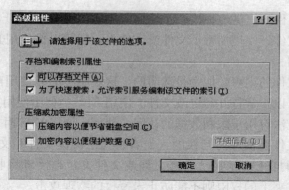

图 9-1　文件或文件夹属性中的加密选项

3. 复制加密文件或文件夹

（1）单击"开始"，依次指向"所有程序"、"附件"，然后单击"Windows 资源管理器"，打开"Windows 资源管理器"。

（2）单击要复制的已加密文件和文件夹。

（3）在"编辑"菜单上单击"复制"。

（4）打开用于存放副本的文件夹或磁盘。

（5）在"编辑"菜单上，单击"粘贴"。

4. 移动加密文件或文件夹

（1）单击"开始"，依次指向"所有程序"、"附件"，然后单击"Windows 资源管理器"，打开"Windows 资源管理器"。

（2）单击要移动的已加密文件或文件夹。

（3）单击"编辑"菜单上的"剪切"。

（4）打开要在其中移动文件或文件夹的文件夹。

（5）在"编辑"菜单上，单击"粘贴"。

9.3　加密数据的恢复

9.3.1　数据恢复的基本思路

1. 恢复数据

当雇员离开后需要恢复雇员加密的数据时或者当用户丢失私钥时，数据恢复非常重要。作为整个系统安全策略的一部分，加密文件系统（EFS）可使数据恢复。例如，由于磁盘故障、火灾或任何其他原因永久丢失文件加密证书和相关私匙，指定为故障恢复代理的人员可以恢复数据。在商务环境中，当雇员离开公司之后，公司可以恢复雇员加密的数据。

2. 故障恢复策略

EFS 使用故障恢复策略提供内置数据恢复。"故障恢复策略"是一种公钥策略，可提供指定为故障恢复代理的一个或多个用户账户。

故障恢复策略是为单独的计算机在本地配置的。对于网络中的计算机，可以在域、部门或单独计算机级别上配置故障恢复策略，并将其应用到所有可应用此策略的基于 Windows XP 和 Windows Server 2003 家族的计算机上。证书颁发机构（CA）颁发故障恢复证书，可以使用 Microsoft 管理控制台（MMC）中的"证书"来管理它们。

在域中，当设置第一个域控制器时，Windows Server 2003 家族执行该域的默认故障恢复策略。自行签署的证书将颁发给域管理员。该证书将域管理员指定为故障恢复代理。要更改域的默认故障恢复策略，请以管理员身份登录到第一个域控制器。可以将其他故障恢复代理添加到本策略中，并且可以随时删除原始故障恢复代理。

由于 Windows XP 和 Windows Server 2003 家族安全子系统处理故障恢复策略的实施、复制和缓存，因此用户可以在暂时脱机的系统（如便携式计算机）上执行文件加密。此进程类似于使用缓存凭据登录到域账户。

3. 故障恢复代理

故障恢复代理是指获得授权解密由其他用户加密的数据的个人。故障恢复代理无需该角色的任何其他功能权限。例如，当雇员离开公司而其剩余数据需要解密时，故障恢复代理非常有用。

在添加域故障恢复代理之前，必须确保每位故障恢复代理均获得了 X.509v3 证书。无论故障恢复策略应用于什么地方，每一故障恢复代理均有允许恢复数据的专门证书和相关私钥。如果您是故障恢复代理，请务必在 MMC 的"证书"中使用"导出"命令，将故障恢复证书和相关私钥备份到安全位置。备份完成后，应该使用 MMC 中的证书删除故障恢复证书。然后，在需要为用户执行故障恢复操作时，应该首先从 MMC 的"证书"中使用"导入"命令还原故障恢复证书和相关私钥。恢复数据之后，应该再次删除故障恢复证书。不必重复导出过程。

对域添加故障恢复代理时，将它们的证书添加到现有的故障恢复策略中。

9.3.2 配置 EFS 故障恢复代理模板

从 Active Directory 添加恢复代理需要在 Active Directory 中发行"文件恢复"证书。而默认的"EFS 故障恢复代理"证书模板不发布这些证书，它是不可配置的。通过复制默认的"EFS 故障恢复代理"证书模板来创建新的模板，并将其配置为"在 Active Directory 中发布证书",同时还须将新的证书模板添加到证书颁发机构中。下面详细介绍这些配置。

1. 复制新的证书模板

（1）执行"开始→运行"菜单命令后，在出现的对话框中输入"certtmpl.msc"命令后单击"确定"按钮，以打开"证书模板"控制台窗口，如图 9-2 所示。

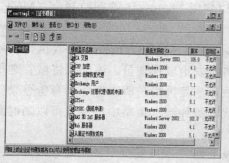

图 9-2 证书模板控制台窗口

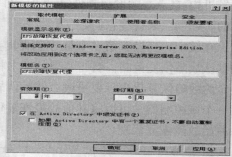

图 9-3 模板常规属性

（2）在右边详细窗格中选定"EFS 故障恢复代理"模板，再执行"操作→复制模板"菜单命令，打开如图 9-3 所示对话框，并在"常规"选项卡中的"模板显示名称"文本框中输入新的模板名称。

（3）单击"取代模板"选项卡，再单击"添加"按钮，打开如图 9-4 所示对话框，在其中选择原来的"EFS 故障恢复代理"模板，再单击"确定"按钮，返回到"取代模板"选项卡对话框。

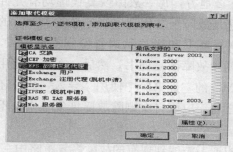
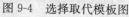

图 9-4 选择取代模板图

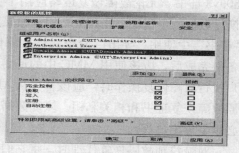

图 9-5 模板安全选项

（4）单击"安全"选项卡，如图 9-5 所示，默认情况下，只有"Domain Administrators"和"Enterprise Administrators"组才可以注册密钥恢复代理证书模板。

（5）单击"添加"按钮，打开"选择用户、计算机或组"对话框，在"输入对象名称来选择"中输入要成为故障恢复代理的域中已存在的用户账户。

（6）单击"确定"按钮后返回如图 9-6 所示对话框，选中新添加的用户账户，再在下面的"权限"列表框中选中"读取"和"注册"两个权限选项。

（7）单击"确定"按钮完成模板配置。

2. 将新证书模板添加到证书颁发机构

（1）执行"开始→程序→管理工具→证书颁发机构"命令，打开"证书颁发机构"控制窗口。

（2）在左边窗格中选择"证书模板"项，再执行"操作→新建→要颁发的证书模板"菜单命令，打开如图 9-7 所示的对话框。

（3）选择刚才新建的"EFS 故障恢复代理模板"选项后单击"确定"按钮，新模板就添加到证书颁发机构中了，即该证书模板有权颁发证书。

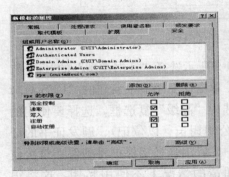

图 9-6　添加新账号后模板安全选项　　　　图 9-7　选择证书模板

9.3.3　申请 EFS 故障恢复代理证书

要指定某用户为故障恢复代理，首先就要为相应用户分配一个 EFS 故障恢复代理证书，以获得相应的公/私钥对。EFS 使用的证书可以从证书颁发机构（CA）获得，或者由计算机自动创建。从 CA 获得 EFS 证书时，该证书必须参考加密服务提供程序（CSP）和相应的对象标识符（OID）。EFS 可以使用基本或增强的 CSP，如果证书中的这两个属性设置不正确，EFS 就无法使用它。在 Windows Server 2003 操作系统中，主要有两种申请证书的方法：①使用证书申请向导；②使用 Windows Server 2003 证书服务网页。这两种方法将在下一章作详细介绍。这里仅以第一种方法为例进行简单介绍，具体步骤如下：

（1）依次执行"开始→运行"菜单命令，在出现的对话框中输入"certmgr. msc"命令后，打开证书管理控制台窗口。

（2）在左边窗格控制台树中，单击"证书-当前用户"。并在"查看"中选择"逻辑证书存储"查看模式，请在详细信息窗格中双击"个人"，然后单击"证书"，如图 9-8 所示。

（3）在"操作"菜单上，指向"所有任务"，然后单击"申请新证书"，打开"证书申请向导"。

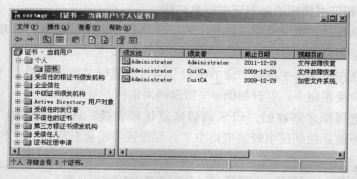

图 9-8 个人证书管理控制台

（4）单击"下一步"按钮，出现如图 9-9 所示选择"证书类型"的对话框。在"证书申请向导"中，提供以下信息：①单击在上一节中新建的"EFS 故障恢复代理"证书类型；②（可选）如果已选中"高级"复选框，选择要使用的加密服务提供程序（CSP）、与证书关联的公钥钥长（以位记）、颁发证书的证书颁发机构的名称以及是否启用强私钥保护，启用强私钥保护将确保在每次使用私钥时都提示您。如果想确保在您不知情的情况下不使用私钥，这将很有用。

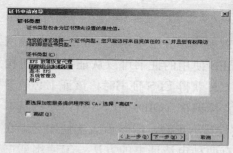

图 9-9 证书类型

图 9-10 申请的证书概要

（5）若不选择"高级"选项，直接单击"下一步"按钮，在打开的对话框中输入新证书的好记的名称以及描述。

（6）单击"下一步"按钮，出现如图 9-10 所示对话框，再单击"完成"按钮。"证书申请向导"成功完成后，请单击"确定"回到个人证书控制台，可见刚申请到的个人证书。

9.3.4　添加域的故障恢复代理

本操作可在 Active Directory 内的任何站点、域或组织单位上执行。以证书文件形式添加恢复代理时，将把用户标识为 USER _ UNKNOWN，这是由于该名称并没有存储到文件里。下面介绍以证书文件形式添加 EFS 故障代理的方法。

1. 证书的导出

要以证书文件形式进行域故障恢复代理添加，首先要进行的就是证书文件的导出。域用户证书的导出可以由系统管理员和证书持有者来执行，都是在证书控制台中进行。如果是系统管理员，则可以查看和导出域用户所有的个人证书。

（1）在上一节最后的个人证书详细列表中选择新创建的 EFS 故障恢复代理证书，再执行"操作→所有任务→导出"菜单命令，打开证书导出向导对话框。

（2）单击"下一步"按钮，打开如图 9-11 所示对话框。在这里可以选择是否导出私钥。但是因为在组策略中添加 EFS 故障恢复代理时一定要用 .cer 格式的证书文件，所以在此不能导出私钥，只能选择"不，不要导出私钥"单选按钮。

（3）单击"下一步"按钮，打开如图 9-12 所示对话框。在这里只能选择"DER 编码二进制 X. 509（. CER）"或者"Base64 编码 X. 509（. CER）"之一。

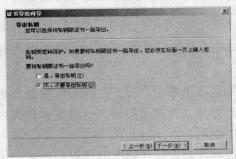
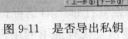

图 9-11　是否导出私钥

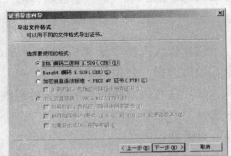

图 9-12　导出证书格式选择

（4）单击"下一步"按钮，打开选择存放导出证书位置和文件名的对话框，默认存放在"Documents and Settings"文件夹下的相应用户账户文件夹下。

（5）单击"下一步"按钮，打开完成对话框，列出要导出的证书概要。单击"完成"按钮开始导出证书文件，导出成功后会出现一个提示信息。

2. 故障恢复策略的配置

证书导出后，就可以利用这个证书文件创建 EFS 故障恢复代理了。如果配置的是域故障恢复代理，则需要在域组策略中进行；如果仅是本机系统故障恢复代理，则在本地系统组策略中配置。域组策略故障恢复代理配置步骤如下：

（1）执行"开始→程序→管理工具→Active Directory 用户和计算机"菜单命令，打开"用户和计算机"控制台窗口。

（2）在左边窗格中选择要更改故障恢复策略的域，如"cuit. com"，再执行"操作→属性"菜单命令，在打开的对话框中选择"组策略"选项卡，如图 9-13 所示。

（3）如果之前在组策略中添加了新的组策略（系统默认有一个组策略），则可在列表中选择要更改的组策略选项，然后单击"编辑"按钮，打开如图 9-14 所示窗口。

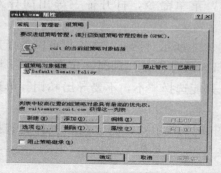

图 9-13　组策略

图 9-14　组策略编辑器

（4）依次选择"计算机配置→Windows 设置→安全设置→公钥策略"命令，最后选择"公钥策略"选项。

（5）在右边窗格的"加密文件系统"选项上单击右键，在弹出的快捷菜单中选择"添加数据恢复代理程序"命令，打开"欢迎使用添加故障恢复代理向导"对话框。

（6）单击"下一步"按钮，打开"选择故障恢复代理"对话框，选择用于故障恢复代理的用户账户，只有创建了 EFS 故障恢复代理证书的用户才可以被指派。

（7）单击"浏览文件夹"按钮，在打开的对话框中找到前面用来存放 EFS 故障代理证书文件的路径，并选择相应的证书文件，只能是 cer 格式的。

（8）选择证书文件后单击"打开"按钮，返回到第（6）步的对话框，可见已添加了故障代理，以"USER_UNKNOWN"显示。

（9）单击"下一步"按钮，打开对话框。单击"完成"按钮以完成一个 EFS 故障恢复代理的指派。此时在组策略和"加密文件系统"中即可见到新指派的 EFS 故障恢复代理。

本地计算机的故障恢复代理只能对本地计算机数据进行恢复，本地计算机故障恢复策略配置步骤如下：

（1）执行"开始→运行"菜单命令，在打开的窗口中输入"MMC"命令后单击"确定"按钮，打开控制台窗口。

（2）执行"文件→添加/删除管理单元"菜单命令，打开"添加/删除管理单元"对话框。

（3）单击"添加"按钮，打开选择可用独立管理单元对话框，选择"组策略对象编辑器"选项。

（4）单击"添加"按钮。在"组策略对象"下确保显示有"本地计算机"，直接单击"完成"按钮，返回到上一步对话框。再单击"关闭"按钮，在返回的对话框中再单击"确定"按钮回到控制台。

（5）在添加了"组策略对象编辑器"管理单元后的控制台的左边窗格中，依次展开"本地计算机"策略→计算机配置→Windows 设置→安全设置→公钥策略→加密文件系统，如图 9-15 所示。

（6）执行"操作→所有任务→添加数据恢复代理程序"菜单命令，启动"添加故障恢复代理向导"，然后按前述方法即可完成本地计算机的故障恢复组策略配置。

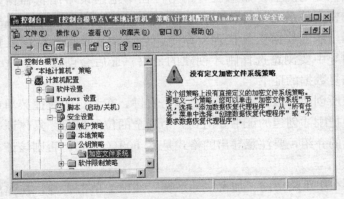

图 9-15　本地计算机策略

9.3.5　创建默认的独立计算机上的数据恢复代理

（1）以本地计算机的 Administrator 身份登录到本地计算机上。

（2）执行"开始→运行"菜单命令，在打开的窗口中输入"cmd"命令以进入 DOS 命令窗口，然后在 DOS 命令提示符下输入"cipther.exe /r：cuit"命令后按下键盘上的"Enter"键。

（3）在出现如图 9-16 所示提示框后，在"请键入密码来保护 .PFX 文件："提示信息后输入密码，注意输入的密码在屏幕上不会有任何标记信息，输入完成后按"Enter"键。在"请重新键入密码来进行确认："提示信息后再输入一次密码后按"Enter"键。

（4）完成后，关闭 DOS 命令窗口，在资源管理器中打开执行"cipther.exe/r：cuit"命令所在位置的文件夹，便可看见新生成了两个文件，如图 9-17 所示。

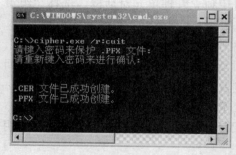

图 9-16　DOS 命令窗口

图 9-17　资源管理器

（5）再在控制台中打开"证书"控制台。查看一下系统管理员账户是否已有用于数据恢复的证书，如果没有，则可在本地组策略编辑器窗口"公钥策略"的"加密文件系统"选项上单击右键（方法参考上一节），在弹出的快捷菜单中选择"添加数据恢复代理"命令，会启动"添加数据恢复代理"的向导，在该向导中要浏览选择刚才创建的证书，最后会创建一个 Administrator 账户用于恢复数据的证书。

（6）在所创建的数据恢复证书上单击右键，在弹出的快捷菜单中选择"导出"命令，把刚才创建的证书导出到一个安全的位置保存。具体证书导出方法可参考前面的介绍，要注意导出的格式是 X.509（.cer），否则该证书不能用于数据恢复。

（7）再在组策略中的"加密文件系统"选项上单击右键，在弹出的快捷菜单中选择"不要求数据恢复代理程序"选项即可。此过程允许 EFS 继续工作而不使用恢复代理。如果当前定义了 EFS 策略，用户必须选择"删除策略"之后才能执行此过程，禁用方法是在组策略中的"加密文件系统"选项上单击右键，在弹出的快捷菜单中选择"属性"命令，然后清除"允许用户用加密文件系统（EFS）来加密文件"复选框的选择。

9.4　密钥的存档与恢复

密钥对于公钥基础结构（PKI）和应用 PKI 的 EFS 来说是至关重要的，特别是其中的私钥。虽然这类密钥本身比较复杂难记，少则 64 位代码，多则几百位的代码，但还是要防止发生遗失或泄密等安全事件。这就是 Windows Server 2003 系统中所说的"密钥存档与恢复"。

9.4.1　密钥存档与恢复概述

将运行 Windows Server 2003 企业版的服务器配置为颁发特定证书，并将这些证书的私钥存档，使私钥丢失时可在事后进行恢复。该过程分两个单独的阶段实施：密钥存档和密钥恢复。

1. 密钥存档

获取证书过程包括主体定位适当的证书模板，收集该模板需要的信息，向证书颁发机构提供信息。该信息通常包括受领人名称、公钥和支持的加密算法等信息。配置密钥存档后，受领人也向证书颁发机构提供其私钥。证书颁发机构将该私钥存储在它的数据库中，直到执行密钥恢复为止。在默认情况下，证书的私钥不存档。因为依照定义，将私钥存储在多个位置会导致其遭受攻击的机会更多。

2. 密钥的恢复

密钥受领人可能因各种原因丢失私钥，或者管理员也可能希望恢复特定受领人密钥，以便访问该密钥保护的数据。无论何时，密钥存档过程已经存储受领人私钥，就可以使用密钥恢复。

密钥恢复过程需要管理员检索加密的证书和私钥，然后要求密钥恢复代理（KRA）将它们提交给证书颁发机构。收到正确签名的密钥恢复申请时，受领人的证书和私钥都提供给申请者。然后申请者在必要时使用该密钥或将其安全地传送给受领人继续使用。不需要重新验证或重新调整密钥，因为私钥不一定会泄露。（注：只有在运行企业 CA 的 Windows Server 2003 企业版/数据中心版上，密钥存档和恢复功能才可用。）

9.4.2　创建密钥恢复代理账户

配置并添加密钥恢复代理证书模板，作为一个可以由企业 CA 颁发的模板。请在域控制器上执行以下步骤：

1. 验证谁可以注册密钥恢复代理模板

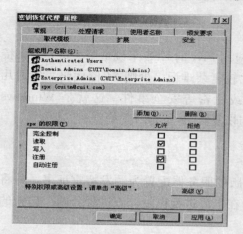

图 9-18　密钥恢复代理属性"安全"选项卡

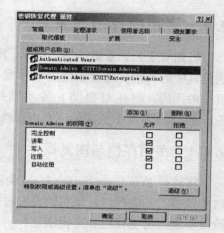

图 9-19　添加用户后的"安全"选项卡

（1）作为 Administrator@cuit.com 登录，单击"开始"，单击"运行"，键入"certtmpl.msc"，然后单击"确定"按钮，打开"证书模板"窗口。

（2）在控制台树中，单击"证书模板"。在详细信息窗格中，用右键单击"密钥恢复代理"，再单击"属性"。

（3）在密钥恢复代理"属性"中，单击"安全"选项卡。默认情况下，可以注册密钥恢复代理证书模板的安全组是"Domain Administrators"和"Enterprise Administrators"，如图 9-18 所示。

（4）如果需要另一个恢复代理，请单击"添加"以添加用户，并授予该用户"读取"和"注册"权限，如图 9-19 所示。

2. 更改密钥恢复代理模板的默认颁发行为

获取用于恢复私钥的密钥恢复代理证书，需在域控制器上执行以下操作：

（1）在图 9-19 所示密钥恢复代理"属性"中，单击"颁发要求"选项卡。

（2）清除"CA 证书管理程序批准"复选框，然后单击"确定"。

（3）关闭"证书模板"窗口。

3. 配置 CuitCA 证书颁发机构以颁发密钥恢复代理证书

密钥由证书颁发机构利用证书模板颁发，因此要使私钥可存档和可进行密钥恢复，就需要在相应的证书颁发机构和证书模板上启用此属性，配置步骤如下：

（1）执行"开始→程序→管理工具→证书颁发机构"命令，打开"证书颁发机构"控制台。

（2）在控制台树中，双击"CuitCA"，然后单击"证书模板"。

（3）右键单击"证书模板"，然后单击"新建"，然后单击"要颁发的证书模板"。

（4）在"选择证书模板"中，单击"密钥恢复代理"，然后单击"确定"。

9.4.3　获取密钥恢复代理证书

在域控制器上执行以下步骤：

1. 创建加载了"证书"管理单元的 MMC 控制台

（1）确保作为 administrator@cuit.com 登录，依次单击任务栏上的"开始→运行"，在"运行"中键入 mmc，然后单击"确定"，打开控制台窗口。

（2）单击"文件"菜单上的"添加/删除管理单元"。

（3）单击"添加/删除管理单元"中的"添加"。

（4）在"添加独立管理单元"中，单击"证书"，然后单击"添加"。

（5）在"证书"中，单击"我的用户账户"，然后单击"完成"。

（6）单击"关闭"，然后单击"确定"。

2. 获取密钥恢复代理证书

（1）在新创建的 MMC 控制台中，双击控制台树中的"证书－当前用户"。

（2）右键单击控制台树中的"个人"，单击"所有任务"，然后单击"申请新证书"。

（3）在"证书申请向导"中，单击"下一步"。

（4）在"证书模板"中，选择"密钥恢复代理"，然后单击"下一步"。

（5）在"证书的好记的名称和描述"中，在"好记的名称"中，键入"密钥恢复"，然后单击"下一步"。

（6）在"正在完成证书申请向导"中，单击"完成"。之后弹出已经收到证书申请的提示信息对话框。

（7）在控制台树中，双击"个人"，然后单击"证书"文件夹。确保具有好记的名称"密钥恢复"的证书已经存在。如果不存在，要到"证书颁发机构"控制台查看"挂起的申请"，找到挂起的原因并排除后手动颁发或重新申请证书。

（8）不保存更改即关闭控制台。

9.4.4　配置密钥存档与恢复属性

在此系列步骤中，配置 CuitCA 企业 CA 以使用 9.4.3 中获取的恢复代理证书。CA 必须加载对恢复数据进行加密的密钥恢复代理的公钥。在域控制器上执行以下步骤：

1. 将恢复代理配置为管理员的密钥恢复代理证书

（1）确保作为 Administrator@cuit.com 登录。执行"开始→程序→管理工具→证书颁发机构"菜单命令，打开"证书颁发机构"控制台。

·（2）在控制台树中，单击"CuitCA"。右键单击"CuitCA"，然后单击"属性"，如图 9-20 所示。

（3）在"CuitCA 属性"上，选择"故障恢复代理"选项卡，单击"存档密钥"，然后单击"添加"按钮。

图 9-20 "故障恢复代理"选项卡

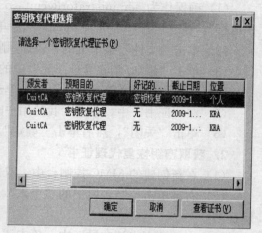

图 9-21 "密钥恢复代理选择"证书

（4）在"密钥恢复代理选择"中单击显示的证书，如图 9-21，然后单击"确定"。

（5）当系统提示重新启动 CA 时，单击"是"按钮。

2. 打开"证书模板"控制台，配置各证书模板的处理请求选项

（1）执行"开始→运行"菜单命令，在出现的"运行"对话框中输入"certtmpl.msc"后单击"确定"按钮打开"证书模板"控制台。

（2）在右边详细窗格中选择要配置密钥存档和恢复属性的证书模板，单击右键，在弹出的快捷菜单中选择"属性"命令。在打开的对话框中选择"处理请求"选项卡，如图 9-22 所示，选中"把使用者的加密私钥存档"选项，再单击"确定"按钮完成配置。

3. 打开"证书"控制台，集中到本地计算机

（1）单击任务栏上的"开始"按钮，然后单击"运行"。在"运行"中键入 mmc，然后单击"确定"，打开新的控制台。

（2）单击"文件"菜单上的"添加/删除管理单元"。

（3）单击"添加/删除管理单元"中的"添加"。在"添加独立管理单元"中，单击"证书"，然后单击"添加"。

（4）在"证书"中，单击"计算机账户"，然后单击"下一步"。

（5）在"选择计算机"中，单击"本地计算机"，然后单击"完成"。

（6）单击"关闭"，然后单击"确定"。

4. 验证 KRA 证书是否已经安装

（1）在控制台树中，双击"证书（本地计算机）"，双击 KRA，然后单击"证书"。

（2）在详细信息窗格中，双击"证书"。

（3）单击"确定"。证书的计划用途是密钥恢复代理，并且证书被颁发给管理员，如图 9-23 所示。此过程可以确保成功地配置密钥恢复代理。

（4）不保存更改即关闭控制台。

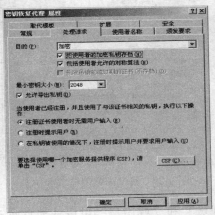
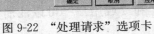

图 9-22　"处理请求"选项卡

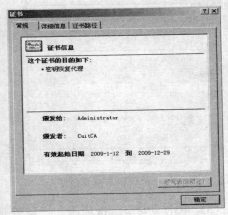

图 9-23　证书信息

9.4.5　创建新的可以进行密钥存档的证书模板

在此系列步骤中，将使用"证书模板"控制台来定义可以进行密钥存档的新模板。这样，当客户端计算机上的私钥丢失或损坏时，可在域中进行密钥恢复。在域控制器上执行以下步骤：

1. 打开"证书模板"控制台

（1）作为 Administrator@cuit.com 登录。单击任务栏上的"开始"按钮，然后单击"运行"。在"运行"中键入 mmc，然后单击"确定"。打开新的控制台。在新的控制台中单击"文件"菜单上的"添加/删除管理单元"。

（2）单击"添加/删除管理单元"中的"添加"，再单击"证书模板"，然后单击"添加"。

（3）单击"关闭"，然后单击"确定"。

2. 用下面的属性创建用户证书模板的副本

（1）在控制台树中，单击"证书模板"。

（2）在详细信息窗格中，右键单击"用户"模板，然后单击"复制模板"。

（3）在"新建模板"对话框的"属性"中，"常规"选项卡的"显示名称"中键入"存档用户"，如图 9-24 所示。

（4）在"处理请求"选项卡上，启用"把使用者的加密私钥存档"选项，如图 9-25 所示。存档密钥选项可以使得密钥恢复代理从证书存储区中恢复私钥。

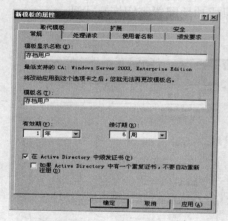

图 9-24　新模板常规选项卡

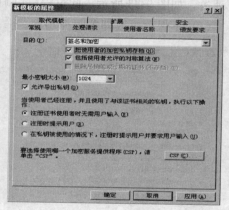

图 9-25　新模板处理请求选项卡

（5）单击"安全"选项卡。"域管理员"和"域用户"可以注册此证书。这些权限是从"用户"证书模板中复制的。

（6）单击"确定"回到控制台。不保存更改即关闭控制台。

9.4.6　获取具有存档密钥的用户证书

在此系列步骤中，将配置 CuitCA 证书颁发机构以颁发"存档用户"证书。使用新创建的账户，将获取"存档用户"证书并记录证书的序列号，以便以后使用。在域控制器上执行以下步骤：

1. 配置 CuitCA 以颁发新的"存档用户"证书模板

（1）确保作为 Administrator @ cuit. com，以密码 password 登录。打开"管理工具"中的"证书颁发机构"。

（2）在控制台树中，双击 CuitCA，然后单击"证书模板"。

（3）右键单击"证书模板"，单击"新建"，然后单击"要颁发的证书模板"。

（4）在"选择证书模板"中，单击"存档用户"，然后单击"确定"。"存档用户"证书模板现在出现在详细信息窗格中。

（5）关闭"证书颁发机构"。

2. 创建新用户账户

（1）在"管理工具"中，打开"Active Directory 用户和计算机"。双击要创建新用户的域，如"cuit. com"。

（2）在"Users"中，用下面的属性创建用户账户：

①名：Cuit，姓：User

②用户登录名：CuitUser，密码：password

③隶属于：Server Operators，电子邮件：CuitUser

（3）单击"下一步"，然后单击"完成"。

（4）双击 CuitUser 账户，然后选择"隶属于"选项卡。

（5）单击"添加"，在"选择组"中键入"Server Operators"，单击"检查名称"，然后单击"确定"。

（6）单击"确定"以关闭"属性"。再关闭"Active Directory 用户和计算机"。最后关闭所有打开的窗口并从计算机注销。

3. 作为 CuitUser@cuit. com 登录到网络并打开"证书"控制台

（注：CuitUser 被添加到"服务器操作员"组，这样便可以从本机登录到域控制器。）

（1）作为 CuitUser@cuit. com 登录。单击任务栏上的"开始"按钮，然后单击"运行"。在"运行"中键入 mmc，然后单击"确定"。打开新的控制台窗口。

（2）单击"文件"菜单上的"添加/删除管理单元"。

（3）单击"添加/删除管理单元"中的"添加"。

（4）在"添加独立管理单元"中，单击"证书"，单击"添加"，然后单击"确定"。

4. 使用"证书"MMC 获取"存档用户"证书

（1）在新创建的 MMC 控制台中，双击控制台树中的"证书（当前用户）"。

（2）右键单击控制台树中的"个人"，单击"所有任务"，然后单击"申请新证书"。

（3）在"证书申请向导"中，单击"下一步"。

（4）在"证书模板"中，选择"存档用户"证书，然后单击"下一步"。

（5）在"证书的好记的名称和描述"上，在"好记的名称"中，键入"存档用户"，然后单击"下一步"按钮。

（6）在"正在完成证书申请向导"上，单击"完成"。

（7）在"证书申请向导"中，单击"安装证书"，然后单击"确定"。

（8）双击"个人"，然后单击"证书"。在详细信息窗格中，双击其好记的名称为"存档用户"的证书。

（9）在"证书"中，单击"详细信息"选项卡。注意：用于生成此证书的证书模板是"存档用户"，然后单击"确定"。

（10）不保存更改即关闭新控制台。关闭所有窗口并从计算机注销。

9.4.7 执行密钥恢复示例

在此系列任务中，将使用 Certutil. exe 执行密钥恢复，在域控制器上执行以下步骤：

1. 管理员登录网络，查看"证书颁发机构"控制台的"存档密钥"，确保私钥仍可恢复

（1）作为 Administrator@cuit. com 登录。打开"管理工具"中的"证书颁发机构"。在控制台树中，双击"CuitCA"，然后单击"颁发的证书"，如图9-26 所示。

（2）在"查看"菜单上，单击"添加/删除列"。

（3）在"添加/删除列"中"可用的列"上，选择"存档的密钥"，然后单击"添加"。存档的密钥现在应出现在"显示的列"中，如图 9-27 所示。

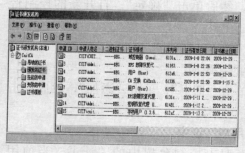

图 9-26　颁发的证书

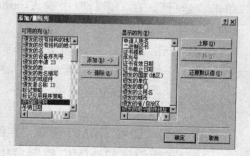

图 9-27　添加/删除列

（4）单击"确定"，然后在详细信息窗格中向右滚动，并确认上次颁发给CuitUser 的证书的"存档的密钥"列中的值"是"。注意：证书模板必须已经经过修改，"存档位"和"将私钥标记为可导出"属性已启用。只有在"存档的密钥"列中有数据的情况下私钥才可恢复。

（5）双击"存档用户"证书。单击"详细信息"选项卡，如图 9-28 所示，记下证书的序列号（不要包括两个数字之间的空格）。这是进行恢复所必需的。序列号是长度为 20 个字符的十六进制字符串。私钥的序列号与证书的序列号相同。在此示例中，序列号为 612afcc200000000000f。

（6）单击"确定"。关闭"证书颁发机构"。

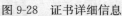

图 9-28 证书详细信息

图 9-29 DOS命令窗口

2. 使用 certutil. exe 将私钥恢复到 BLOB 输出文件

（1）单击任务栏上的"开始"按钮，单击"运行"，键入 cmd，然后单击"确定"。这样可打开命令提示符窗口。

（2）键入 cd \ ，然后按键盘上的"Enter"键。确保当前目录为 c：\ 。

（3）在命令提示符下，键入：Certutil-getkey 612afcc200000000000f outputd。这里的 outputd 是任给的一个名称，使用其他名称结果一样，如图 9-30 所示。

（4）在命令提示符下，键入 dir outputd，如图 9-31 所示。

注：如果文件 outputd 不存在，那么您键入的证书的序列号可能不正确。outputd 文件是包含 KRA 证书、用户证书和链的 PKCS＃7 文件。内部内容是包含私钥（被加密为 KRA 证书）的加密 PKCS＃7。

3. 使用 Certutil. exe 恢复原始公/私钥对

（1）单击任务栏上的"开始"按钮，单击"运行"，键入 cmd，然后单击"确定"。这样可打开命令提示符窗口。

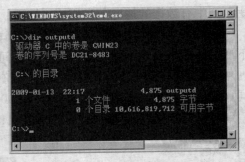

图 9-30　DOS 命令窗口　　　　　　图 9-31　DOS 命令窗口

（2）在命令提示符下，键入：Certutil-recoverkey outputd CuitUser. pfx。

（3）当系统给出提示时输入信息，输入新密码：password，确认新密码：password 之后会显示一行信息"CertUtil：－RecoverKey 命令成功完成。"如图 9-30。

（4）键入 exit，然后按 Enter 键。

（5）关闭所有窗口并注销当前用户。

9.4.8　导入已恢复的私钥

在此系列步骤中，将通过导入 CuitUser. pfx 文件来还原 Cuit 的证书存储区中的已恢复私钥。在域控制器上执行以下步骤。

1. 作为 CuitUser@cuit. com 登录并启动"证书"mmc

（1）作为 CuitUser@cuit. com，以密码 password 登录。单击任务栏上的"开始"按钮，然后单击"运行"。

（2）在"运行"中键入 mmc，然后单击"确定"。打开新的控制台窗口。

（3）单击"文件"菜单上的"添加/删除管理单元"。单击"添加/删除管理单元"中的"添加"。在"添加独立管理单元"中，单击"证书"，单击"添加"，然后单击"确定"。

2. 删除 CuitCA 颁发的所有证书，以模拟重新安装的计算机

（1）右键单击"证书（当前用户）"，然后单击"查找证书"，如图 9-32 所示。在"包含"中，键入 CuitCA，然后单击"立即查找"。

（2）在"查找证书"结果窗口中，如图 9-33 所示，在"编辑"菜单上，单击"全选"。在"文件"菜单上，单击"删除"。

（3）在"证书"中，单击"是"。在"根证书存储区"中，单击"是"。关闭"查找证书"。

图 9-32　查找证书

图 9-33　"查找证书"结果

3. 导入位于 c：\ CuitUser. pfx 的证书，并让证书自动放置

（1）在控制台树中，右键单击"个人"，再单击"所有任务"，再单击"导入"。

（2）在"证书导入向导"中，单击"下一步"。选中"要导入的文件"，在"文件名"框中，键入 c：\ CuitUser. pfx，然后单击"下一步"。

（3）在"密码"中，键入 password，然后单击"下一步"。

（4）在"证书存储区"上，单击"根据证书类型，自动选择证书存储区"，然后单击"下一步"。

（5）在"正在完成证书导入向导"上显示导入证书的概要信息，单击"完成"。

（6）如果"根证书存储区"对话框出现，单击"是"。在"证书导入向导"中，单击"确定"。两个证书都已被导入。Cuit 的"存档用户"证书位于"个人"证书存储区，而 CuitCA 证书位于"受信任的根证书颁发机构"存储区。

4. 验证导入的证书的序列号

（1）在控制台树中，双击"个人"，然后单击"证书"。

（2）双击证书，在"证书"中，单击"详细信息"选项卡。验证序列号是否与原来的序列号匹配。

（3）关闭所有打开的窗口并从网络注销。

9.5　PGP 动态文件加密和数字签名

PGP（Pretty Good Privacy）加密软件是美国 Network Associate Inc. 出产的一个基于 RSA 公匙加密体系的加密软件，可用于文件、邮件加密，目前最新版本为 9.9.1。PGP 的安装很简单，和常用软件安装一样，只须按提示一步步"Next"完成即可。在出现的画面中可以选择要安装的选件，如果选择了"PGPnet Virtual Private Networking"虚拟网，再选择相应的 Plugin，如"PGP Microsoft Outlook Express Plugin"，就可以在 Outlook Express 中直接用PGP加密邮件（这里指的是加密邮件的内容），具体操作在后面会详细说到。

9.5.1 PGP密钥的生成

使用PGP之前，首先需要生成一对密钥，即公钥和私钥。公钥可以分发给别人用以加密文件；私钥由自己保存用以解开加密文件。

（1）打开"开始"中"PGP"的"＿＿＿＿＿＿ PGP KEYS"，如图9-34所示。

（2）依次单击"File"、"New PGP Key"菜单命令，打开生成密钥向导对话框。

（3）单击"下一步"按钮，打开如图9-35所示对话框。要求输入全名和邮件地址。虽然真实的姓名不是必须的，但是输入一个别人看得懂的名字会使他们在加密时很快找到想要的密钥。注意，一个密钥对可用于多个邮箱，可单击"More"按钮添加其他邮箱。

图9-34　PGP主程序　　　　　　　　图9-35　生成密钥向导

（4）若单击"Advanced"按钮，打开如图9-36所示对话框，可对密钥进行更详细设置，如密钥类型（Key Type）、密钥长度（key Size）、支持的Cipher（密码）和哈希（Hashes）算法类型。

（5）"Advanced Key Settings"设置完成后，单击"OK"按钮返回第3步界面，再单击"下一步"按钮，打开如图9-37所示对话框。要求为密钥对中的私钥设置保护密码，至少8位，最好采用复杂密码。默认输入的密码不显示明文，否则需选中"Show Keystrokes"复选框。

（6）单击"下一步"按钮，显示密钥生成的进程。

（7）单击"下一步"按钮，打开一个PGP全球目录助手发布说明对话框。提示用户如果把自己的密钥加入到PGP公司的全球目录中，所得到的密钥将在全球的 PGP 用户中都有效。如果确需则可单击"下一步"按钮继续，否则单击"Skip"按钮跳过。

 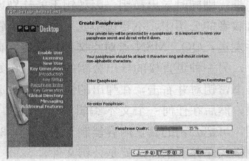

图 9-36　Advanced 对话框　　　　　图 9-37　设置私钥保护密码

（8）如果单击"下一步"按钮，则打开把当前生成的密钥向 PGP 全球目录服务器发布的进程的对话框。

（9）进程条满了后单击"下一步"，打开对传入信息处理方式的对话框，默认选中"Automatically detect my email accounts"和"Automatically encrypt AOL Instant Messages"复选框。

（10）单击"下一步"打开对传出信息的处理策略，默认有"Require Encryption：PGP"和"Opportunistic Encryption"两项，可单击"Details"进行自定义。

（11）单击"下一步"及之后的"完成"按钮完成密钥生成。

9.5.2　PGP 密钥的发布

根据文件加密和数据签名原理的介绍可以知道，要利用包括公钥和私钥的证书进行文件加密和数据签名，首先就要把自己的公钥向所有加密邮件的接收方发布，让他们知道自己的公钥，否则他们无法打开加密邮件。整个公钥的发布包括两个主要步骤：用户导出公钥文件，发送给好友；好友从接收到的包括公钥文件的附件中导入公钥，用于文件解密。下面分别予以介绍。

1. 用户自己导出公钥文件

要发布自己的公钥，首先自己要从证书中导出。从证书中导出公钥的方法很简单，具体方法如下：

（1）在如图 9-38 所示窗口中选择一个要用来发送加密邮件的证书（带两钥匙的选项）并右击，在弹出的快捷菜单中选择 Export（导出）命令，打开 Export Key to File（导出公钥到文件）对话框。

（2）选择保存导出公钥的公钥文件存储位置，然后单击"保存"按钮即可完成公钥的导出。默认的文件格式 .asc。如果选中 Include Private Key（s）复选框，则同时导出私钥。因私钥不能让别人知道，所以在导出用来发送给邮件接收者的公钥中，不要选中此复选框。公钥导出后就可以通过任何途径（如邮件发送，QQ、MSN 点对点文件传输等）向其他用户发送公钥文件。

另一种更直接的导出公钥的方法是在如图 9-38 所示的窗口中，选择对应的证书密钥对并右击，在弹出的快捷菜单中选择 Copy Public Key（复制公钥）选项，然后在任何一个文本编辑器（如记事簿、写字板等）中粘贴所复制的公钥，可把公钥的真正内容复制下来（图 9-39），然后不要作任何修改，以 asc 文件格式保存下来。这就是公钥文件。

图 9-38　PGP 主程序　　　　　　　　　图 9-39 公钥内容

2. 导入公钥

当好友接收到来自您发送的包括公钥文件的邮件时，他们需要把这个公钥文件导入到自己的计算机上，以便工作解密时使用，导入步骤如下：

（1）在附件中双击公钥文件，打开 Select key(s)（选择公钥）对话框。在此对话框中显示了公钥文件中包括的公钥。

（2）选中需要导出的公钥（如有多个的话可以单击 SelectAll 按钮全选），单击"Import"按钮，即可完成公钥的导入。导入后的对方好友公钥也会加入到如图 9-38 所示的 All keys（所有密钥）窗口中。要查看自己所具的密钥，可选择窗口左边导航栏中的 My Private Keys 选项，在右边详细列表窗格中可得到。

9.5.3　用 PGP 加密文件

本节要介绍 PGP 软件在文件加密方面的应用。使用 PGP 进行文件加密需要用接收方的公钥进行。具体方法如下：

（1）首先要从对方处获取公钥，获取公钥的方法前面已有介绍。可以通过邮件，也可以通过其他传输途径，得到后再导入到自己的 PGP 程序密钥列表中。

（2）在资源管理器中选择要加密传输的文件或文件夹并右击，安装 PGP 程序后在弹出的快捷菜单中都会有一个名为 PGP ZIP 的子菜单，如图 9-40 示，选择其中的 Encrypt（加密）命令，打开如图 9-41 所示的 PGP 对话框。

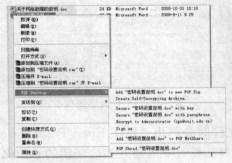

图 9-40　资源管理器的右键菜单

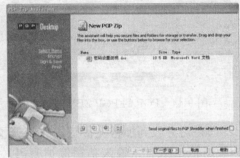

图 9-41　新 PGP 压缩文件向导

（3）单击"下一步"打开如图 9-42 所示选择加密类型的对话框。

（4）单击"下一步"打开如图 9-43 所示添加用户公钥的对话框。

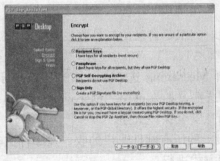

图 9-42　选择加密类型

图 9-43　选择用户

（5）单击"下一步"打开签名并保存的对话框，最后单击"完成"，生成原文件名加".PGP"扩展名的加密文件。现在即可将此加密后的文件通过电子邮件等方式发给对方。

（6）对方收到加密文件后，在打开文件时会弹出"PGP Enter Passphrase for a Listed Key"（输入私钥保护密码）对话框。要求输入相应密钥的私钥保护密码。这在申请密钥时就已配置，具体参见前面介绍。只有正确输入了私钥保护密码后才能正确解密，显示在 PGP 的 PGP ZIP 列表中，如图 9-44 所示。然后通过双击就可以使用相应的应用程序打开这个加密文件了。

 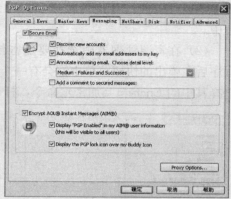

图 9-44　PGP 的 PGP ZIP 列表　　　　图 9-45　PGP 消息选项卡

（6）对方收到加密文件后，在打开文件时会弹出"PGP Enter Passphrase for a Listed Key"（输入私钥保护密码）对话框。要求输入相应密钥的私钥保护密码。这在申请密钥时就已配置，具体参见前面介绍。只有正确输入了私钥保护密码后才能正确解密，显示在 PGP 的 PGP ZIP 列表中，如图 9-44 所示。然后通过双击就可以使用相应的应用程序打开这个加密文件了。

9.5.4　用 PGP 进行邮件数字签名

在 PGP 程序中，要确保 PGP 程序能时刻跟踪自己的邮件收发，需对 PGP 进行一些简单配置。在如图 9-44 所示窗口"Tool"菜单中选择"Options"命令，在打开的 PGP Options 对话框中选择 Messaging 选项卡，如图 9-45 所示。在这里要确保选中了"Secure Email"复选框，如果选中"Discover accounts"复选框，则新加入的账户也将自动启用信息安全保护服务。

经过以上设置后，PGP 对本地计算机上的所有邮件账户的收、发邮件进行自动监视。对于收到的邮件，按如下处理方式进行。

①若收到的是未有任何加密和签名的邮件，就像没安装 PGP 一样，可以自由打开。

②若收到含有加密文件的邮件，则 PGP 会提示用户要求输入用于解密文件的密钥。此时要注意了，这里用于解密的密钥不是自己的密钥，而是邮件发送方的公钥。

③若收到的是仅进行了数字签名的邮件，邮件没有加密，则 PGP 也会提示用户要求输入用于解密签名的密钥密码。注意此处，需要输入的却是自己的私钥，而不是发送邮件方的密钥。

④若收到了同时进行邮件加密和签名的邮件，则 PGP 会依次提示用户选

择用于解密加密文件和签名的密钥，然后对应输入相应的保护密码。

对于发送邮件的加密和数字签名规则是通过相应的策略进行配置的，策略配置好后，PGP 会自动按策略对所发送的邮件进行加密、签名，或者两者兼做。具体的邮件发送加密和签名策略配置方法如下：

（1）在 PGP 主界面左边导航栏中选择 PGP Messaging 选项，系统默认只有一个 New Service 选项，选择它，在右边详细列表中即可见到该策略的详细配置，如图 9-46 所示。

（2）通过单击右边窗格 Account Properties 栏中的各属性项，可以重新配置各设置项属性，如 Description、Server、Usemame、Default Key（缺省密钥）。在这里稍微复杂的配置就是 Server 配置。单击它打开如图 9-47 所示的 Server Settings（服务器设置）对话框。

Incoming Mail Server 就相当于 POP 邮件接收服务器，而 Outgoing Mail Server 则相当于 SMTP 邮件发送服务器。Name 文本框中要输入对应密钥的 POP 或者 SMTP 服务器域名。

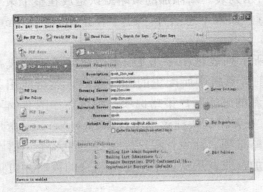

图 9-46　PGPMessaging 策略　　　　图 9-47　Server Settings

（3）具体的策略是在如图 9-46 所示界面的 Security Policies 项中单击 Edit Policies 按钮进行配置的，此时 Security Policies 项即变成如图 9-48 所示的列表框，并且还有好几个按钮。如果要查看（不能编辑）系统默认的 3 个策略选项，可以在选择了相应策略选项后单击 View Policy 按钮，打开相应策略配置对话框，灰色选项不可编辑。

（4）若要编辑这些默认的策略选项，可以先选择相应策略选项，再单击 Duplicate Policy 按钮，即可复制一个新的同类型策略（新策略名后面的括弧中标有 duplicate 说明，表明为复制策略）。然后单击 Edit Policies 按钮，即可打开一个可编辑的同样策略配置对话框。图 9-49 所示就是复制 Mailing List Sub-missions 默认策略选项的配置对话框，可以重新配置各选项。配置后如果认为它可替代原来的相对应默认策略选项，则可把新策略通过 Move Up 或者 Move Down 移动按钮，把新复制的策略放在原策略前面优先执行。原策略不能删除。

图 9-48　Security Policies　　　　图 9-49　默认策略选项的配置对话框

（5）如果要新添加策略，可以在如图 9-48 所示的列表框右边单击 New Policy 按钮，打开 Message Policy（消息策略）对话框，进行相应设置。完成设置后单击 OK 按钮回到如图 9-48 所示列表。新添加的策略默认是放在整个策略列表的最上面，也就是最优先执行。如果不想这样，通过单击 Move Down 按钮向下移到合适位置即可。

全部设置完成后，在如图 9-48 所示列表框中单击 Done 按钮完成策略设置。此时 PGP 程序就会自动跟踪当前计算机中所配置的邮件账户，然后应用所配置的策略选项。如果要添加配置新的邮箱账户策略选项，则可在如图 9-34 所示 PGP Messaging 导航栏上右击，在弹出的快捷菜单中选择 New Service 命令，然后再按以上方法一一配置各策略选项。注意：程序默认提供的 3 个策略是不能修改、不能删除的。只有新添加，或者从默认策略中复制来的策略才可以修改和删除。

9.6　电子签章

9.6.1　iSignature 签章系统简介

iSignature 金格可信电子签章系统是一整套采用 ActiveX/COM 技术开发的应用软件（图 9-50，图 9-51），它可实现在 WORD/EXCEL/HTML 网页/WPS/PDF/FORM 表单/FILE 文件/CAD 图纸/TIF 传真/永中 OFFICE/GD-FTM 版式文件上实现手写电子签名上加盖电子印章和手写签名，并将该签章和文件通过数字签名技术绑定在一起，一旦被绑定的文档内容发生改变（非法篡改或传输错误），签章将失效。只有合法拥有印章钥匙盘并且有密码权限的用户才能在文件上加盖电子签章。

图 9-50　0iSignature 签名印章及验证系统 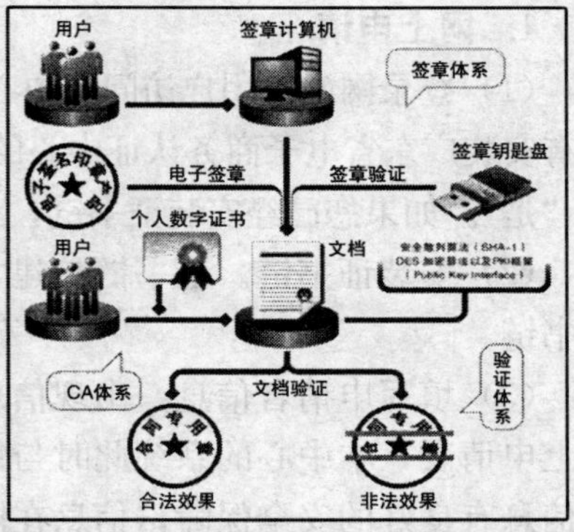　　图 9-51　1iSignature 可信电子签章系统操作流程

9.6.2　iSignature 主要功能

1. 金格电子签章服务器软件部分功能

密钥盘管理、制章管理、签章审核、变更管理、日志管理、统计报表、打印管理、系统管理、短信服务、信息校验。

2. 金格电子签章软件部分功能

电子印章、手写签名、文字批注、署名批注、撤消印章、文档验证、批量验证、在线验证、联合审批签章、手动文档锁定、自动文档锁定、文档解锁、数字签名、签名认证、查看证书、禁止移动、日期加签、密码记忆、版权信息。二维条码、签章文字数字水印、签章图案数字水印、签章文档脱密、不打印签章、打印控制、顺畅真迹手写、签骑缝章、批量签章、多页签章、鼠标模式定位签章、锁定文档签章、HTML 签章智能痕迹显示、在线升级软件、定向文件签名。WORD 签章、EXCEL 签章、HTML 网页签章、WPS 签章、PDF 签章、FORM 签章、GDF 版式签章、FILE 文件签名、CAD 图纸签章、TIF 传真签章、永中 OFFICE 签章。切换国际语言、自定义文字批注意见、签章查看、签章密码修改、强大二次开发应用接口。

9.6.3　个人数字证书申请

用户在网上申请的方法：用户首先在网上填写资料提出申请，再到受理点审核提交资料，一个工作日后即可安装证书，如图 9-52 所示。

网上提交申请 ⟶ 到 RA 点审核身份 ⟶ 安装证书

图 9-52　"网证通"个人数字证书申请流程

1. 网上申请

（1）登录网站。用户访问本中心网站，在证书申请中点击个人证书。如果还没有安装广东省电子商务认证中心的证书链，系统会弹出安全警报的提示框，选择"是"。如果您已经安装证书链，点击继续，跳到第三步填写申请者信息。

（2）安装证书链。证书链是建立证书信任关系的基础，按照系统提示安装证书链。

（3）填写申请者信息。出现信息填写页面，根据您的具体情况，如实填写网上申请表，本中心的系统此时与您的计算机通过 SSL 通道连接，保证您提交的信息有良好的安全保障，信息在网上加密传输到本中心。

（4）选择用户订阅。建议选择"我要订阅"，因为您需要得到证书受理号密码、证书申请须知、如何下载安装证书等信息以完成以下的申请，点击提交。

（5）记录业务受理号。系统将返回证书业务受理号，记录该号码并填写在书面申请表上。

2. 身份审核

（1）下载申请表格。用户访问本中心网站，在证书管理处下载个人证书申请表格（用户也可以直接到受理点索取数字证书申请表），签署填写申请表格（一式三份）。

（2）缴纳数字证书费用和电子密钥费用。缴纳数字证书服务费，以汇款方式（具体账号请询问业务受理点）缴纳或者亲临本公司受理点交费。

（3）提交审核资料。带上您的身份证、身份证复印件连同书面的申请表到本中心（或业务代理点）进行身份审核，业务代理点将使用存储介质为用户提交请求，并通过电子邮件把新证书的受理号以及密码交给用户，务必妥善保管。

3. 证书安装

在身份审核、交费及完成网上申请手续 1 个工作日之后，用户查阅新的电子邮件上的业务受理号及密码，登录用户访问本中心网站，在线证书安装→安装数字证书。

输入受理号及其密码，点击确定，出现申请证书的信息资料，请把存储介质插在相应的接口或设备上（例如：把电子密钥插在 USB 接口上），如图 9-53 所示，然后点击安装证书，稍候片刻，直到提示安装成功。

9.6.4　iSignature 签章系统使用

1. 签章制作

（1）点击"开始→所有程序→iSignature 电子签章"进入签章制作管理界面。点击"登录"，提示输入登录密码进入制章程序。

（2）点击"确定"，"签章导入"和"更改大小"被激活，这样就可以开始制作电子印章。

（3）点击"签章导入"，选择需要制作的印章，点击"打开"，然后输入用户名称、签章名称的详细信息和密码设置，如图 9-54 所示。

（4）点击"确认"，提示签章导入成功。

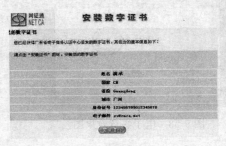

图 9-53　安装数字证书

图 9-54　签章制作

2. 在 Word 中电子签章

安装完软件后，首先打开一份 Word 文档，工具栏会出现如图 9-55 所示电子签章工具条，将成为 OFFICE 软件标准工具条，类似 WORD 的"常用"、"格式"工具栏。

图 9-55　iSignature 工具栏

图 9-56　参数设置

（1）点击"参数设置"，如图 9-56 所示，这里是设置全局的，和电子签章中的参数设置有所不同。"签章文件"是用户制作签章生成的 .key 文件的路径，路径选定后可以避免重复查找用户名的操作，只有当不同用户在同一台电脑上进行签章时才会起作用。

（2）当用户需要在 WORD 文档上盖章时，点击"电子签章"进行盖章，会出现对话窗口让您打开 *.key 的文件，这时客户需在电子签章的安装目录下找到之前制作印章的用户名文件夹。

（3）点击"打开"进入签章界面进行签章，然后点击鼠标右键，出现功能菜单（图 9-57），点击工具栏的"手写签名"，可以在 Word 文档上进行签名（图 9-58）。

图 9-57　电子签章弹出菜单

图 9-58　电子签章效果图

3. 文档验证

（1）打开一篇经过签署的文档，点击功能菜单的"文档验证"，如果文档未经他人篡改，则会出现如图 9-59 所示文档验证成功的提示信息。

（2）如果被绑定的文件被篡改，签章上就会出现两根灰色的线，表示签章已失效，为了使失效的签章重新生效，签章人可以还原被绑定的文件或是重新盖章，如图 9-60 所示。

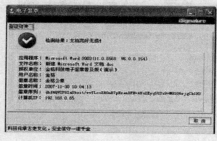

图 9-59　文档验证成功的提示信息

图 9-60　文件被篡改验证信息

9.6.5　天威诚信安证通简介

天威诚信数字认证中心作为经过国家认可的、公正的、专业的 PKI/CA 认证中心，除了面向广大用户（政府机构、企业和大众用户）提供第三方 CA 认证服务之外，还提供 PKI/CA 建设产品和服务，提供易于实施的 PKI 平台建设方案，为客户构建功能完善的 PKI/CA 平台，客户的所有应用系统将依据该PKI/CA 平台获得安全保障。天威诚信根据市场的需求，提供两种 PKI/CA 建设产品和服务。

1. 托管型 CA 产品与服务

天威诚信托管型 CA 产品与服务是利用已经建设完成的天威诚信 CA 认证中心，对外提供托管型 PKI/CA 平台建设服务，将 PKI 平台的核心部分——认证中心（CA）建设在天威诚信认证中心，在客户本地建设面向最终用户提供证书管理服务的 PKI 前置平台——注册中心（RA）和对 PKI 平台进行全权管理的 CA 管理端。系统逻辑架构如图 9-61 所示。

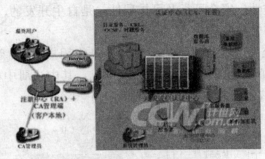

图 9-61　系统逻辑架构图

天威诚信提供的托管型 PKI/CA 平台支持 3 种认证体系，能够对外提供 3 种不同信任域的用户证书服务，如图 9-62 所示。

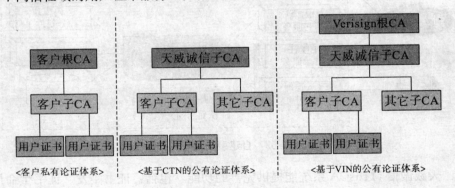

图 9-62　三种信任域

托管型 PKI/CA 平台支持客户私有认证体系、基于 CTN（China Trust Network）的公有认证体系和基于 VTN（Verisign Trust Network）的公有认证体系，不同认证体系下的用户证书具有不同的信任域范围。客户以根据自己的需求，选择不同的认证体系，并且能够实现无限级别的扩展，即在 3 种认证体系的客户子 CA 下签发多级下级子 CA，再由最下层的子 CA 签发用户证书。它能够签发各种类型的证书，包括邮件证书、个人身份证书、企业证书、服务器证书、VPN 设备证书和代码签名证书。

天威诚信提供的托管型 PKI/CA 平台具有完善的功能，包括 CA 管理、证书签发、证书发布、证书吊销、证书更新、证书吊销列表（CRL）查询和目录查询等全面的功能。

2. 自建型 CA 产品与服务

天威诚信提供的自建型 CA 产品与服务为 iTrusCA 系统，iTrusCA 系统是参照国际领先的 PKI/CA 系统而成的设计思想，继承了国际领先的 PKI/CA 系统的成熟性、先进性、安全可靠及可扩展性，是自主开发的、享有完全自主知识产权的数字证书管理系统。

iTrusCA 系统采用模块化结构设计，由最终用户、RA 管理员、CA 管理员、注册中心（RA）、认证中心（CA）等构成，其中注册中心（RA）和认证中心（CA）又包含相应的模块，系统架构如图 9-63 所示。

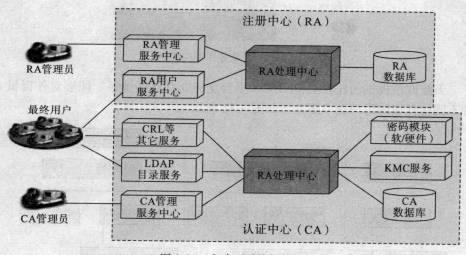

图 9-63　自建型系统架构图

天威诚信 iTrusCA 系统能提供完善的功能，包括：证书签发、证书生命周期管理、证书吊销列表查询服务、目录查询服务、CA 管理、密钥管理和日志审计等全面的功能。

天威诚信两种 PKI/CA 建设产品和服务都能够建设小型到百万级的 PKI/CA 平台，表 9-1 将对托管型 CA 与自建型 CA 进行简单的比较，以供客户选择。

表 9-1　托管型 CA 与自建型 CA 比较

比较项目	托管型 CA	自建型 CA
取得有关认证资质	不需要	需要

（续表）

比较项目	托管型 CA	自建型 CA
建设内容	部分需求，只需要考虑部分的建设内容，主要是涉及 RA 中心系统和 CA 管理端部分的建设内容，将不需要对 CA 中心系统的建设内容负责。	需要，需要对系统建设、物理场地建设、通信与网络建设和系统安全建设等各个方面进行综合考虑
建设周期	最多 1 月	至少 3 个月
后期运营维护	对于系统的后期运营维护的工作，大部分可以交给第三方 CA 认证中心负责，或者依靠第三方 CA 认证中心提供的规范的运营管理来加以解决	需要考虑 CA 后期运营维护的所有事务，包括运营管理规范的建设、运营管理团队的建设、相关资质的准备、系统维护与升级和客户服务支持等
运营人员	2 个管理员，而且可以兼任	根据相关法律要求，至少需要30 人
应用支持	可以采用第三方 CA 认证中心提供应用产品满足应用的需求	需要自己考虑和开发应用产品
投资回报与风险	托管模式是与第三方认证中心联合共建，也是企业完全控制，由企业和第三方认证中心共同承担初期建设和后期运营等的成本投入，而运营风险均由第三方认证中心承担	自建模式有完全的独立性，建设者完全控制，但是需要较高的初期建设投入、后期人员及运营成本投入，并完全承担运营风险，包括系统被入侵的风险、根密钥泄漏的风险和安全管理的风险等
投入成本	百万以下	百万以上

　　天威诚信 PKI 平台建设方案为客户提供了可选择的、易于实施的 PKI/CA 平台建设方案。通过 PKI/CA 平台的建设，为客户搭建了一套提供安全认证服务的基础平台，客户所有的业务系统都能够依据该平台获得安全保证，为客户信息化建设和无纸化办公的推广提供可靠保障。

第 10 章　PKI 技术

10.1　PKI 概述

PKI 的理论基础是非对称密码技术，以数字证书为媒介，从技术上解决网上身份认证、信息的完整性和不可抵赖性等安全问题，为诸如电子商务、电子政务、网上银行和网上证券等网络应用提供可靠的安全服务、具有通用性的安全基础设施；它既是一种技术方案，又代表一种认证体系；其定义不断延伸和扩展。本章主要介绍 Windows Server 2003 系统中 PKI 证书的具体配置、颁发、吊销等相关的实际应用知识。

10.2　证书基础

10.2.1　证书服务概述

在 Windows 操作系统中使用证书服务来创建证书颁发机构（CA），该颁发机构负责接收证书申请、验证申请中的信息和申请者的身份、颁发证书、吊销证书以及发布证书吊销列表（CRL）。证书服务也可用于：①使用 Web 或证书 Microsoft 管理控制台（MMC）管理单元从 CA 为用户注册证书，或者通过自动注册透明地为用户注册证书；②根据 CA 所使用的策略，使用证书模板帮助简化在申请证书时申请者必须作出的选择；③利用 Active Directory 目录服务，发布信任的根证书，发布已颁发的证书，发布 CRL；④使用智能卡实现登录到 Windows 操作系统域的能力。

10.2.2　证书服务的安装

要使用证书服务，首先要在服务器上安装"证书服务"，并对企业的证书颁发机构进行配置。以下是证书服务安装的步骤：

（1）以 Enterprise Admins 组和根域的 Domain Admins 组成员的身份登录。打开控制面板中的添加或删除程序，单击"添加/删除 Windows 组件"，在"Windows 组件向导"中，选中"证书服务"复选框，如图 10-1 所示。

（2）单击"下一步"打开"证书服务话框"，弹出您计算机在安装证书服务之后不能重命名且不能加入域或从域中删除的通知，请单击"是"，然后单击"下一步"。

（3）单击"企业根 CA"，如图 10-2 所示。

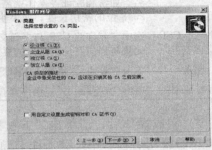

图 10-1　Windows 组件向导　　　　图 10-2　CA 类型选择

（4）（可选）选中"用自定义设置生成密钥对和 CA 证书"复选框，然后单击"下一步"以指定下面的内容，如图 10-3 所示，设置说明见表 10-1。

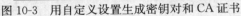

图 10-3　用自定义设置生成密钥对和 CA 证书　　　图 10-4　CA 识别信息

表 10-1　用自定义设置生成密钥对和 CA 证书

设置	执　行
CSP	在"CSP"中，单击希望使用的 CSP。默认值为"Microsoft Strong Cryptographic Provider"。证书服务支持第三方 CSP，但必须参考该 CSP 供应商的文档，了解关于在证书服务中使用其 CSP 的信息。
哈希算法	在"哈希算法"中，单击要使用的哈希算法。默认值为 SHA−1。
使用现有密钥	选中"使用现有密钥"复选框，单击"导入"，然后在"打开 PFX 文件"中键入公钥和私钥对的文件名和密码。如果您在吊销或还原先前安装的证书颁发机构（CA），那么这是很有帮助的。注意，当使用现有密钥时，将生成一个新的证书。 要点：请确保选择您认为未泄露且可信赖的现有密钥。若使用可能泄露或不信任的密钥，会导致该 CA 及其所有已发行的证书不安全。

（续表）

设置	执　行
密钥长度	在"密钥长度"中，键入或选择一个密钥长度。使用 Microsoft Strong Cryptographic Provider 时的默认密钥长度为 2048 位。其他 CSP 的默认密钥长度会有所不同。通常，密钥越长越安全。而且，密钥越长，诸如签名、加密和验证等操作就需要更多的系统资源。对于根 CA，应使用至少 2048 位的密钥长度。如果使用现有密钥，则该选项不可用。
允许此 CSP 与桌面交互	选中"允许此 CSP 与桌面交互"复选框。如果没有此选项，系统服务将无法与当前登录的用户的桌面进行交互。
导入	单击"导入"。将导入 PKCS♯12PFX 格式的现有密钥。
查看证书	单击"查看证书"。允许查看在安装过程中选择或生成的证书。

（5）完成操作后，请单击"下一步"，打开如图 10-4 所示的对话框。在"此 CA 的公用名称"中，键入证书颁发机构的公用名称。在"有效期"中，指定根 CA 的有效持续时间。

（6）单击"下一步"，打开如图 10-5 所示的对话框。指定证书数据库的存储位置、证书数据库日志和共享文件夹。

（7）单击"下一步"。如果 Internet 信息服务（IIS）在运行，那么在继续安装之前将看到如图 10-6 所示停止 IIS 服务的请求，再单击"确定"。

（8）如果出现提示，键入"证书服务"安装文件的路径，最后单击"完成"按钮完成安装。

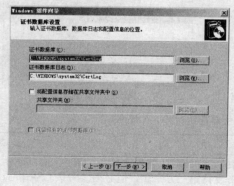

图 10-5　证书数据库设置

图 10-6　停止 IIS

10.3　证书申请

证书的申请和接收方式取决于颁发机构（CA）所使用的策略和过程，其方式有：①使用证书申请向导申请证书；②使用证书服务网页申请证书。

10.3.1　使用证书申请向导申请证书

证书申请必须由有权访问与公钥相关联的私钥的用户、计算机或服务产生，该公钥和私钥对将成为证书的一部分。根据系统管理员建立的公钥策略，机器和服务可以自动申请证书而不受用户干涉。此外，通过使用注册代理证书，管理员还可以申请智能卡用户证书和智能卡证书，以便代表其他用户登录到系统。

可以使用证书管理单元来管理用户、计算机或服务的证书。用户和管理员可以使用证书管理单元向 Windows2000 和企业证书颁发机构申请新的证书。此外，用户还可在证书存储区查找、查看、导入和导出证书。但一般情况下用户不必亲自管理他们的证书和证书存储区，而是通过管理员、策略设置及使用证书的程序来完成。

在 Windows Server 2003 中主要有两种明确申请证书的方法：一种是使用证书申请向导申请证书；另一种是使用 Windows Server 2003 证书服务网页申请证书。本节先介绍前者，下一节再介绍后者。向 Windows Server 2003 企业证书颁发机构申请证书时，可以使用"证书"管理单元中的"证书申请向导"。该向导将引导您完成以下步骤：

（1）选择要向其提交申请的证书颁发机构。只有是在 Windows 域中的企业证书颁发机构，才能使用证书申请向导颁发证书。

（2）选择合适的证书模板以便用于新证书。证书模板为证书申请预定义了许多常用配置。证书模板描述所申请的证书的使用目的。可用的证书模板列表由证书颁发机构所配置颁发的证书类型，以及系统管理员是否授予您对证书模板的访问权限来决定。

（3）（可选）使用证书申请向导中的"高级选项"，来为与证书申请相关的密钥对选择加密服务提供程序（CSP）。

使用"证书申请向导"时，只有基本加密文件系统（EFS）和 EFS 故障恢复代理证书才将其相关私钥标记为可导出。如果要申请其他类型的证书，并想使其私钥可导出到 PKCS#12 文件，则需要使用 Windows Server 2003 证书服务网页上的"高级申请"选项。

通过使用与其他证书相关的现有密钥对，还可以使用证书申请向导向企业证书颁发机构申请新证书。为了便于正确理解证书模板与证书申请之间的关系，下面将进行专门介绍。

1. 配置用户对证书模板的使用权限

在"Active Directory 站点和服务"管理单元中列出了当前系统所有可用的

证书模板，这些证书模板都设置有不同的用户访问权限，即用户对模板的使用权限。要查看证书模板和用户对模板的使用权限可按以下步骤操作：

（1）依次单击"开始→管理工具→Active Directory 站点和服务"菜单命令，打开"Active Directory 站点和服务"窗口，如图 10-7 所示。

（2）单击"查看→显示服务节点"菜单命令，在左边窗格中依次单击"Services→Public Key Services→Certificate Templates"，然后在右边详细列表窗口中会列出所有当前已有的证书模板，包括用户证书、计算机证书和服务证书等。

图 10-7　Active Directory 站点和服务

（3）配置用户对证书模板的使用权限。在默认情况下，对以上这些不同的模板具有使用权限的用户不一样。但默认所有用户都可以使用"User"证书模板，通过双击该模板并在打开的对话框中选择"安全"选项卡即可看见。因为其中允许 Domain Users 组具有"注册"的权限，其他默认添加的组所有的权限更高，如图 10-8 所示。

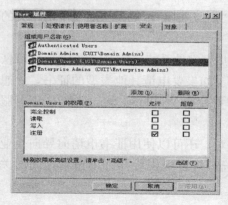

图 10-8　User 属性

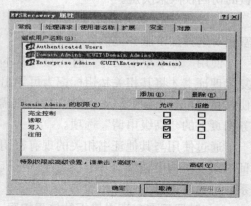

图 10-9　EFSRecovery 属性

　　但是诸如图 10-9 所示 EFS 故障恢复代理（EFSRecovery）、系统管理员（Administrator）之类的高级模板就不是所有用户都可以使用的了。如 EFS 故障恢复代理模板，系统默认只有域和企业管理员组及专门的身份认证用户组成员才可使用，如图 10-9 所示。如果想把其他用户也配置成可以使用该模板，则有两方法：一是可以把这些用户或组加入默认有相应使用权限的对应组中；二是可以把这些用户或组加入下图所示对话框中的"组或用户名称"列表框中。

　　理解上述模板使用权限配置之后，就可在申请某种证书之前，事先在图 10-8 所示窗口中对相应模板的用户使用权限进行设置，把一些没有在默认允许之列的用户或组添加进去。下面介绍通过证书申请向导申请证书的方法。

2. 使用"证书申请向导"申请证书

　　使用"证书申请向导"申请证书的步骤如下：

　　（1）首先要为当前用户创建"证书"mmc。依次单击"开始→运行"，键入 mmc，然后单击"确定"。在出现的窗口中依次单击"文件→添加/删除管理单元"菜单，打开"文件→添加/删除管理单元"窗口。

　　（2）单击"添加"按钮，打开如图 10-10 所示对话框，在"可用的独立管理单元"中选择"证书"选项。

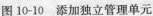

图 10-10　添加独立管理单元

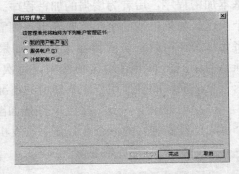

图 10-11　选择证书类型

　　（3）单击"添加"按钮，打开如图 10-11 所示对话框。因为证书有多种类型，这里仅以最常用的用户证书为例，所以选择"我的用户帐户"项。

　　（4）依次单击"完成"、"确定"按钮，返回控制台（mmc）窗口（图 10-12）。

图 10-12　个人证书控制台

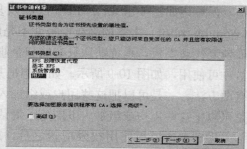

图 10-13　选择证书类型

（5）在 mmc 窗口左边窗格中，选择"个人"选项后，依次单击"操作→所有任务→申请新证书"菜单命令，打开"欢迎使用证书申请向导"对话框。

（6）单击"下一步"按钮，打开如图 10-13 所示"证书类型"对话框。根据实际情况选择相应的证书类型，注意不同的证书类型所允许申请的用户可能不同。

（7）如果选择了"高级"选项，则会打开如图 10-14 所示对话框，选择为证书提供加密服务的程序。系统提供了图 10-14 中所示两个加密程序，前者为基本加密程序，后者为增强的加密程序。同时还可为此证书加密的密钥选择一个长度。如果申请的密钥需要导出，则需要选中"标志此密钥为可导出的。这将允许您在稍后备份或传输密钥。"如果希望启用强私钥保护，则选择"启用强私钥保护。如果启用这个选项，每次应用程序使用私钥时，您都会得到提示"复选框，即确保用户在不知情的情况下不使用私钥。

（8）单击"下一步"按钮，打开如图 10-15 所示对话框，这里要求选择一个事先已经安装好的（企业）证书颁发机构。

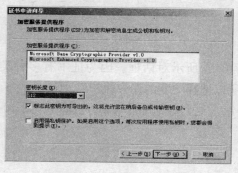

图 10-14　加密服务提供程序

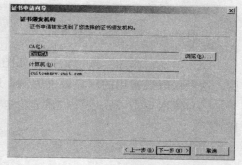

图 10-15　证书颁发机构

（9）单击"下一步"按钮，打开如图 10-16 所示对话框。为申请的新证书输入一好记的名称，必要时还可加上简要的描述。

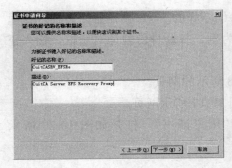

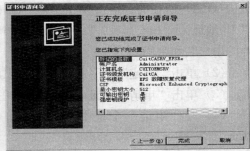

图 10-16　证书的好记的名称和描述　　　图 10-17　正在完成"证书申请向导"

（10）单击"下一步"按钮，打开如图 10-17 所示对话框。对话框列出了当前所申请证书的以上配置信息。单击"完成"按钮结束证书申请，最后会弹出一个"证书申请成功"的提示消息框。

10.3.2　使用 Windows Server 2003 证书服务网页

默认情况下，每一个 Windows Server 2003 证书颁发机构都有可供用户和管理员使用的网页。这些页面可用于执行与申请证书相关的多种任务。这些网页位于 http：//servername/certsrv，其中 servername 是主持证书颁发机构的服务器名称。该 URL 的 certsrv 部分应该用小写字母，否则，在检查和获取证书时可能出问题。可使用 Microsoft Internet Explorer 5.0 或 Netscape Navigator 3.01（或更高版本）访问该 Web 页。

对于向独立证书颁发机构申请证书的用户，网页是"唯一"申请途径。对于要向企业证书颁发机构申请证书的用户，如果已被授予访问权限，则可以从网页执行以下任务：①申请基本证书；②使用高级选项申请证书。这在证书申请上赋予用户更大的控制权限。

在高级证书申请中可供用户选择的选项包括：①加密服务提供程序（CSP）选项。加密服务提供程序的名称、密钥大小（512、1024 等等）、散列算法（SHA/RSA、SHA/DSA、MD2、MD5）和密钥规格（交换或签名）；②密钥生成选项。创建新密钥集或使用现有密钥集、将密钥标记为可导出、启用强密钥保护以及使用本地计算机存储区来生成密钥；③其他选项。将申请保存到 PKCS♯10 文件，或把任何想要添加的特定属性添加到证书里。

下面分别介绍基本证书申请和高级证书申请。

1.　基本证书申请

（1）在客户端计算机上打开 IE 浏览器（Internet Explorer）。在 IE 浏览器中连接到 http：//servername/certsrv，其中 servername 是要访问的证书颁发

机构（CA）所在的、运行 Windows Server 2003 的 Web 服务器的名称，这里以 IP 地址为"192.168.0.200"的服务器为例。打开身份验证对话框，输入正确的用户名和密码。

（2）单击"确定"后，打开如图 10-18 所示的网页。

（3）单击"申请一个证书"，打开如图 10-19 所示网页。

（4）在"申请一个证书"上，单击"用户证书"，打开如图 10-20 所示网页。

图 10-18　选择任务

图 10-19　申请一个证书

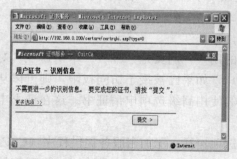

图 10-20　用户证书－识别信息

图 10-21　更多选项页

图 10-22　潜在脚本冲突提示框

图 10-23　证书已颁发

（5）（可选）单击"更多选项"指定加密服务提供程序（CSP）与是否希望启用强私钥保护（这意味着每次使用与证书相关的私钥时，都将收到提示消息），打开如图 10-21 所示网页。

（6）单击"提交"，打开如图 10-22 所示提示信息对话框。

（7）单击"是"按钮，打开如图 10-23 所示网页。

（8）单击"安装此证书"，打开"潜在脚本冲突提示框"，如图 10-24 所示。

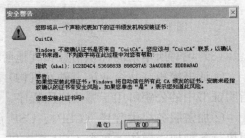

图 10-24　潜在脚本冲突提示框　　　　　图 10-25　安全警告

（9）单击"是"按钮，打开如图 10-25 所示提示信息对话框。

（10）单击"是"按钮，打开如图所示"证书已安装"网页，如图 10-26 所示。

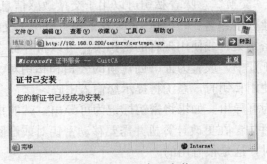

图 10-26　证书已安装

2. 高级证书申请

基本证书的申请较简单，但在大多数情况下并不适用。针对实际情况，更多时候是使用高级证书申请方式，步骤如下：

（1）前 3 个步骤与上述基本证书申请的操作相同。在第 4 步中，选择"高级证书申请"，打开如图 10-27 所示网页。

（2）单击"创建并向此 CA 提交一个证书申请"，打开如图 10-28 所示网页。

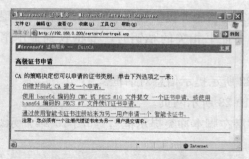

图 10-27　高级证书申请

图 10-28　高级申请选项

（3）填写所申请的标识信息和其他所需选项。各配置选项说明如下：

①证书模板（从企业证书颁发机构）或预期目的（从独立证书颁发机构）。指明证书中的公钥可用于哪些应用程序，例如，客户端身份验证或电子邮件。

②加密服务提供程序（CSP）。CSP 负责创建密钥、吊销密钥以及使用密钥执行各种加密操作。每个 CSP 都提供了不同的 CryptoAPI 实现，有的提供了更强大的加密算法；有的使用硬件组件，例如智能卡。

③密钥大小。证书上公钥的长度（以位为单位）。通常密钥越长越安全。

④哈希算法。好的哈希算法使得构造两个相互独立且具有相同哈希的输入不能通过计算方法实现。典型的哈希算法包括 MD2、MD4、MD5 和 SHA−1。

⑤密钥用法。"交换"意味着私钥可以用于交换敏感信息。"签名"意味着私钥只能用来创建数字签名。"二者"意味着密钥可以用于交换和签名功能。

⑥创建新的密钥集，或使用现有的密钥集。可以将存储在计算机中的现有公钥和私钥对用于证书，或者为证书创建新的公钥和私钥对。如果启用强私钥保护，每次需要使用私钥时，系统将提示您输入密码。

⑦标记密钥为可导出。如果将密钥标记为可导出，就能把公钥和私钥保存到 PKCS♯12 文件中。在更改计算机并需要移动密钥对或删除密钥对并将它们保存在其他位置时，这是很有用的。

⑧使用本地计算机存储区。如果其他用户登录时，计算机需要访问与证书关联的私钥，则要选择该选项。当申请颁发给计算机（例如 Web 服务器）的证书，而不是颁发给用户的证书时，请选择该选项。

⑨将申请保存到 PKCS♯10 文件中。如果无法连接能够联机处理证书申请的证书颁发机构，则需要使用该选项。

（4）单击"提交"后的操作与上述基本证书申请的第 6 步及之后步骤相似，最后将完成高级证书的安装。

10.4　证书的自动注册

除了上述手动证书申请、注册方法之外，用户证书注册还可以采用自动的方式。在 Windows XP 和 Windows Server 2003，Standard Edition 中，自动注册是证书服务的一项很有用的功能。自动注册允许管理员将接受方配置为自动进行证书注册、检索已颁发的证书并续订过期证书，而不需要接受方进行交互。接受方不需要知道任何证书操作，除非将证书模板配置为与接受方交互。

配置需在证书颁发机构上设置，要完成以下 3 项设置：①复制用户模板并将副本用于自动注册；②配置企业证书颁发机构以便颁发自动注册的用户证书；③建立自动注册域用户的策略。

在执行这些任务之前，还必须将 Windows Server 2003 域控制器配置为企业从属 CA 或根 CA，具体可参考前面介绍。

10.4.1　规划自动注册部署

要正确配置接受方自动注册，管理员必须规划要使用的一个或多个合适的证书模板。证书模板中的几个设置直接影响接受方自动注册的行为。

（1）在所选证书模板的"处理请求"选项卡上，选择的自动注册用户交互设置将影响自动注册（参见 10.3.1）。打开如图 10-29 所示对话框，但并不是所有模板的"处理请求"选项卡（表 10-2）上都有如图 10-29 所示的全部设置，图 10-30 就与之不同。

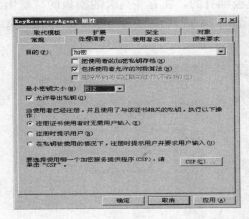

图 10-29　KeyRecoveryAgent 的处理请求选项

图 10-30　User 的处理请求选项

表 10-2 "处理请求"选项卡中的设置选项

设置	影响自动注册行为
在不需要任何用户输入的情况下注册接受方	该设置将允许"无提示"自动注册,而不需要用户执行任何操作。当客户端需要证书但可能不知道它正使用这些证书时,该设置是首选选项。
注册期间提示用户	用户在进行注册时将接收消息,并且可能需要执行操作。当证书的预期目的是智能卡时,该操作可能是必需的,这时需要用户提供他们的个人标识(PIN)。
在注册期间提示用户,并且需要用户输入使用私钥的时间	在注册和一旦使用私钥期间,该设置都将提示用户。这是最具有交互性的自动注册行为,因为它需要用户确认私钥的所有用途。该设置还能最大程度地让用户知道有关密钥的使用情况。警告:该设置是在证书注册期间提供给客户端的。客户端应当执行配置设置,但证书颁发机构不会强制进行该设置。

(2)在所选证书模板的"处理请求"选项卡上,从"CSP 选择"列表框中选择的 CSP 数目将改变智能卡模板的自动注册行为。如果选择了多个智能卡 CSP,那么当 Windows XP 检索自动注册的证书并开始将它安装在智能卡上时,用户可能收到多个对话框。建议从该列表中只为每个模板选择一个 CSP,如图 10-31 所示。

(3)在所选证书模板的"使用者名称"选项卡上,如果选择"在请求中提供"选项,将会禁用基于该模板的自动注册。启用该选项将提示接受方在请求中以交互方式创建使用者名称,这对自动注册是无效的,如图 10-32 所示。

应注意这个选项并不是所有证书模板都有的,在有些高级的模板的"使用者名称"选项卡中是不可自由设置的,如图 10-33 所示 User 模板的"使用者名称"选项卡。

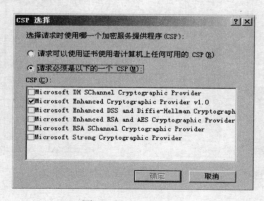

图 10-31 CSP 选择

图 10-32 使用者名称选项

(4)在所选证书模板的"颁发要求"选项卡上,如图 10-34 所示,如果选择"该数目的授权签名"并使该值更大于"1"，将使接受方不能基于该模板自动注册。在所选证书模板的"颁发要求"选项卡上，如果选择"该数目的授权签名"并将该值设置为"1"，将需要请求者使用来自其证书存储中的有效证书的私钥来签署请求。该证书必须包含相同选项卡上的"应用程序策略"和"颁发策略"列表中所指定的应用程序策略和颁发策略。如果请求者的证书存储中存在合适的证书，则自动注册将使用该证书的私钥来签署该请求，并自动获得和安装所请求的证书。

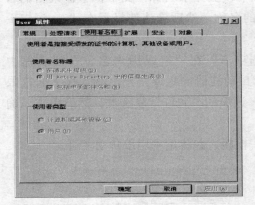

图 10-33　User 的使用者名称选项

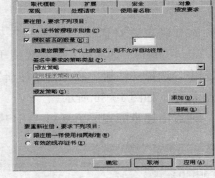

图 10-34　颁发要求选项

（5）在所选证书模板的"颁发要求"选项卡上，"有效的现有证书"选项可能影响接受方自动注册。该选项将告诉 CA 接受方在续订有效证书时不需要满足颁发要求。可能已经无法自动注册初始证书的接受方有可能能够使用自动注册来续订证书。

（6）在所选证书模板的"常规"选项卡上，"有效期"和"续订期"设置指定了有效的证书期限，以及在它的有效期限结束之前的多长时间自动注册将请求续订。由于有效期可以非常短，并且续订期可能重叠，因此，自动注册将在已经过了证书有效期的至少 20% 之后才会续订证书。这样可以防止有效期和续订期设置被错误配置所导致的自动注册无休止地续订证书。

10.4.2　"用户"模板复制

必须通过复制现有模板，并使用现有模板的属性作为新模板的默认属性，来创建新的证书模板。通过复制最接近预期新模板配置的现有证书模板，可以减少必需的工作量。在证书颁发机构上配置，具体步骤如下：

（1）执行"开始→运行"菜单命令，在打开的对话框中输入"mmc"命令后单击"确定"按钮，打开控制台窗口。

（2）执行"文件→添加/删除管理单元"菜单命令，打开添加/删除管理单元对话框。

（3）单击"添加"按钮，打开"添加独立管理单元"的对话框，在"可用的独立管理单元"中分别双击"证书模板"。

（4）在控制台左边窗格中，单击"证书模板"选项，所有证书模板将显示在右边详细窗格中。再选择"用户"模板，执行"操作→复制模板"菜单命令，打开如图 10-35 所示的对话框。在"模板显示名称"文本框中输入新的名称，如"自动注册用户"作为新模板的名称。然后确认选择了在"Active Directory 中颁发证书"复选框。

（5）转到该对话框的"安全"选项卡，在"组或用户名称"列表框中"Domain Users"选项或者是你要用于自动注册的组或用户名称，在下面权限列表中，选择"注册"和"自动注册"选项的"允许"复选框，然后单击"确定"按钮，如图 10-36 所示。

通过上述步骤完成了复制"用户"模板，并将副本用于自动注册。

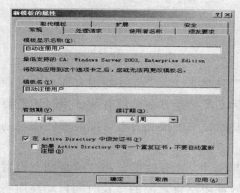

图 10-35　常规选项

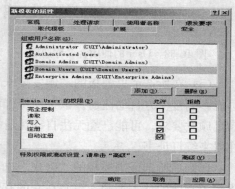

图 10-36　安全选项

10.4.3　配置企业证书颁发机构

本节介绍能颁发自动注册的用户证书所需做的设置，所有步骤都在证书颁发机构上进行。

（1）执行"开始→程序→管理工具→证书颁发机构"菜单命令，打开"证书颁发机构窗口。在左边窗格中选择"证书模板"，执行"操作→新建→要颁发的证书模板"菜单命令，打开如图 10-37 所示的对话框。

（2）在列表框中选择"自动注册用户"选项（这是上一节创建的新模板），然后单击"确定"按钮，显示如图 10-38 所示的对话框。这样就完成了新复制

的证书模板的启用，证书颁发机构就可以为使用"自动注册用户"模板的组或
用户颁发自动注册证书了。

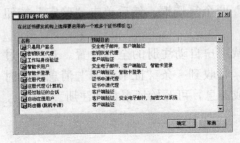

图 10-37　证书模板选择

图 10-38　证书颁发机构

10.4.4　建立自动注册域用户的策略

在启用了新建的用户自动注册模板后，还需要在 Windows Server 2003 Active
Directory 中为用户的自动注册配置相应的组策略。在用户计算机上做如下配置：

（1）执行"开始→运行"菜单命令，在打开的对话框中输入"mmc"命令
后单击"确定"按钮，打开控制台窗口。

（2）执行"文件→添加/删除管理单元"菜单命令，打开"添加/删除管理
单元"窗口。

（3）单击"添加"按钮，在"管理单元"列表中双击"Active Directory 用
户和计算机"选项，然后依次单击"关闭→确定"按钮，返回到控制台窗口。

（4）在相应域控制器上（如"cuit. com"）单击鼠标右键，在弹出的快捷菜
单中选择"属性"命令，在打开的对话框中选择"组策略"选项卡，如图 10-
39 所示。

（5）单击"编辑"按钮，打开如图 10-40 所示的对话框。在控制台树中，
选择"用户配置"项下的"公钥策略"。

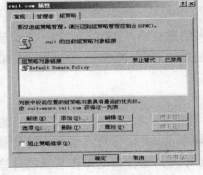

图 10-39　域控制器属性

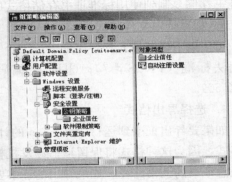

图 10-40　组策略编辑器

（6）在右边详细窗格中，双击"自动注册设置"选项，在打开的对话框中选择"自动注册证书"单选按钮和"续订过期证书、更新未决证书并删除吊销的证书"与"更新使用证书模板的证书"两个复选框，然后单击"确定"按钮完成设置。

通过前面的设置，已经完成了普通域用户自动注册的全部设置。对注册过程需要用户交互的证书进行自动注册时，将收到一条"证书注册"消息，同时任务栏上将显示一个图标。单击该图标或消息，可开始证书自动注册。

10.5 证书的导入/导出

10.5.1 概述

"证书"管理单元提供了导出和导入证书的管理工具，如果需要，还包括它们的证书路径和私钥。可以将证书导出到 PKCS♯12 文件、PKCS♯7 文件和二进制数编码的 X.509 证书文件，同时也可以从这些文件中导入证书。

1. 导入证书

使用导入证书可实现以下功能：①安装包含在由另一用户、计算机或证书颁发机构发送的文件中的证书；②还原受损或丢失的以前备份的证书；③从证书持有者以前使用过的计算机上安装证书及其关联的私钥。导入证书时，应将证书从使用标准证书存储格式的文件复制到用户账户或计算机账户对应的证书存储区。

2. 导出证书

使用导出证书可实现以下功能：①备份证书；②备份证书及其关联的私钥；③复制证书以便在另一台计算机上使用；④从证书持有者当前的计算机上删除证书及相关私钥，以便安装在另一台计算机上。导出证书时，就是将证书从证书存储复制到使用标准证书存储格式的文件中。

3. 标准证书文件格式

可用以下格式导入和导出证书：①个人信息交换（PKCS♯12）；②加密消息语法标准（PKCS♯7）；③DER 编码的二进制 X.509；④Base64 编码的 X.509。

4. 选择导出格式

如果要导出证书到运行 Windows 的计算机中，PKCS♯7 格式将是首选导出格式，因为这种格式将保留证书颁发机构链，或者包含与签名有关的反签名的任意证书的证书路径。如果导出的证书要导入到运行其他操作系统的计算机中，则可能支持 PKCS♯7 格式。如果不能使用 PKCS♯7 格式，则可以使用

DER 编码二进制格式或 Base64 编码格式以提供互操作。

10.5.2　导入证书

（1）依次单击"开始→运行"，键入 mmc，然后单击"确定"。单击"文件"菜单上的"打开"，单击要打开的控制台，然后单击"打开"。在控制台树中，单击"证书"。注意选中控制台的"证书－当前用户"后，在"查看"菜单下有"证书目的"和"逻辑证书存储"两种查看模式选项，要执行该步骤，查看模式必须按"逻辑证书存储"组织。

（2）在左边窗格"个人"下选中"证书"后，在"操作"菜单上，指向"所有任务"，然后单击"导入"，以启动"证书导入向导"。

（3）键入包含要导入证书的文件名，也可以单击"浏览"查找该文件，如图 10-41 所示。

（4）如果是 PKCS＃12 文件，则执行以下操作：①键入用于加密私钥的密码；②（可选）如果想使用严密私钥保护，选中"启用严密私钥保护"复选框；③（可选）如果想在以后备份或传输密钥，选中"标记为可导出的"复选框。

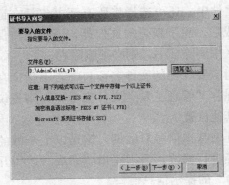

图 10-41　要导入的文件

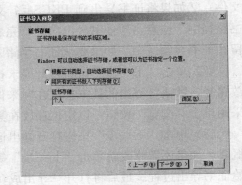

图 10-42　证书存储

（5）如图 10-42 所示，执行以下任一操作：①如果应当根据证书类型将证书自动放置在证书存储区中，单击"根据证书类型，自动选择证书存储"；②如果要指定存储证书的位置，选择"将所有的证书放入下列存储区"，单击"浏览"，然后选择要使用的证书存储区。

（6）单击"下一步"按钮，在打开的对话框中单击"完成"按钮以完成证书导入。完成导入证书之后，导入证书所用的文件仍将保持完整不变。如果不再需要该文件，可以使用 Windows 资源管理器将它删除。

10.5.3 导出证书

（1）依次单击"开始→运行"，键入 mmc，然后单击"确定"。单击"文件"菜单上的"打开"，单击要打开的控制台，然后单击"打开"。在控制台树中，单击"证书"。

（2）选中控制台的"证书－当前用户"后，在"查看"菜单下有"证书目的"和"逻辑证书存储"两种查看模式选项，下面以逻辑证书存储模式下导出个人证书为例。

（3）在左边窗格"个人"下选中"证书"后，在详细信息窗格中，单击要导出的证书，如"CuitCA"颁发给"Administrator"的证书。如图 10-43 所示。

（4）在"操作"菜单上，指向"所有任务"，然后单击"导出"。

（5）在"证书导出向导"中，选择"不，不导出私钥"（该选项仅在私钥标记为可导出且您可以访问它时才显示）。

（6）"证书导出向导"（图 10-44）中提供以下信息：①单击想要用来存储所导出证书的文件格式：DER 编码的文件、Base 64 编码的文件或 PKCS♯7 文件；②如果将证书导出到 PKCS♯7 文件中，还可选择将所有证书包括在证书路径中。注意当"证书导出向导"完成后，除了新建的文件外，证书还将保留在证书存储区中。如果要从证书存储区中删除证书，则必须删除它。

（7）单击"下一步"按钮打开要求指定要导出的文件名窗口，若不指定存放路径，默认将导出的证书存放在原来保存"管理工具"文件夹中，否则建议采用单击"浏览"按钮，以定位存放在其他位置。

（8）单击"下一步"按钮打开导出证书基本信息对话框，这是以上步骤的概要，如果还需修改就单击"上一步"等进行修改，否则单击"完成"按钮开始证书导出过程。最后将打开"导出成功"的提示信息窗口。

图 10-43　控制台中的当前个人证书

图 10-44　导出证书文件格式选择

10.5.4　导出带私钥的证书

（1）执行"开始→运行"菜单命令，在对话框中输入"certmgr. msc"命令后单击"确定"按钮，以打开当前用户证书管理控制台。

（2）选中控制台的"证书—当前用户"后，下面以逻辑证书存储模式下导出个人证书为例。在左边窗格"个人"下选中"证书"后，在详细信息窗格中，单击要导出的证书，如"CuitCA"颁发给"Administrator"的证书。

（3）在"操作"菜单上，指向"所有任务"，然后单击"导出"。

（4）在"证书导出向导"中，单击"是，导出私钥"（该选项仅在私钥标记为可导出且您可以访问它时才显示）。

（5）在"导出文件格式"下（图10-45），执行以下一种或全部操作，然后单击"下一步"。

（6）在"密码"对话框中，键入密码以加密导出的私钥。在"确认密码"中，再次键入相同的密码，然后单击"下一步"。

（7）在"文件名"中，键入存储已导出的证书和私钥的 PKCS♯12 文件的文件名和路径，单击"下一步"，显示导出私钥的基本信息，然后单击"完成"。

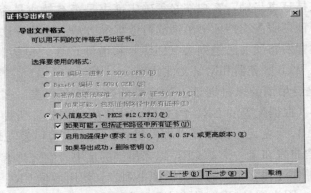

图 10-45　选择导出证书的文件格式

10.6　吊销证书和发布 CRL

可以使用证书颁发机构管理单元、吊销证书、管理证书吊销列表（CRL）的发布、指定在证书颁发机构（CA）所颁发的每份证书中发布的 CRL 分发点（CDP）。

10.6.1　吊销证书

为帮助维护单位公钥基础结构（PKI）的完整性，如果证书的受领人离开单位，或者证书受领人的私钥已泄露，或者其他一些与安全相关的事件指出它不再需要将证书视为"有效"，则 CA 的管理员必须吊销证书。当证书被 CA 吊销时，它将添加到该 CA 的证书吊销列表（CRL）中。可采取新的 CRL 或增量 CRL 的形式进行该操作，增量 CRL 是一个小的 CRL，列出自上一个完整的 CRL 以来吊销的证书。

证书吊销使得作为被信任安全凭据的证书在自然过期之前便告作废。作为安全凭据的证书在其过期之前变得不可信任，其中的原因很多。有关范例包括：①证书受领人的私钥泄露或被怀疑泄露；②证书颁发机构的私钥泄露或被怀疑泄露；③发现证书是用欺骗手段获得的；④作为信任实体的证书受领人的状态改变；⑤更改证书受领人的名称。

PKI 取决于凭据的分布式验证，它不必与保护凭证安全的中央信任实体直接通信，于是需要将证书吊销信息分发给个人、计算机和正在尝试验证证书有效性的应用程序。对吊销信息及其时间性的要求取决于证书吊销检查的应用程序及其执行情况。

要有效支持证书吊销，客户端必须确定证书是否有效或是否被吊销。为支持各种方案，证书服务支持证书吊销的行业标准方法。这些方法包括在客户端访问的几个位置发布证书吊销列表（CRL）和增量 CRL，包括 Active Directory 目录服务、Web 服务器和网络文件共享。

CRL 是已经吊销的未过期证书的完整的数字签名列表。客户端检索该列表，将其缓存（根据配置的 CRL 的寿命）并使用它来验证所提供的要使用的证书。由于 CRL 会变大，根据证书颁发机构的大小，也可发布增量 CRL。增量 CRL 只包含自发布上一个基 CRL 以来吊销的证书。它允许客户端检索较小的增量 CRL 并快速建立完整的已吊销证书列表。使用增量 CRL 也允许进行更加频繁的发布，因为增量 CRL 的大小需要的开销小于完整的 CRL 的开销。

（1）以"证书颁发机构管理员"或"证书管理员"的身份登录系统。默认情况下，系统管理员是证书管理员。

（2）依次单击"开始"和"控制面板"，双击"管理工具"，再双击"证书颁发机构"，打开证书颁发机构窗口（图 10-46）。

（3）在控制台树中，单击"颁发的证书"。如单击"CuitCA"下的"颁发的证书"选项。

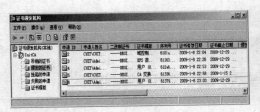

图 10-46　已颁发的证书列表　　　　图 10-47　证书吊销原因

（4）在详细信息窗格中显示了证书颁发机构当前已颁发的证书，单击想要吊销的证书。

（5）在"操作"菜单上，指向"所有任务"，然后单击"吊销证书"。

（6）选择吊销证书的原因并单击"是"，如图 10-47 所示。

①证书标记为已吊销并被移到"吊销的证书"文件夹。下次发布这个吊销的证书时，它将出现在证书吊销列表（CRL）中。

②因"证书待定"原因代码而被吊销的证书可以撤销吊销，可将"证书待定"保持到证书到期为止，或者更改其原因代码。"证书待定"是允许撤销吊销证书的唯一吊销原因。当证书状态有问题时这是很有用的，可以为 CA 管理员提供一些灵活性。

③如果想对因原因代码"证书待定"而吊销的证书撤销吊销，请在 CA 命令提示行键入：certutil-revoke CertificateSerialNumber unrevoke。

④要标识证书序列号，请在"吊销的证书"文件夹的详细信息窗格中双击吊销的证书，然后单击"详细信息"选项卡。

⑤要更改以前因原因代码"证书待定"而吊销的证书的原因代码，请在 CA 命令提示行键入相应的命令，如表 10-3 所示。

表 10-3　CA 命令

新原因代码	命令
未指定	certutil-revoke CertificateSerialNumber 0
密钥泄露	certutil-revoke CertificateSerialNumber 1
CA 泄露	certutil-revoke CertificateSerialNumber 2
从属更改	certutil-revoke CertificateSerialNumber 3
被取代	certutil-revoke CertificateSerialNumber 4
操作停止	certutil-revoke CertificateSerialNumber 5

也可右键单击需要的证书，然后依次单击"所有任务"和"撤销吊销证书"，在证书颁发机构中撤销证书吊销。必须吊销该证书的原因是它处于"证

书待定"状态，如图 10-48 所示。

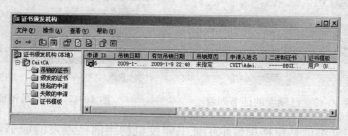

图 10-48 吊销的证书列表

10.6.2 安排证书吊销列表（CRL）的发布

证书服务的其中一项功能，是在 CA 管理员指定了时间间隔后，每个 CA 都自动发布更新的 CRL。该时间间隔称作 CRL "发布期"。在初次安装 CA 之后，CRL 发布期被设置为一周（根据本地计算机时间，从 CA 首次安装的日期开始计算）。有关更改证书颁发机构的 CRL 发布间隔的过程，请参阅安排证书吊销列表的发布。CRL 和增量 CRL 发布期可独立安排。

CA 管理员应了解在 CRL 发布期和 CRL 有效期之间的区别。CRL 的有效期是证书验证者将 CRL 视为权威的时间段。只要证书验证者在其本地缓存中具有有效的 CRL，它就不会尝试从发布它的 CA 检索另一个 CRL。

CRL 的发布期由 CA 管理员建立。但是，CRL 的有效期是从发布期延伸而来的，期间允许进行 Active Directory 复制。在默认情况下，证书服务将发布期延长 10%（最多为 12 个小时）以建立有效期。因此，举例来说，如果 CA 每 24 小时发布一次 CRL，那么有效期设置为 26.4 小时。另外，还存在时钟偏差（在发布期的开始和结束时间额外增加 10 分钟）。因此，考虑到计算机时钟设置中的偏差，CRL 将在其发布期开始前 10 分钟有效。

管理员还可使用注册表条目来控制发布期和有效期之间的差异，以便更慢的目录复制也能顺利进行。有关这些注册表项的信息，请参阅 Windows 部署和资源工具包。

确定 CRL 发布的计划时，应对性能与安全性进行平衡。发布 CRL 的频率越高，当前客户端使用已吊销 CRL 列表的次数越多，它们接受最近吊销的证书的可能性越小。但是，频繁发布会对网络和客户端的性能造成不良影响。要帮助减轻这种不平衡性，可在环境支持的情况下使用增量 CRL。

具体操作步骤如下：

（1）以"证书颁发机构管理员"或"证书管理员"的身份登录系统。默认情况下，系统管理员是证书管理员。

（2）执行"开始→程序→管理工具→证书颁发机构"菜单命令，打开"证书颁发机构"窗口。

（3）单击控制台树中的"吊销的证书"，如图 10-49 所示。

（4）在"操作"菜单上，单击"属性"。

（5）在"CRL 发布间隔"中，键入增量，单击要用于自动发布证书吊销列表的时间单位，如图 10-50 所示。完成后单击"确定"按钮。在默认情况下，在以下位置发布证书吊销列表（CRL）：① systemroot \ system32 \ CertSrv \ CertEnroll \ ；②如果这台计算机是域成员并具有对 Active Directory 目录服务的写权限，则也向 Active Directory 发布 CRL；③CRL 的发布期与 CRL 的有效期不同。默认情况下，CRL 的有效期比 CRL 的发布期多出 10％（最多为 12 小时）；④以便允许目录复制。

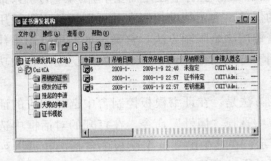

图 10-49　吊销的证书

图 10-50　吊销证书的属性

10.6.3　手动发布证书吊销列表

（1）以"证书颁发机构管理员"或"证书管理员"的身份登录系统。默认情况下，系统管理员是证书管理员。

（2）依次单击"开始"和"控制面板"，双击"管理工具"，再双击"证书颁发机构"，打开证书颁发机构窗口。

（3）单击控制台树中的"吊销的证书"。

（4）在"操作"菜单上，指向"所有任务"，然后单击"发布"。

（5）选择"新的 CRL"以便覆盖先前发布的证书吊销列表（CRL），也可选择"仅增量 CRL"以便发布当前的增量 CRL。然后单击"确定"按钮完成手动发布证书吊销列表过程。

10.7　PKI 在文件传输加密与数字签名方面的应用

公钥基础结构（PKI）除了应用在前面介绍的 EFS 文件加密外，还被广泛应用于网络中的文件传输和邮件数字签名。

10.7.1　配置密钥用法

Windows Server 2003 Standard Edition 在向接受方颁发证书时，将建立公钥和私钥。这些密钥的用法是由密钥用法和应用程序策略来配置的。密钥用法配置是对该证书类型广泛的各种操作的一项基本限制。选项有几个，这取决于已为该证书配置了什么用途，是签名还是加密。

在 PKI 中进行的文件传输加密和数字签名中还是需要利用用户的个人证书。证书使接收方能够执行特定的任务。为了帮助控制在其预期目的以外使用证书，将自动对证书设置限制。密钥用法是限制方法，它确定证书可以用于什么目的。这允许管理员颁发只能用于特定任务的证书，或颁发广泛用于各种功能的证书。

在证书模板中配置密钥用法的方法是：在证书模板控制台中选择相应的证书模板并右击，在弹出的快捷菜单中选择"属性"命令，在打开的对话框中选择"扩展"选项卡，如图 10-51 所示；在其中的"这个模板中包括的扩展"列表中选择"密钥用法"选项，然后单击"编辑"按钮，打开如图 10-52 所示的"编辑密钥用法扩展"对话框；选中"数字签名"复选框和"允许使用用户数据加密"复选框，然后单击"确定"按钮完成"密钥用法"配置。

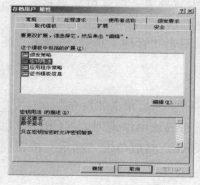

图 10-51　存档用户属性

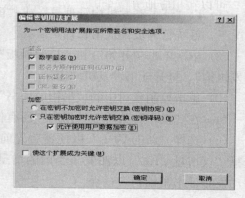

图 10-52　编辑密钥用法扩展

在文件传输加密和数字签名应用中的证书模板通常是"用户"模板，但由于这类模板是预配置的证书模板，不可重设置，所以在如图 10-53 所示的计算机证书模板的"扩展"选项卡中选择了"密钥用法"选项后，并没有"编辑"按钮。故需要按本章前面介绍的方法复制该模板以生成新的证书模板，如本章前面介绍的"存档用户"模板。

10.7.2　文件传输加密

文件传输加密的目的就是保护文件不被非法用户打开，防止别人查看文件内容。现在网络还存在许多不安全因素，用户在发送电子邮件或进行文件传输时或许有很多人在密切监视着其行为，特别是对一些著名的大公司用户。怎样实现安全传输呢？公钥基础结构就是应用最广的一种安全技术。

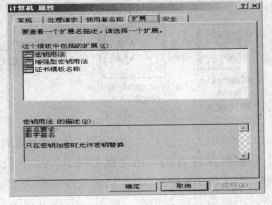

图 10-53　计算机属性

在公钥基础结构中，最关键的就是公、私钥密钥对的获取，其实就是证书的发证机构，不同的机构颁发的证书公信效力不一样，也就决定了有不同的主要应用领域。如利用自己的 windows 系统颁发的密钥证书，主要应用于企业内部网络用户之间，因为它的证书颁发机构就是企业自己，对其他非本单位用户来说缺乏必要的公信力。而如果这个密钥对证书是由地方，甚至是国家认可的机构颁发的，则它的公信力就广了，可以在相应地方或全国有效。本节就要介绍利用公钥基础结构中的密钥进行文件加密和数字签名的原理。其实这也是后面将要介绍的 PGP 加密和数字签名原理。

在文件传输中的加密不再是利用 EFS 加密技术，而是纯粹地使用 PKI 公私密钥对。首先要清楚公钥基础结构中的两个密钥在文件加密中是如何应用的。其实很简单，就是发送文件的用户（假如为 A）先用接收文件方用户（假如为 B）的公钥加密文件，然后发给接收方用户 B。B 在收到 A 发来的用自己公钥加密的文件后，再用自己的私钥即可打开文件。下面以一个具体例子来讲解加密和解密，以及保护加密文件的过程，如图 10-54 所示。

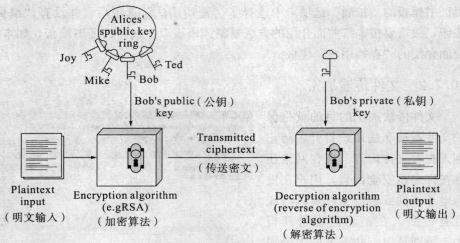

图 10-54　基于公开密钥的加密过程

　　现假设有 A 公司的老板名叫 Alice，B 公司的老板名叫 Bob，现 Alice 想传输一个文件 files 给 Bob，这个文件是有关于一个合作项目标书议案，属公司机密，不能给其他人知道。而另一个竞争对手 C 公司的老板 Clinda 对 A 和 B 公司有关那项合作标书非常关注，总想取得 A 公司的标书议案。于是他时刻监视他们的网络通信，企图通过各种各样的方法从 A 公司与 B 公司之间的邮件通信中截取他们的邮件，从中获取有关标书标的等信息。因为没有加密防范措施的邮件是很容易被截取的，为了防止其他人在邮件通信中截取这份重要的邮件，并从中获取标书标的等重要信息，A 公司与 B 公司老总商议采取公钥基础结构的文件加密方式传输。下面就是具体的加密邮件发送步骤（图 10-55）。

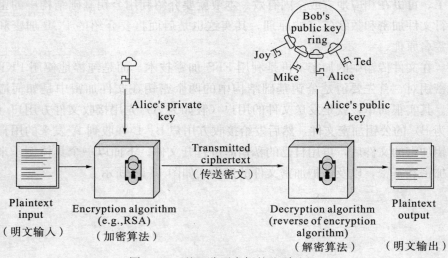

图 10-55　基于公开密钥的鉴别过程

（1）首先 B 公司老总 Bob 把自己的公钥（假设为）通过网络或者电话告诉 A 公司老总 Alice，这个过程不怕别人知道，无需加密。

（2）Alice 用 Bob 的公钥 Public Key B 给标书议案文件 files 加密。

（3）Alice 把已用 Bob 的公钥加密的文件通过邮件或者其他传输途径（如 QQ、MSN 等）传给 B 公司老总 Bob。

（4）Bob 在收到 Alice 发来的带有 files 文件附件的邮件后，打开附件中的 files 文件，在提示中用自己的私钥（假设为"Private Key B"）解密即可。或许有朋友会要问，在第一步中 C 公司的老板 Andy 同样可以截取 Bob 的公钥，且在第 3 步中也可以截取加密后的标书议案文件 files，这样做并没有起到安全保障的作用啊？其实这种认识是错误的。因为 Clinda 虽然获取了 Bob 的公钥和标书议案文件 files，但用 Bob 公钥加密后的文件只能用 Bob 的私钥来解开，即使使用 Bob 的公钥也无法自己解密。因为这里采用的是非对称密钥策略，公钥和私钥必须配对使用，这就是发明这种加密方法的绝妙之处，所以在这个传输中是安全的。

10.7.3　数字签名

数字签名是一种确保数据完整性和原始性的方法。数字签名可以表明自从数据被签名以来数据尚未发生更改，并且它可以确认对数据签名的人或实体的身份。数字签名实现了"完整性"和"认可性"这两项重要的安全功能，而这是实施安全电子商务的基本要求。

当数据以明文或未加密形式分发时，通常使用数字签名。这种情况下，由于消息本身的敏感性无法保证加密，因此必须确保数据仍然保持其原来的格式，并且不是由冒名者发送的，因为在分布式计算环境中，网络上具有适当访问权的任何人无论是否被授权都可以很容易读取或改变明文文本。

数字签名主要是为了证明发件人身份。这种签名还可以防止别人仿签，因为经过加密过的签名会变得面目全非，别人根本不可能看到真正的签名样子。在上一节我们介绍了在文件传输和邮件发送中利用文件加密方式来阻止非法用户打开的原理，其实仅用了文件加密方式还不足以保证邮件传输的真正安全，因为邮件内容还可能被非法用户替换，尽管这些非法用户不能查看原邮件中的真正内容。这就涉及到如何确保自己收到的邮件就是自己希望的用户发来的问题了，此时就需要用到数字签名技术。但是在邮件传输中，通常不是单独使用文件加密或者数字签名，而是二者结合使用，以达到更好的安全保护目的。下面仍以上节那个实例为例进行介绍，不同的只是在此封邮件发送中同时采用了文件加密和数字签名，实施双重保护。

具体步骤如下：

（1）Alice 与 Bob 互换公钥。

（2）Alice 用自己的私钥对 TXT 文件进行数字签名。

（3）Alice 用 Bob 的公钥对 TXT 文件进行加密。

（4）Alice 把经过数字签名和加密的文件 TXT 通过邮件或其他传输途径（如 QQ、MSN 等）传给 Bob。

（5）Bob 在收到签名并加密的邮件后首先用 Bob 自己的私钥进行文件加密的解密，然后再用 Alice 的公钥进行数字签名解密。

在这个过程中同样 Clinda 也可以获取 Bob、Alice 的公钥和签名并加密的标书文件 TXT，但因无 Bob 的私钥而无法打开邮件。同时由于 Alice 在发送文件前已用自己的私钥进行了数字签名，所以当 Bob 在收到邮件后完全可以证实自己收到的就是 Alice 发来的邮件，而不可能是其他用户的。试想如果 Clinda 想要改变邮件，冒充 Alice 向 Bob 发送邮件，因 Clinda 没有 Alice 的私钥，所以在用其他用户的私钥进行数字签名时就不可能再以 Alice 的公钥来解密数字签名了。在这里要注意文件加密和数字签名的先后顺序，一定是先签名再加密，这样加密技术就可以同时保证邮件中的数字签名了。如果先加密后签名，非法用户在得到邮件后就可通过获取的公钥破解数字签名了，因为公钥是可以公开的，很容易被一些别有用心的人得到。数字签名一旦被破解后，很可能导致签名被替换。当然，邮件中的内容在没有收件人私钥的情况下还是无法打开的。

以上介绍的是利用公钥和私钥进行文件加密和数字签名的原理，其实在实际应用中，这些公钥和私钥用户不用具体关心它们的组成，而是由证书颁发机构或者软件自己生成。就拿公钥来说吧，那么长的代码，看起来都怕，而且随着密钥位置的增加，代码长度也随着增加，当然破解难度也将增加，也就越安全。但在一定程度上对使用有一些影响。

10.7.4　加密密钥对的获取

文件传输加密和数字签名中的用户公私钥对的获取可以有多种途径，主要视密钥对的应用环境和双方对密钥公正性的要求而定。根据不同的应用范围，以及不同的安全级别需求，密钥对获取主要可以采取以下两种途径。

1. 通过 Windows 系统获得

如果基本是在企业网络内部进行文件加密和数字签名的应用，或者仅在少数外部用户中使用，可以直接使用从 Windows 系统获得的密钥对。不过使用之前，先要与收件方达成一致认可，并且相互信任，互相交换公钥。要获取私钥首先必须申请证书，而每个用户在系统注册时，系统都会自动分配一个。

查看自己证书的方法主要有两种：①通过添加有"证书"管理单元的控制

台可以查看现在证书；②通过"Internet 选项"对话框查看。前一方法具体参见本章前面介绍，下面具体介绍后一种方法。

（1）在 IE 浏览器中执行"工具"、"选项"菜单命令，在打开的"Internet 选项"对话框中选择"内容"选项卡，如图 10-56 所示。

（2）在"证书"选项组中单击"证书"按钮，在打开的"证书"对话框中选择"个人"选项卡，如图 10-57 所示。在其中就显示了当前用户所具有的全部证书了。如果是域系统管理员，在对话框中还会显示域中所有其他用户的证书。

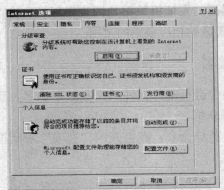

图 10-56　Internet 选项的内容选项卡

图 10-57　证书对话框的个人选项卡

（3）双击要选择的证书，在打开的"证书"对话框中选择"详细信息"选项卡。在列表中显示了证书的详细信息，其中包括"公钥"选项。

（4）要获取私钥，就必须按带有私钥的证书导出方法进行证书导出。可直接在如图 10-58 所示对话框中单击"复制到文件"按钮，打开证书导出向导对话框。在其中提示是否导出私钥时选择导出即可，如图 10-59 所示。导出的带有私钥的密钥文件格式只能是 PFX 格式。

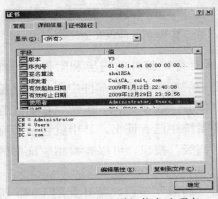

图 10-58　证书的详细信息选项卡

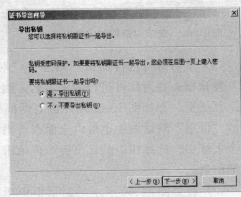

图 10-59　"导出私钥"对话框

2. 通过专门的证书颁发机构申请

上面介绍的是利用 Windows 系统自带的证书服务申请证书，这类证书通常只能应用于企业局域网内部，而不能用于与企业外部人员的交流。而且这种局域网内部使用的证书的公信范围有限，不能得到广泛用户的认可。此时我们就需要向公信力高的专门证书颁发机构申请证书。

一般来说，发证机关也是分级的，所选的发证机关级别越高，权威性也就越高，上级发证机关向其下级机关发证。发证机关在得到申请后会对申请者进行调查，以证实身份，防止假冒。级别越高的发证机关越是调查得仔细，特别是"根发证机关"。所以申请这种公钥需要缴纳相应级别的费用。

10.7.5 邮件中的文件加密和数字签名

有了证书后就可以利用它在邮件传输中进行邮件文件加密和数字签名。现以 Outlook Express（简称 OE）为例进行介绍。

（1）在 OE 中选择"工具"、"选项"菜单命令，在打开的"选项"对话框中选择"安全"选项卡，如图 10-60 所示。

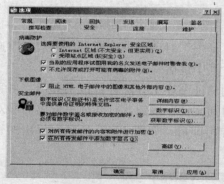
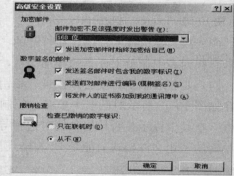

图 10-60　选项对话框的安全选项卡　　　图 10-61　高级安全设置

（2）要对邮件进行加密，则选中"对所有待发邮件的内容和附件进行加密"复选框；要对邮件进行数字签名，则选中"在所有待发邮件中添加数字签名"复选框。在如图 10-60 所示的对话框中单击"数字标识"按钮，在前述打开的"证书"对话框中也可以全面查看当前系统中已有证书，其中就包括所有的个人证书。选择相应的证书后，再单击"高级"按钮，可以查看相应证书的详细信息。

（3）在如图 10-60 所示的对话框中单击"高级"按钮，打开如图 10-61 所示的"高级安全设置"对话框，可以设置邮件加密时所用的密钥位，这要求与所用的证书的密钥位一样。其他选项可按系统默认配置。

以上是对 OE 的全局设置，经设置后，从该 OE 系统中发出的所有邮件都将按如图 10-60 中的设置进行邮件加密和数字签名。如果只需要对具体邮件进行加密和签名，则可在具体的邮件中选择"工具→加密"或"数字签名"菜单命令，或者直接单击工具栏中的"加密"或"签名"按钮。执行加密和签名的邮件分别会在收件人和发件人地址栏右端显示，如图 10-62 所示。因为这两种功能实际上在发件人端所利用的分别是收件人证书和发件人证书。

以上进行邮件加密和数字签名所用的证书密钥也和前面两节介绍的文件传输加密和数字签名原理一样，邮件文件加密时所用的是收件人的公钥（这必须要求在本系统中添加了对方的公钥证书），而数字签名所用的是发件人自己的私钥，但必须同

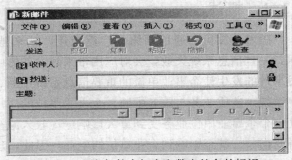

图 10-62　在邮件中加密和数字签名的标识

时告诉收件人自己的公钥，也就是收件人要把发件人的私钥证书安装在系统中。在发送邮件时，如果启用了加密和签名功能后，系统会自动使用收件人的公钥对邮件文件进行加密，然后使用发件人的私钥进行数字签名。

第 11 章　系统灾难恢复技术

11.1　概述

随着计算机和通信网络的广泛应用，越来越多应用日益严重依赖信息技术，一旦信息系统失效，会对应用带来致命的影响。比如，由于各种灾难或突发事件的发生使企事业单位的重要信息系统中断，而企事单位业因不能及时恢复系统，造成业务与服务中断，企事业单位的应用停止或丢失重要数据，进而使整个企事业单位业务受到重大影响——收入减少、利润降低、客户流失、声誉受损——甚至影响到企业单位的生存。因此，建立真正意义上保证企业业务持续运转的灾难恢复系统已成为当今企业发展战略的重要组成部分，也是企业保证业务可持续发展的重要手段。

根据 Dynamic Market 公司对 IT 经理人的调查，大公司最重视的五大安全威胁分别是硬件失效（占 61%）、软件失效与病毒（占 59%）、火灾（占 56%）、黑客（占 36%）、员工意外失误（占 31%）。而这些威胁中的绝大多数在当今的网络环境中是无法避免的，因此在有威胁的网络环境中，如何更加有效地保护网络信息系统，提供持续不断的服务是企事业单位关注的焦点，也是当前的一个研究热点。

为了使网络信息系统在任何时候都持续可用，需要建设网络信息系统配套的灾难恢复系统（Disaster Recovery System，DRS）。由于灾难恢复的代价巨大，建设与网络信息系统相适应的（如在投资上）灾难恢复系统就成为当前建设各网络信息系统时必须考虑的问题。此外，由于当前网络信息系统呈现错综复杂的发展趋势及 DRS 本身固有的复杂性，建设与网络信息系统匹配的灾难恢复系统还需要开发辅助工具帮助决策者进行灾难恢复控制。

灾难恢复技术主要包括数据备份和数据恢复技术。数据备份技术是一切灾难发生后恢复网络信息系统的最后保障，包括备份内容、备份管理等多方面的技术。灾难有很多种情况，小到一般的文件损坏、误操作，大到因病毒入侵、黑客攻击，甚至整个建筑物被毁坏（火灾、地震、自然倒塌等）等对网络信息系统的破坏。只要各企事业单位按照各自实际的安全保护级别及时做好数据备份，并按相应级别做好了备份媒体的保护工作，企事业单位的网络信息系统及数据的及时恢复就有希望。备份是恢复的逆反操作，因此数据恢复技术在整个灾难恢复中占有相当重要的地位，关系到系统在经历灾难后能否迅速恢复以及恢复的好坏。为了防止数据丢失，还需要做详细的灾难恢复计划，定期进行灾难恢复实验和练习。可以利用淘汰的机器或多余的硬盘进行模拟灾难恢复练习，以熟练灾难恢复的操作过程，并检验灾难恢复软件及所生成的灾难恢复磁盘或灾难恢复备份是否可靠。

本章主要介绍当前基于 Windows 环境的、与系统灾难恢复相关的数据备份与恢复的实用技术。

11.2　Active Directory 数据库备份与恢复技术

在网络信息系统中，活动目录（Active Directory）是 Windows 操作系统的网络基础系统平台。如果活动目录崩溃，对网络的直接影响就是网络用户不能直接登录、需要使用域用户的方式来验证、CA 证书不能认证等。因此，网络管理员需要定期备份活动目录数据库，当活动目录数据库出现问题时，可以通过备份的数据还原活动目录数据库。

Active Directory 数据库中保存了大量系统数据，如果遭到破坏而导致数据丢失，将会引起网络故障。Windows Server 2000/2003 提供了"备份"工具，可以备份活动目录的相关数据，有经验的网管通常会定期备份 Active Directory 数据库。当 Active Directory 数据库出现问题时，可以使用备份数据来还原 Active Directory 数据库。下面主要介绍 Windows Server 2000/2003 的 Active Directory 数据库备份与恢复技术。

11.2.1　备份 Active Directory 数据库

备份 Active Directory 数据库的操作步骤如下。

（1）选择"开始"→"程序"→"附件"→"系统工具"→"备份"选项，打开"备份或还原向导"对话框，如图 11-1 所示。

（2）单击"下一步"按钮，显示"备份或还原"对话框。选择"备份文件和设置"单选按钮，如图 11-2 所示。

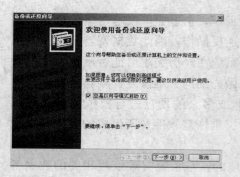

图 11-1 "备份或还原向导"对话框

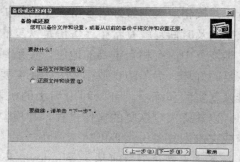

图 11-2 选择"备份文件和设置"单选按钮

（3）单击"下一步"按钮，显示"要备份的内容"对话框。选择"让我选择要备份的内容"单选按钮，如图 11-3 所示。

（4）单击"下一步"按钮，显示"要备份的项目"对话框。在其中依次展开"桌面"→"我的电脑"文件夹，选择"System State"复选框，如图 11-4 所示。

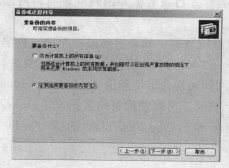

图 11-3 选择要备份的内容

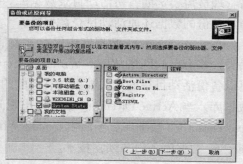

图 11-4 选择"System State"复选框

（5）单击"下一步"按钮，显示"备份类型、目标和名称"对话框。在其中根据提示选择备份文件的存储路径，并设置备份文件的名称，如图 11-5 所示。

（6）单击"下一步"按钮，显示"正在完成备份或还原向导"对话框，如图 11-6 所示。

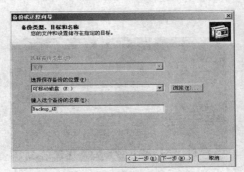 

图 11-5 "选择备份类型、目标 图 11-6 "正在完成备份或还原
和名称"对话框 向导"对话框

（7）单击"完成"按钮，开始执行 Active Directory 数据库的备份操作，显示如图 11-7 所示的"备份进度"对话框。经过一段时间，完成备份，如图 11-8 所示。

（8）单击"关闭"按钮。

 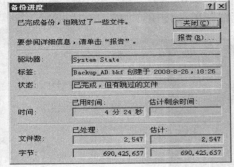

图 11-7 "备份进度"对话框 图 11-8 "完成备份"对话框

11.2.2 还原 Active Directory 数据库

还原 Active Directory 数据库的操作步骤如下：

（1）进入目录服务还原模式

Active Directory 服务正常运行时，不能执行 Active Directory 数据库还原操作，必须进入目录服务还原模式。重新启动计算机，在进入 Windows Server 2003 的初始画面前，按 F8 键进入 Windows 高级选项菜单界面。此时可以通过键盘上的上下方向键选择"目录服务还原模式（只用于 Windows 域控制器）"选项，如图 11-9 所示。

按回车键，使用具有管理员权限的账户登录系统进入系统安全模式，如图

11-10 所示。

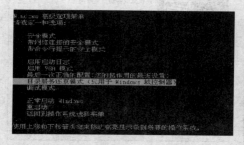

图 11-9 选择"目录服务还原模式"选项　　　图 11-10　系统安全模式

（2）使用还原向导执行还原操作

进入目录服务还原模式后，使用"备份"工具执行 Active Directory 数据库还原操作，步骤如下。

①选择"开始"→"程序"→"附件"→"系统工具"→"备份"选项，打开"备份或还原向导"对话框，如图 11-11 所示。

②单击"下一步"按钮，显示"备份或还原"对话框。选择"还原文件和设置"单选按钮，如图 11-12 所示。

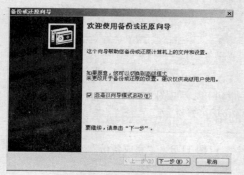

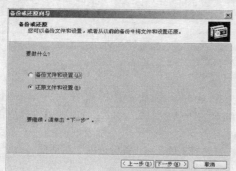

图 11-11　"备份或还原向导"对话框　　图 11-12　选择"还原文件和设置"单选按钮

③单击"下一步"按钮，显示"还原项目"对话框。在其中选择要恢复的备份文件，如图 11-13 所示。

④单击"下一步"按钮，显示"还原项目"对话框。选择要恢复"System State"选项，如图 11-14 所示。

⑤单击"下一步"按钮，显示"正在完成备份或还原向导"对话框，如图 11-15 所示。

⑥系统弹出一个警告提示框，单击"确定"按钮确认开始 Active Directory 数据库的还原操作，如图 11-16 所示。

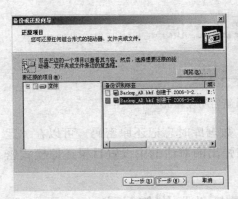

图 11-13　选择要恢复的备份文件　　　图 11-14　选择"System State"选项

图 11-15　"正在完成备份或还原　　　图 11-16　确认还原
　　　　　向导"对话框

　　⑦还原工具开始还原操作，并显示还原进度，如图 11-17 所示。经过一段时间的还原操作后，系统会提示还原操作的结果，如图 11-18 所示。

　　（3）重新启动计算机

　　单击"关闭"按钮，系统会提示是否需要重新启动计算机，如图 11-19 所示，单击"确定"按钮，重新启动计算机。

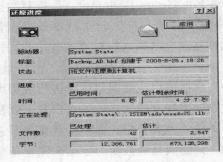

图 11-17　还原进度　　　　　　　图 11-18　还原操作的结果

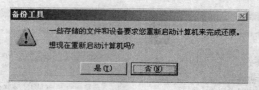

图 11-19　提示重新启动计算机

如果在还原 AD（Active Directory）数据库时忘记还原密码，可以在"运行"对话框中输入"Ntdsutil"命令。在弹出的对话框中设置目录还原模式密码，成功后重新启动计算机。

11.3　SQL Server 2000 数据库备份与恢复技术

备份和恢复组件是 SQL Server 2000 的重要组成部分。备份是指对 SQL Server 2000 数据库或事务日志进行复制，数据库备份记录了在进行备份这一操作时数据库中所有数据的状态，一旦数据库因意外而损坏，这些备份文件将被用来恢复数据库。

SQL Server 2000 支持在线备份，通常情况下可以边进行备份，边进行以下所列之外的操作：创建或删除数据库文件、创建索引、执行非日志操作、自动或手动缩小数据库或数据库文件的大小。为了对系统进行完全备份，应该在备份之前，根据具体情况和条件制定一个完善可行的备份计划，确保数据的安全。

在 SQL Server 2000 中，有 4 种备份类型：①数据库完全备份（DataBase Backups），是指对数据库进行完整的备份，包括所有的数据及数据库对象；②事务日志备份（Transaction Log Backups），是指对数据库发生的事务进行备份，包括从上次谨慎事务日志备份、差异备份和数据完整备份之后，所有已完成的事务；③差异备份（Differential Database Backups），是指将最近一次数据库完全备份以来发生的数据变化进行备份，因此备份差异实际上是一种增量数据库备份；④文件和文件组备份（File and File Group Backups），是指对数据库文件和文件组进行备份，但不像数据库完全备份那样同时进行事务日志备份，因此使用该备份方法可提高数据库的恢复速度（因为仅对遭到破坏的文件和文件组进行恢复）。

数据库备份的目的是在遭受破坏、丢失数据或出现数据错误时进行数据库的恢复。在 SQL Server 2000 中，有 3 种数据库恢复模式：①简单恢复，就是在进行数据库恢复时仅使用了数据库完全备份或差异备份，而不涉及事务日志备份，因此无法将数据恢复到失败点状态，只能恢复到最新的数据库完全备份或差异备份的状态（使用简单恢复模式时的常用备份策略是：首先进行数据库备份，然后进行差异备份）；②完全恢复，是指通过使用数据库完全备份和事务日志将数据库恢复到失败状态，因此几乎不会造成任何数据丢失，这成为对付因介质损坏而丢失数据的最佳方法（选择完全恢复模式时的常用备份策略是：首先进行数据库完全备份，然后进行差异备份，最后进行事务日志备份）；③大容量日志记录恢复，在性能上优于简单恢复和完全恢复模式，能减少批操作〔如 Select Into 批插入操作、创建索引针对大文本或图像的操作（如 Write-text、Updatetext 等）〕所需要的存储空间（选择大容量日志记录恢复模式时的常用备份策略与完全恢复所采用的恢复策略基本相同）。

11.3.1　数据库维护计划创建备份

在 SQL Server 2000 中，提供了多种数据库备份的方法，例如作业备份、脚本备份、数据库计划维护等，下面以数据库维护计划为例说明如何创建数据库和事务日志的备份的步骤。

图 11-20　"SQL Server Enterprise Manger" 窗口

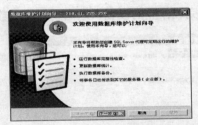

图 11-21　"数据库维护计划向导" 对话框

（1）选择 "开始" → "所有程序" → "Microsoft SQL Server" → "企业管理" 命令，随后会显示 "SQL Server Enterprise Manger" 窗口，如图 11-20 所示。

（2）在 "SQL Server Enterprise Manger" 窗口的 "控制台" 的左侧列表数中，选择 "控制台根目录" → "Microsoft SQL Server" → "SQL Server 组" → "210. 41. 225. 226（Windows NT）" → "管理" → "数据库维护计划"，右击 "数据库维护计划" 名称，在弹出的快捷菜单中选择 "新建维护计划" 命令，启动 "数据库维护计划向导" 对话框（图 11-21）。

（3）在 "数据库维护计划向导" 对话框中，单击 "下一步" 按钮，显示 "数据库选择" 对话框（图 11-22），选择 "如下数据库" 单选按钮，在 "数据库" 列表中，选择需要备份的数据库名称（这里选择的是 cuitzsb）；然后单击 "下一步" 按钮，显示 "更新数据优化信息" 对话框（图 11-23），使用默认值即可。

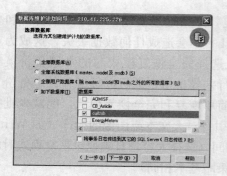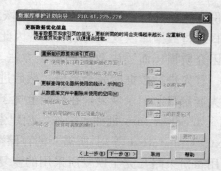

图 11-22　"数据库选择"对话框　　　图 11-23　"更新数据优化信息"对话框

（4）在"更新数据优化信息"对话框中，单击"下一步"按钮，显示"检查数据库完整性"对话框（图 11-24），然后（建议）选择"检查数据完整性"复选框；单击"更改"按钮，显示"编辑反复出现的作业调度"对话框（图 11-25），根据数据库备份策略决定检查数据库完整性的频率和时间；再单击"确定"按钮，完成作业的设置，返回到"检查数据库完整性"对话框中。

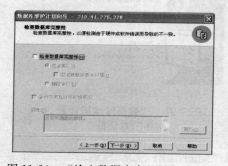

图 11-24　"检查数据库完整性"对话框　　图 11-25　"编辑反复出现的作业调度"对话框

（5）在"检查数据库完整性"对话框中，单击"下一步"按钮，显示"指定数据库备份计划"对话框（图 11-26），选择"作为维护计划的一部分来备份数据库"和"完成时验证备份的完整性"复选框，在"指定存储备份文件的位置"区域中，选择"磁盘"单选按钮；然后再在"指定数据库备份计划"对话框中，单击"更改"按钮，设置数据库备份的时间（比如，每 1 天发生，在 3：00：00），完整备份数据库。

（6）在"指定数据库备份计划"对话框中，单击"下一步"按钮，显示"指定备份磁盘目录"对话框（建议将备份目录设置到其他分区中），如图 11-27 所示；为了节省存储空间，建议选择"删除早于此时间的文件"复选框，同时设置删除文件的计划周期。默认的数据库备份文件的扩展名为 .bak。

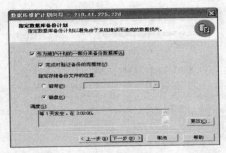
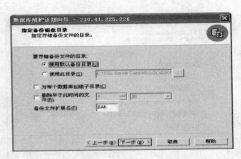

图 11-26　"指定数据库备份计划"对话框　　　　图 11-27　"指定备份磁盘目录"对话框

(7) 在"指定备份磁盘目录"对话框中，单击"下一步"按钮，显示"指定事务日志备份计划"对话框（图 11-28），选择"作为维护计划的一部分来备份事务日志"和"完成时验证备份的完整性"复选框，设置"指定存储备份文件的位置"的方式为"磁盘"；然后单击"更改"按钮，显示"编辑反复出现的作业调度"对话框，设置事务日志的备份计划为每天每小时进行一次事务日志备份（图 11-29）。

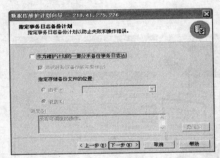
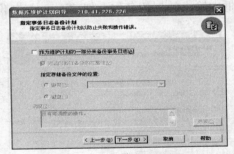

图 11-28　"指定事务日志　　　　　　　图 11-29　"编辑反复出现的
　备份计划"对话框　　　　　　　　　　　作业调度"对话框

(8) 在"指定事务日志备份计划"对话框中，单击"下一步"按钮，显示"指定事务日志的备份磁盘目录"对话框（建议将备份目录设置到其他分区中），如图 11-30 所示；为了节省存储空间，建议选择"删除早于此时间的文件"复选框，同时设置删除文件的计划周期。默认的日志备份文件的扩展名为 .trn。

(9) 在"指定事务日志的备份磁盘目录"对话框中，单击"下一步"按钮，显示"要生成的报表"对话框，如图 11-31 所示，选用默认值即可。

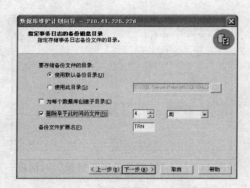 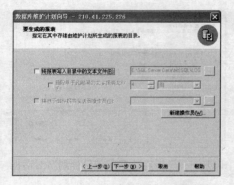

图 11-30　"指定事务日志的备份　　　　　图 11-31　"要生成的报表"对话框
　　　　　磁盘目录"对话框

　　（10）在"要生成的报表"对话框中，单击"下一步"按钮，显示"维护计划历史记录"对话框，如图 11-32 所示，选用默认值即可。

　　（11）在"维护计划历史记录"对话框中，单击"下一步"按钮，显示"正在完成数据库维护计划向导"对话框，如图 11-33 所示，在"计划名"文本框中输入计划的名称，如"cuitzsb 备份"。

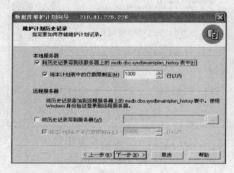 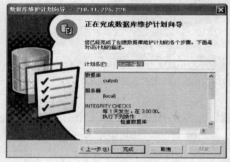

图 11-32　"维护计划历史记录"对话框　　图 11-33　"正在完成数据库维护
　　　　　　　　　　　　　　　　　　　　　　　计划向导"对话框

　　（12）在"正在完成数据库维护计划向导"对话框中，单击"完成"按钮，完成数据库计划的创建。

　　注意在以上数据库和事务日志备份的创建中，若 SQL Server Agent 停止运行，数据库维护计划将不能自动运行。

11.3.2　数据库的恢复

　　SQL Server 2000 数据库系统提供了多种恢复数据库的方法，如脚本恢复、图形方式恢复等，下面介绍图形方式恢复数据库的步骤。

（1）选择"开始"→"所有程序"→"Microsoft SQL Server"→"企业管理"命令，随后会显示"SQL Server Enterprise Manger"窗口，如图 11-20 所示。

（2）在"SQL Server Enterprise Manger"窗口的"控制台"的左侧列表数中，选择"控制台根目录"→"Microsoft SQL Server"→"SQL Server 组"→"210.41.225.226（Windows NT）"→"数据库"，右击"数据库"名称，在弹出的快捷菜单中选择"所有任务"命令，在弹出的级联菜单中选择"还原数据库"命令，显示"还原数据库"对话框 1，如图 11-34 所示。

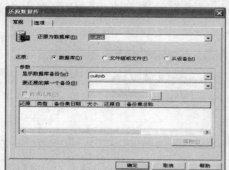

图 11-34　"还原数据库"对话框 1

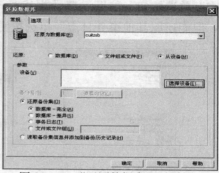

图 11-35　"还原数据库"对话框 2

（3）在"还原数据库"对话框 1 的"还原为数据库"文本框中，输入需要还原的目标数据库名称；在"还原"区域中，选择"从设备"单选按钮，显示"还原数据库"对话框 2，如图 11-35 所示。

（4）在"还原数据库"对话框的"常规"选项卡中，单击"选择设备"按钮，显示"选择还原设备"对话框（图 11-36），选择"添加"按钮，显示"选择还原目的"对话框（图 11-37）。在"文件名"文本框中输入备份文件的完整目录名称，或单击"…"按钮，在弹出的"选择备份设备"对话框中选择备份文件的位置。单击"确定"按钮返回到"选择还原设备"对话框，然后再单击"确定"按钮返回到"常规"选项卡。

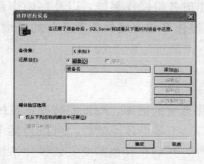

图 11-36　"选择还原设备"对话框

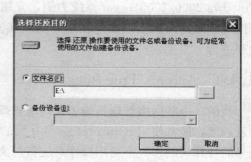

图 11-37　"选择还原目的"对话框

（5）在"还原数据库"对话框中，选择"选项"选项卡（图 11-38）。在"选项"选项卡中选项说明：①若当前的数据库平台中已经存在同名的数据库，并且需要升级已经存在的数据库，选中"在现有数据库上强制还原"复选框；②若数据库文件和日志文件目录发生改变，在"移至物理文件名"列中更改数据库文件和日志文件的位置；③数据库恢复后，如需立即投入使用，选中"使数据库可以继续运行，但无法还原其他事务日志"单选按钮；如果在还原数据库后，需要继续恢复事务日志，选中"使数据库不再运行，但能还原其他事务日志"单选按钮；如果需要数据库处于仅能查询状态，选中"使数据库为只读，但能还原其他事务日志"单选按钮。

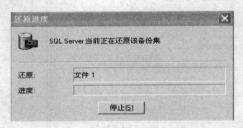

图 11-38　"还原数据
库－选项卡"对话框

图 11-39　"还原进度"对话框

（6）在"还原数据库"对话框中，选择"确定"按钮，开始执行数据库恢复进程（图 11-39）。恢复完成后，根据制定的策略继续恢复会开始使用恢复的数据库。

11.4　操作系统灾难恢复技术

计算机如果没有操作系统（不论是 Windows、还是 Linux/Unix），相关应用都无从谈起。操作系统作为计算机系统中相关应用的基础平台，承载着文字处理、办公应用、数据库业务、数据计算和数据存储等业务。操作系统（特别是当前网络服务器的操作系统）一旦崩溃，将会带来巨大的损失。本节以 Winodws 2000/2003Server 系统为例，介绍如何备份操作系统，以及在操作系统出现故障的情况下，如何在短时间内恢复操作系统，确保相关业务的持续、顺利进行。

11.4.1　Acronis True Image Server

当前，一些网络管理员为了提高维护操作系统的效率，降低安装操作系统的复杂度，通常使用 Symantec 公司开发的 Ghost 备份还原软件，可以为某个型号的计算机制作一个通用操作系统备份文件，然后在其他需要安装操作系统的计算机上复制备份文件或使用 GhostCast 软件定点播放备份文件，还原操作系统，客户端计算机重新启动后更改计算机名称，设置 TCP/IP 协议和 IP 地址，即可完成操作系统的安装。Ghost 软件的所有操作都是在 DOS 界面下进行的，并非真正的 Windows 系统下备份还原。

Acronis True Image Server 系统备份还原工具是完全在 Windows 操作系统中运行的备份工具，在安装完成后需要重新启动计算机。在执行备份作业的时候，不需要网络管理员重新启动计算机并进入到 DOS 模式，也不需要中断服务器运行即可以创建磁盘备份。在备份中，主要使用了 Acronis True Image Server 独特的快照技术，实时创建磁盘备份、磁盘映像和服务窗口恢复，同时支持任务计划模式，支持磁盘的完全备份、增量备份、差异备份等多种备份模式。

本小节主要介绍 Acronis True Image Server 9.1 如何创建服务器操作系统完全备份、如何制作磁盘引导光盘，以及在服务器操作系统崩溃后，如何快速恢复操作系统。Acronis True Image Server 软件[①]安装十分简单，按默认设置即可，安装完成后需要重新启动计算机。

1. 创建服务器操作系统备份

测试的服务器型号为联想万全 T468 G5S31101G/250S，安装操作系统为 Windows Server 2003 企业版，使用的是随机安装光盘安装 Windows Server 2003 操作系统，升级到最新的操作系统补丁，同时安装了 SQL Server 2000 数据库。下面简要介绍联想万全 T468 G5S31101G/250S 服务器上备份系统分区（C 盘）的方法及步骤。

（1）选择"开始"→"程序"→"Acronis"→"Acronis True Image Server"→"Acronis True Image Server "命令，显示"Acronis True Image Server"窗口，如图 11-40 所示。

图 11-40 "Acronis True Image Server"窗口

图 11-41 "Welcome to the Create Back-up Wizard"对话框

---

①　下载地址：http：//www. acronis. com. hk/。

（2）在"Acronis True Image Server"窗口右侧的"Pick a Task"列表框中单击"Backup"按钮，启动备份功能，显示"Welcome to the Create Backup Wizard"对话框，如图 11-41 所示；然后单击"Next"按钮，显示"Select Backup Type"对话框，如图 11-42 所示。Acronis True Image Server 备份软件支持分区、磁盘或文件、文件备份等。这里以备份系统引导分区（C 盘）为例来说明。因此在"Select Backup Type"对话框中，选中"The entire disk contents or individual partion"单选按钮。

图 11-42　"Select Backup Type"对话框　　图 11-43　"Partitions Selection"对话框

（3）在"Select Backup Type"对话框中，单击"Next"按钮，显示"Partitions Selection"对话框，如图 11-43 所示。选择需要备份磁盘或分区，这里选择的是第 1 块磁盘的第 1 个分区，即系统的启动分区。然后在"Partitions Selection"对话框中，单击"Next"按钮，显示"Backup Archive Location"对话框，如图 11-44 所示。选择备份文件的存放位置，这里选择在 F 盘的根目下。

（4）在"Backup Archive Location"对话框中，单击"Next"按钮，显示"Select Backup Mode"对话框，如图 11-45 所示。选择备份的类型，备份支持完全备份、增量备份、差异备份 3 种类型。这里选择的完全备份。然后在"Select Backup Mode"对话框中，单击"Next"按钮，显示"Choose Backup Options"对话框，如图 11-46 所示。设置备份的可选参数，使用默认即可。

图 11-44　"Backup Archive Location" 对话框

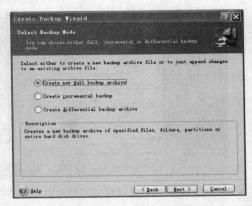

图 11-45　"Select Backup Mode" 对话框

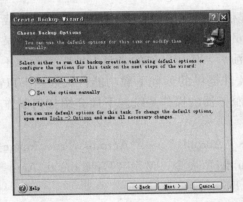

图11-46　"Choose Backup Options" 对话框

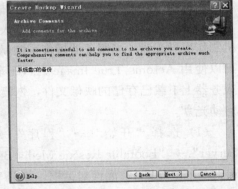

图 11-47　"Archive Comments" 对话框

（5）在 "Choose Backup Options" 对话框中，单击 "Next" 按钮，显示 "Archive Comments" 对话框，如图 11-47 所示。在文本框中输入备份文件的 "摘要信息"。然后在 "Archive Comments" 对话框中，单击 "Next" 按钮，显示设置属性描述的对话框，如图 11-48 所示。最后在 "Archive Comments" 对话框中，单击 "Proceed" 按钮，开始执行备份，如图 11-49 所示。

（6）备份创建完成，显示 "Information" 信息提示框，然后在 "Information" 信息提示框中单击 "OK" 按钮，随即完成 Windows Server 2003 操作系统的备份。

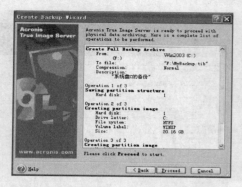

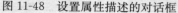

图 11-48　设置属性描述的对话框　　　　图 11-49　执行备份进度对话框

2. 服务器操作系统制作引导文件

Acronis True Image Server 软件提供根据当前操作系统的配置信息生成 ISO 格式的启动映像文件，网络管理人员根据生成的 ISO 文件，使用光盘刻录机制作引导光盘。当服务器操作系统崩溃后，使用制作的光盘引导服务器。还可以使用 Acronis True Image Server 软件提供的远程下载功能，从远程 FTP 服务器上下载已存储的映像文件，恢复服务器的操作系统。下面介绍如何制作启动光盘。

（1）选择"开始"→"程序"→"Acronis"→"Acronis True Image Server"→"Bootable Rescue Media Builder"命令，显示"Welcome to Acronis Media Builder"属性对话框，如图 11-50 所示。

图 11-50　"Welcome to Acronis Media Builder"对话框

图 11-51　"Rescue Media Contents Selection"对话框

（2）在"Welcome to Acronis Media Builder"对话框中，单击"Next"按钮，显示"Rescue Media Contents Selection"对话框，如图 11-51 所示。可供选择的映像文件的创建格式：完整引导模式和安全引导模式，这里选择完整引导模式。

（3）在"Rescue Media Contents Selection"对话框中，单击"Next"按钮，显示"Bootable Media Selection"对话框，如图 11-52 所示。选择启动映像文件的格式，支持软盘、ISOimage、RISserver 3 种格式，这里选择 ISOimage 格式。

（4）在"Bootable Media Selection"对话框中，单击"Next"按钮，显示"Destination File Selection"对话框，如图 11-53 所示，选择目标文件存放的位置。

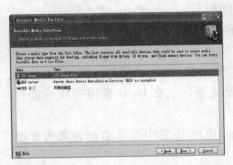 

图 11-52 "Bootable Media Selection"对话框   图 11-53 "Destination File Selection"对话框

（5）在"Destination File Selection"对话框中，单击"Next"按钮，显示制作 Boot 映像文件的摘要信息的对话框，如图 11-54 所示。如果需要更改设置信息，单击"Back"按钮，修改配置信息。

（6）在显示制作 Boot 映像文件的摘要信息的对话框中，单击"Proceed"按钮，开始制作 Boot 引导，制作完成将显示"Information"信息提示框，如图 11-55 所示。

 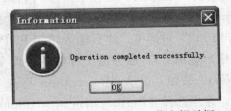

图 11-54 Boot 映像文件的摘要　　　　图 11-55 "Information"信息提示框
　　　　信息的对话框

（7）在"Information"信息提示框中，单击"OK"按钮，完成 Boot 引导文件的制作。

（8）将 ISO 文件刻录到光盘，完成引导介质的制作（制作过程略）。

3. 服务器操作系统灾难恢复

Acronis True Image Server 软件支持 FTP 服务器远程下载功能，网络管理人员可以使用 Windows 2003 Server 的 FTP 服务或专业的 FTP 服务器软件创建 FTP 下载服务器。在这里使用 Windows 2003 Server 的 IIS 服务创建的 FTP 下载服务器（安装过程略）。下面介绍如何利用 ISO 文件刻录的引导光盘引导服务器，使用 FTP 的远程下载功能，实现当前服务器的操作系统恢复安装（为了节省篇幅，本小节中省略了相关操作的截图）。

需注意，如果是操作系统损坏而硬盘正常，整个系统的恢复只需要 5~8 分钟。如果是硬盘损坏，要在 BIOS 中设置 Raid 后，利用 Acronis True Image Server 软件恢复操作系统。在恢复过程中，同时执行 Raid 操作，需要 40 分钟以上的时间完成操作系统的恢复（如果是硬盘损坏，在 Raid 重构完成后进行操作系统的恢复）。

（1）将制作好的启动光盘放入光驱，在 BIOS 设置中设置启动方式为光盘启动，重新引导服务器。

（2）启动完成后，在显示的界面中单击 "Acronis True Image Server (Fullversion)" 按钮，显示正在加载的文件界面。文件加载完成后，显示 "Acronis True Image Server" 任务列表窗口。

（3）在 "Acronis True Image Server" 任务列表窗口中，单击菜单栏中的 "Tool" 菜单，在显示的下拉式菜单中选择 "Options" 命令，显示 "Options" 对话框。然后在 "Options" 对话框左侧的 "Network adapters" 列表框中选择服务器安装的网卡，在右侧的网卡参数列表框中设置参数。设置完成后，单击 "OK" 按钮，返回到主界面 "Acronis True Image Server" 任务列表窗口。

（4）在 "Acronis True Image Server" 任务列表窗口中，单击 "Next" 按钮，显示 "Archive Selection" 对话框，选择备份文件存放的位置。在 "File Name" 文本框中，输入 FTP 服务器的地址，例如 ftp://192.168.0.60，显示 "Connect" 对话框，然后输入访问 FTP 服务器的用户名和密码。单击 "OK" 按钮，显示 FTP 服务器上存储的映像文件，选择相应的备份映像文件。单击 "Next" 按钮，显示 "Restoration Type Selection" 对话框，选择磁盘恢复的类型，这里选择 "Restore disk orpartitions" 单选按钮。

（5）在 "Restoration Type Selection" 对话框中，单击 "Next" 按钮，显示 "Partition or Disk to Restore" 对话框，选择需要恢复的磁盘分区，这里选择 C 盘。

（6）在 "Partition or Disk to Restore" 对话框中，单击 "Next" 按钮，显示 "Restored Partition Resizing" 对话框，选择需要恢复的磁盘分区的大小，

默认为原始分区的大小。

（7）在"Restored Partition Resizing"对话框中，单击"Next"按钮，显示"Restored Partition Location"对话框，选择分区的位置，这里选择 C 盘。

（8）在"Restored Partition Location"对话框中，单击"Next"按钮，显示"Restored Partition Type"对话框，选择需要恢复的分区类型，这里选择"Active"单选按钮。

（9）在"Restored Partition Type"对话框中，单击"Next"按钮，显示"Restored Partition Size"对话框，选择设置分区的容量，使用默认值即可。

（10）在"Restored Partition Size"对话框中，单击"Next"按钮，显示"Next Selection"对话框。如果需要选择其他的分区，选择"Yes, I want to restore another partition or hard disk drive"单选按钮，否则选择"No, I do not"单选按钮。

（11）在"Next Selection"对话框中，单击"Next"按钮，显示"Restored operation options"对话框，选择要恢复的其他选项。

（12）在"Restored operation options"对话框中，单击"Next"按钮，显示摘要信息框，单击"Proceed"按钮，开始执行恢复操作。恢复完成，显示"Information"信息提示框。

（13）在"Information"信息提示框中，单击"OK"按钮，完成操作系统的恢复。

11.4.2　Veritas 灾难恢复系统

Veritas 公司的专业数据备份产品 Backup Exec（简称 BE）是第一个同时支持 Windows NT 与 Windows 2000 操作系统的存储解决方案。目前已发展到第六代的 Backup Exec 是一种高性能、易于使用且灵活有效的网络备份解决方案，目前该方案为全球几百万个 NT 服务器提供保护。由于内置的向导简化了日常操作，因此 Backup Exec 不但便于普通用户使用，同时还能满足更高级的用户需求。该方案独特的 Backup Exec Assistant 简化了启动、系统配置、作业调度和其他任务，提高了操作效率。BE 还提供了集中式的管理，可以在网络中创建一台备份服务器，提供统一的图形化界面备份整个网络数据，通过远程代理服务功能备份和恢复网络上的任何一台服务器或工作站中的数据，并支持远程操作系统的灾难恢复。BE 产品中的灾难恢复组件 Interlligent Disaster Recovery（IDR），能提供操作系统灾难恢复功能。IDR 以向导的方式提供灾难组件需要的服务，包括创建操作系统的完整备份、增量备份和差异备份，并制作基于 ISO 格式的光盘，利用 ISO 格式的光盘引导目标计算机，自动启动灾难恢复向导，简单直观地完成操作系统的恢复。本小节介绍如何部署和实现基于 IDR 的操作系统灾难恢复技术（为了节省篇幅，本节中省略了相关操作的截图）。

1. 操作系统完整备份的创建

在 Veritas Backup Exec 软件管理的计算机中，需要安装远程代理服务。在安装远程代理服务时将自动安装 AOFO（Advanced Open Files Options）快照代理组件，可将正在被其他应用程序或用户使用的文件采用"快照"方式保存文件系统当前的状态，不会跳过正在被使用或被应用程序锁住的文件，这样可以确保所有备份的完整性，进而保证了备份数据的完整性；同时还确保了备份使用的账号被添加到服务器的本地管理员组中（或确保备份软件使用的账号具有对服务器访问与读取的权限）。下面介绍 Veritas Backup Exec 软件完整备份操作系统的方法。

（1）打开 Veritas Backup Exec 软件管理控制台。在管理控制台中，单击快捷工具栏中的"备份"按钮，显示"备份作业属性"窗口。

（2）在"备份作业属性"窗口的"属性"列表中选择"选择"选项，在窗口中部的计算机区域中，选择需要备份的计算机名称，同时选中需要备份的组件。

（3）在"备份作业属性"窗口的"属性"列表中选择"设备和介质"选项，在"设备和介质"选项组中选择计算机是系统存储的目标设备。

（4）在"备份作业属性"窗口的"属性"列表中选择"常规"选项，在"常规"选项组中选择备份的方法，这里选择"完全备份"。

（5）在"备份作业属性"窗口的"属性"列表中选择"Advanced Open File"选项，在"Advanced Open File"选项组中选择"使用 Advanced Open File"复选框。如果在目标计算机上有其他系统，比如 SQL Server 数据库系统，则选中相应的选项卡。

（6）在"备份作业属性"窗口中单击"立即执行"按钮，开始执行目标计算机系统的完整备份。

2. IDR 引导光盘的创建

Veritas Backup Exec 软件的 IDR 组件提供了以向导的方式创建引导光盘，支持直接刻录引导光盘等功能。在生成引导光盘的过程中，需要插入 Windows Server 2003 安装盘。下面介绍如何创建引导光盘的方法。

（1）打开 Veritas Backup Exec 软件管理控制台。在该管理控制台的菜单栏中单击"工具"→"向导"→"Intelligent Disaster Recovery 预备向导"命令，显示"欢迎使用'Intelligent Disaster Recovery 预备向导'"对话框。

（2）在"欢迎使用'Intelligent Disaster Recovery 预备向导'"对话框中，单击"下一步"按钮，显示"灾难恢复可启动介质选项"对话框，选择"创建介质"单选按钮。

（3）在"灾难恢复可启动介质选项"对话框中，单击"下一步"按钮，显示"选择要保护的计算机"对话框，在"可用计算机"列表框中选择需要保护的计算机名称，单击"－－＞"按钮，将选中的计算机添加到"所选计算机"列表框中。

（4）在"选择要保护的计算机"对话框中，单击"下一步"按钮，显示"创建 IDR 启动介质"对话框，选中"用于 CD Writer（ISO 9660）的可启动映像"单选按钮。

（5）在"创建 IDR 启动介质"对话框中，单击"下一步"按钮，显示"启动 CD 映像创建介质"对话框；然后单击"下一步"按钮，显示"选择光盘映像位置"对话框，在"输入光盘映像的路径"文本框中，输入创建的 ISO 文件存放的位置。

（6）在"选择光盘映像位置"对话框中，单击"下一步"按钮，显示"选择 Windows 操作系统安装文件的路径"对话框，输入 Windows Server 2003 的安装盘的位置。

（7）在"选择 Windows 操作系统安装文件的路径"对话框中，单击"下一步"按钮，显示"输入 Windows 产品密钥"对话框，输入 Windows 产品序列号（也可以不输入序列号，那么在执行灾难恢复的过程中会提示网络管理员输入 Windows Server 2003 产品的序列号）。

（8）在"输入 Windows 产品密钥"对话框中，单击"下一步"按钮，显示"创建 Automated System Recovery Files"对话框，创建 Windows 系统自动恢复文件光盘。

（9）在"创建 Automated System Recovery Files"对话框中，单击"下一步"按钮，显示"创建灾难恢复映像"对话框，随后等待映像文件创建的完成，再单击"下一步"按钮，显示"成功创建 CD 映像"对话框。

（10）在"成功创建 CD 映像"对话框中，单击"完成"按钮，IDR 引导光盘创建完成。

3．使用 IDR 向导恢复操作系统

如果服务器操作系统崩溃，可以利用制作的引导光盘引导服务器。在启动过程中，若服务器使用了第三方的 RAID 启动，这时需要按下 F6 键，单独安装第三方的 RAID 驱动程序；再按下 F6 键后，需要根据系统提示按下 F2 键，启动 ASR（系统自动恢复）功能，IDR 向导帮助网络管理员完成操作系统恢复。下面介绍使用 IDR 向导恢复操作系统的方法。

（1）使用 Intelligent Disaster Recovery（IDR）启动光盘引导系统，正常引导后按照显示提示进行操作。按"Enter"键进入 Windows 正常安装过程，在出现按 F6 键安装第三方的 SCSI 或者 RAID 驱动程序之后，再按下 F2 键，启动 ASR（系统自动恢复）模式。

（2）服务器开始安装操作系统，在安装时会显示安装进度的界面。系统安装完成后自动启动 IDR 灾难恢复向导，显示"欢迎使用'灾难恢复向导'"对话框。

（3）在"欢迎使用'灾难恢复向导'"对话框中，单击"下一步"按钮，显示"选择向导辅助级别"对话框。建议选择"自动式的"单选按钮，同时注意选中"恢复到确实相同的系统上"复选框。

（4）在"选择向导辅助级别"对话框中，单击"下一步"按钮，显示"选择修复文件"对话框。选中"DR 文件"列表框中的修复文件。

（5）在"选择修复文件"对话框中，单击"下一步"按钮，显示"修改硬盘划分"对话框，在该对话框选项中，如果修改硬盘分区空间没有变化，则不需改动；如果需要改变当前系统的磁盘分区，单击"运行磁盘管理"按钮。

（6）在"修改硬盘划分"对话框中，单击"下一步"按钮，显示"选择恢复方法"对话框。选中"联网并从远程介质服务器恢复"单选按钮。如果服务器直接联系恢复设备（比如磁带机或其他设备），则可以选择"使用本地挂接的介质设备"单选按钮。

（7）在"选择恢复方法"对话框中，单击"下一步"按钮，显示"连接至介质服务器"对话框。输入备份服务器的服务器名称、域/计算机（IP 地址）、用户名称和密码。在恢复过程中，需要故障计算机连接到备份服务器，读取在备份服务器中的完整备份。若故障服务器使用的网卡驱动程序在 Windows Server 2003 中没有检测到，则需要网络管理员使用手动的方式安装网卡驱动程序。

（8）在"连接至介质服务器"对话框中，单击"安装自定义网络驱动程序"按钮，根据向导提示完成网卡驱动的安装。在"连接至介质服务器"对话框中，按 Alt+Z 键，启动 MS-DOS 命令窗口，网络管理员可以在 MS-DOS 命令窗口中配置和调试故障服务器的 IP 地址。

①检测当前服务器的 IP 地址，使用 ipconfig/all 命令。

②配置当前故障服务器的 IP 地址，使用 Netsh 命令。

③配置完成后，可以使用 ping 命令检测网卡链接是否正常。

（9）在"连接至介质服务器"对话框中，单击"下一步"按钮，显示"恢复数据”对话框，选中需要恢复的驱动器，比如 C 盘。

（10）在“恢复数据”对话框中，单击“下一步”按钮开始恢复数据。首先恢复 C 盘上的数据，然后恢复阴影组件的数据。恢复成功完成后会显示结果。数据恢复完成后，单击“下一步”按钮，显示“重新启动系统”提示框，单击“是”按钮，系统随即重新启动，完成系统的灾难恢复。

第 12 章　企业服务器安全配置技术

12.1　概述

当前，网络信息系统的管理者们虽然都认识到了网络信息系统服务器的安全是至关重要的，但实际上，他们中的大多数往往都以维持服务器的稳定、高效运行为工作目标，对于服务器的安全性往往考虑较少，网络信息系统的安全隐患并没有得到解决。正因为如此，在当前复杂多变的网络信息系统中，确保服务器的安全已经成为网络信息系统管理者的首要任务之一。

近十多年来，虽然网络安全产品从简单的防火墙到具备报警、预警、分析、审计、监测等功能的网络安全系统，在技术上已经取得了巨大的进步，也为政府部门和企事业单位在构建网络安全体系方面提供了更加多样化的安全防范策略；但是，网络信息系统面临的威胁却并没有随着技术的进步而消除，从层出不穷的网络犯罪到日益猖獗的黑客攻击，似乎网络世界正面临着前所未有的挑战。本章从确保服务器的安全角度出发，分别介绍基于 Windows 和 Unix/Linux 环境下的 Web 和 FTP 服务器的安全配置。

12.2　基于 Windows 系统的服务器安全配置

12.2.1　系统安全加固

在配置服务器之前，应当首先对系统加固。加固除了运用服务包和安全补丁来修复已知的漏洞之外，还应删除不使用的操作系统的特性及其服务。对系统保护的目标是使得系统很难被攻破，使攻击者尝试的成本和努力要大于他可能获得的收获。因此，在加固系统的过程中，应对操作系统的功能、服务、账号及访问权限进行限制，使得系统在能够有效运行的前提下获得最高的安全级别，在安全级别和系统可用性之间找到最佳平衡点。系统的安全加固主要包括：停止或禁用所有不需要的服务；建立安全的账号和密码服务；修改默认的 IIS 服务环境，禁用或删除所有不必要的系统内容；修改 Windows 的其他设置，减轻已知的和理论的安全漏洞。下面以 Windows 2000 系统加固为例进行简要介绍。

在 Windows 2000 安装程序默认安装时，会自动加载很多服务，有些服务对 IIS 是至关重要的，但有些又是不必要的。为了保证系统安全只对必要的服务进行自动加载，在 Windows2000 系统中对服务的管理是通过管理工具中的服务管理控制台进行的，服务管理控制台给出了系统中安装的所有服务的列表，每一个服务的描述、启动设置以及登录服务的用户级别，管理员都可以通过控制台进行服务管理。一般来说，需要禁用的服务包括 Alterter，ClipBook Server，Computer Browser，DHCP Client，Directory Replicator，FTP Publishing Service，License Logging Service，Netlogon，Network DDE，Network DDE DSDM，Network Monitor，Plug and Play（disable after all hardware configuration），Remote Access Server，Remote Procedure Call（RPC）Locator，Schedule，Server，Simple Service，Spooler，TCP/IP Netbios Helper，Telephone Service；在必要时需要禁止的服务包括 SNMP Service.，SNMP trap，UPS；需要设置为自启动的服务包括 Eventlog，NT LM Security Provider，RPC Service，WWW，Workstation，MSDTC。

（1）最小权限设置（以 Web 服务器权限设置为例，进行最小权限设置）

①目录权限设置

C：\根目录，给 System 和 administrator 用户完全控制权限，将权限继承下去；

C：\program files\vcommon files\system，给 users 组读取、列目录、执行权限；

C：\winnt\temp，给 users 组读取、写入权限；

C：\winnt\system32、inetsrv 下的除 MetaBase.bin 外所有文件（不包含目录）给 users 组列目录、读取、执行权限；

C：\winnt\system32 下的所有非 .exe、.com、.msc 文件（注意是文件，不包含目录），给 users 组读取、执行权限；

C：\winnt\system32\dllhost.exe，给 users 组读取、执行权限。

经过上述设置后，只有 C：\winnt\temp 目录有写入权限。

②文件权限设置：去除部分危险命令的 system 权限，以防止缓冲区溢出等引发安全问题。

将 cacls 设置为拒绝任何人访问；

取消下列命令的 system 访问权限：at，cmd，cscript，ftp，net，net1，netstat，runas，telnet，tftp，vtlntadmn，vwscript。

（2）设置 TCP/IP 筛选

TCP 只开放 80、20、21、25、110、1433 端口，这些端口分别对应的服务为：web 服务 — 80；FTP 主动模式 — 20；FTP 服务 — 21；SMTP（Mail 服务）— 25；POP3（Mail 服务）— 110；MSSQL 服务 — 1433。

（3）设置 IP 筛选策略

IP 策略的相关设置为：

①允许的策略为：允许所有 IP 连接本服务器策略设置和 TCP/IP 筛选一致。除此之外，可开放本机对外的 ICMP 协议。

②拒绝的策略为：禁止任何 IP 与本服务器（除 TCP、UDP 外的所有协议）的连接；禁止本服务器与任何 IP（除 TCP、UDP 和 ICMP 外的所有协议）的连接。另外，还需禁止任何 IP 对本服务器的 TCP 135、137、138、139、445、3389 端口的访问，禁止 UDP 69 端口的访问。

（4）修改黑客常用的文件类型的打开方式

具体方法是：单击资源管理器"工具"｜"文件夹选项"菜单，在"文件类型"中将 bat、vbs、vbe、reg 文件类型修改为默认使用"notepad"打开。

（5）关闭无用的服务

Computer Browser，Help and Support，Messenger，Print Spooler，Remote Registry，TCP/IP NetBIOS Helper。

（6）取消危险组件

使用 regedit 将/HKEY ＿ CLASSES ＿ ROOT 下的 WScript. Network，WScript. Network. 1，WScript. Shell. 1，Shell. Application，Shell. Application. 1 键值改名或删除。

需注意，在 Microsoft 公司网站上有关于 Windows 服务器的安全配置的指南文件，见 http：// www. microsoft. com/china/tehnet/securityguidance/secmod220. mspx。

12.2.2　基于 Windows 系统的 Web 服务器安全配置

一般来说，IIS 的默认安装存在许多安全漏洞，为了对付目录遍历工具，需要将 Web 站点内容的根目录放到一个不同于包含该服务器的操作系统或逻辑分区上，若运行多个 Web 站点，那么应当为每个 Web 站点使用一个不同的磁盘或分区。通常，IIS 安装时会配置一个默认的 Web 站点，为了确保 Web 站点的安全，建议用户不要使用默认的站点，而去创建一个新的 Web 站点。

在 IIS 默认的安装中，系统自动安装以下不必要的文件和目录，比如 IIS \ printers、IIS \ Samples、IIS SDK、Admin Script、MSDAC、IIS Help，这些

目录和文件都可以删除。父路径是 Windows 系统的一个特性，父路径允许命令行指令和程序使用"`..`"来代替子目录，这一特性虽然为系统管理员和程序员提供了一种便利的方法来遍历一个目录结构；但是从安全的角度来看，这个特性也让黑客能够通过编写自动化的代码来遍历磁盘分区的根目录，然后将其他资源改为攻击目标，因此需要禁用父路径。

　　日志作为系统安全策略的一个重要方面，也是 IIS 自带的一种功能。IIS 日志文件属性与 Windows 2000 日志文件有相似之处，但 IIS 能够控制日志文件的精确属性，能够记录所有的用户请求。当前 Web 服务的入侵中，大多数都是利用网站程序所存在的漏洞来获取 webshell，然后进入主机的内部。可以利用 Windows 的 IIS 日志记录黑客入侵的方法和相关操作。IIS 日志的默认目录是％systemroot％\system32\logfiles\，日志文件名是按照日期进行记录的，记录格式采用 W3C 标准［包括日期/时间/IP 地址/访问动作（Get or Post）/被访问地址/访问端口/来访 IP 地址等］。通过访问状态可以知道黑客入侵的情况，例如 200～299 表示访问成功；300～399 表示需要客户端的反应来满足请求；400～499 表示客户端及服务器出错（如 404 和 403 就是通常所见的资源无法找到和访问被限制）。

　　由此可知，确保日志的安全能有效提高系统的整体安全性能，但保护日志的安全与审核和检查日志同等重要。另外，还需要保证只有管理员才有权查看这些文件，其他用户不能查看和篡改系统的日志文件。为了保证日志文件的安全，应采取以下措施。

　　（1）权限设置：日志是为了让管理员了解系统安全状况而设计的，因此其他用户没有必要访问，应将日志保存在 NTFS 分区上，设置为只有管理员和 Administrator 账户才能访问。

　　（2）更改存放位置：IIS 日志默认是保存在％systemroot％\system32\logfiles\下，这对 Web 站点日志的安全很不利，因此最好不要将其放在系统文件夹中，而是修改其存放路径在空间相对较大的文件夹。

　　除了日志文件可以进行安全检查之外，还可以通过设置警告进行实时监控和检测。可以通过 Windows 2000 性能监控器的计数器功能，定制监控操作系统事件或 Web 服务事件的自定义规则。当预定义提交满足，这些规则就会触发预定义的动作。比如发送一条消息、在日志记录中添加一条记录、启动性能数据日志或允许某个特定程序，故能够标记可能存在的黑客攻击企图。此外，当出现大量登录失败事件时，常常暗示着网络攻击的存在，因此可以通过设置登录失败阀值（比如 15 次），当登录次数超过这个阀值时，系统就会发出报警。

下面介绍以 Windows 2000 和 IIS 6.0 为基础的 Web 服务器的安全配置。

(1) 建立新的 Web 站点

①关闭 Web 站点：单击"控制面板"→"管理工具"→"Internet 服务管理器"，出现管理界面。右击"默认 Web 站点"的名称，然后从弹出的菜单中选择"删除"菜单。

②创建一个新的 Web 站点：在 Windows 2000 Server 系统中可以建立多个 Web 站点，而 Windows 2000 Professional 中只能建立一个 Web 站点，但是可以更改默认站点的虚拟目录。具体操作：右击"计算机名称"，在弹出的菜单中单击"新建"→"Web 站点"，随后出现新站点创建向导，按照新创建向导即可建立一个新的站点。

③在新创建向导的第 1 个输入屏中，单击"下一步"按钮，输入新站点名称。

④单击"下一步"按钮，在"目录"条目中输入 Web 站点的主目录路径（注：为了安全，请选择非系统盘下的其他目录，如 D：\myweb）。

⑤单击"下一步"按钮，在出现的窗口中设置虚拟目录的访问权限。

⑥单击"下一步"按钮，出现完成界面，再单击"完成"按钮结束创建向导。

例如：在 D 盘下建立如下目录结构：D：\mywebsite、D：\mywebsite\static、D：\mywebsite\include、D：\mywebsite\script、D：\mywebsite\executable、D：\mywebsite\images；修改目录的权限为 Administrators（完全控制），System（完全控制），为默认 Web 站点添加新的虚拟目录 D：\mywebsite，删除其他不需要的目录。

(2) 禁用父路径

①单击"控制面板"→"管理工具"→"Internet 服务管理器"，出现管理界面。右击"Web 站点"的名称，然后从弹出的菜单中选择"属性"菜单。

②单击"主目录"选项卡，然后单击"配置"按钮，出现"应用程序配置"界面，单击"应用程序配置"选项卡，在"应用程序配置"框架内，取消"启用父路径"复选项即可禁用父路径。

③如果已经安装了其他 IIS 服务，单击"确定"按钮，关闭"应用程序配置"，系统会提示是否希望将父路径应用到与 Web 站点有关的所有服务，选择肯定回答即可。

④删除不必要的程序映射。在默认情况下，IIS 被配置成支持不同的常见文件扩展名，这些文件扩展名与 IIS 的多种特性有关。使用程序映射可以提供 Web 程序需要的高级功能，但是被映射的应用程序同样使得 Web 站点易受攻

击。攻击者可能强制这些被映射的应用程序之一执行，当这些应用程序存在安全漏洞时可能被黑客用来攻击系统。所以对于不必要的应用程序映射最好删除。删除不必要的程序映射与禁用父路径的操作类似，都是在"应用程序配置"界面中进行设置，还可以通过"应用程序配置"界面进行管理。读者可以查阅相关资料删除 IIS 服务上不需要的程序映射。

⑤匿名和授权访问控制：可以通过 IIS Web 站点属性中的"目录安全性"选项卡来设置匿名和授权访问控制。分别设置匿名和授权访问，并进行连接测试。

（3）删除不必要的文件目录

单击"控制面板"→"管理工具"→"Internet 服务管理器"，出现管理界面。选择要删除的目录，然后右击"目录名称"，在弹出的菜单中选择"删除"项，在出现的界面中，单击"是"按钮，即可删除对应的目录。

（4）更改 IIS 日志文件属性

①单击"控制面板"→"管理工具"→"Internet 服务管理器"，出现管理界面，右击"站点名称"，在弹出的菜单中选择"属性"项，随即出现管理界面。

②在站点属性界面中的"Web 站点"选项卡中，单击"属性"按钮可以设置日志的高级属性，然后出现"扩充记录属性"的界面，在这个界面中可以选择日志的记录间隔和保存地址。鉴于安全问题，建议选择一个新的目录存放 IIS 日志，并且该目录的权限只赋予系统管理员为完全控制，其他用户没有任何进行修改的权限。

③单击"扩充的属性"选项卡，在出现的界面中可以对日志记录的内容进行定制。例如：在 D 盘下建立一个日志文件夹，用于存放日志文件，并且按照要求设置文件夹的权限为只有管理员和 Administrator 账户才能进行完全控制，其他用户组没有权限。

（5）设置 Windows 2000 和 IIS 警告

①单击"控制面板"→"管理工具"→"性能"，出现"性能"管理界面。

②右击左侧"警报"，选择"新警报设置"菜单项，出现新的警报设置向导。首先输入新警报名称，比如"WebServer"，单击"确定"按钮，随即出现"WebServer"界面。

③在"常规"选项卡中添加注释，然后单击"添加"按钮，开始设定规则；然后设置登录失败事件的计数器，选择好后单击"添加"按钮，添加完成后，单击"关闭"按钮，再设置报警阀值。

④单击"操作"选项卡，可以选择报警时系统可以采用的动作。

⑤完成动作设置后，单击"确定"按钮退出当前窗口，则立即生效。此外，还可以单击"计划"选项卡，设置何时需要该规则生效；若不定义该属性，系统回立即启动这条规则。

⑥参照表 12-1 所示的信息添加计数器。

表 12-1 添加计数器信息

操作系统计数器	描述
Errors Access Permissions（错误访问权限）	客户打开失败次数，STATUSACCESSDE-NIED，可表示某人想得到没有受保护的资源，正在随意访问文件。
Errors Granted Access（错误授权访问）	拒绝访问已成功打开文件的次数，可以表示访问文件的用户没有正确的访问权限。
Errors Logon（错误登录）	尝试登录服务失败的次数，可表示是否使用了密码猜测程序，以攻破服务器上的安全措施。

12.2.3 基于 Windows 系统的 FTP 服务器安全配置

采用 Internet 服务管理器对 Web 服务器的管理进行管理和配置 FIP，进行管理和配置，使用 Internet 服务管理器可以控制单独的 FTP 站点。配置 FTP 站点属性可分为 3 级：主站点（master）级、站点（site）级和虚拟目录（virtual directory）级。对主站点上的设置会被站点上的所有新建的 FTP 站点继承。

关于 FTP 站点的安全配置措施主要包括用户账号认证、匿名访问控制以及 IP 地址限制（有些方法和 Web 站点的安全配置一致）。为了确保 FTP 站点的安全，一定不要把 FTP 文件夹与 IIS 服务器设置在同一个磁盘上。设定了 FTP 站点的目录后，就可以在目录上设置读取或写入权限。可读权限用于下载文件，可写权限用于上传文件。对于可写的 FTP 站点不应授予用户读的权限。这是因为如果同时对匿名用户在相同的目录下授予读和写的权限，会让 FTP 服务器成为中转站，引起不必要的麻烦。因此，应当让具有适当权限的账户对上传文件有读的权限。

下面介绍以 Windows 2000 和 IIS 6.0 为基础的 FTP 服务器的安全配置。

（1）单击"控制面板"→"管理工具"→"Internet 服务管理器"，出现管理界面。右击"FTP 站点"的名称，然后从弹出的菜单中选择"属性"菜单，随即出现"FTP 站点属性界面"。

（2）设置连接数的限制。如果站点仅为很少的客户或员工提供 FTP 服务，就没有必要用无限制的连接，因为它会让拒绝服务攻击变得非常容易。在"限制到"文本框内输入适合于此 FTP 服务器的限制连接数。在站点上设置好连接数限制后，当达到最大连接数时，系统会提示系统忙的消息。在"连接超时"文本框内输入断开没有活动用户的时间值，可以避免无用连接长期占有连接数。

（3）设置 FTP 行为日志。为了进行系统分析，需要记录 FTP 行为日志，选定"启用日志记录"复选框即可。为了记录用户的活动，在每个 FTP 站点的主目录标签中都要启用日志访问选项。FTP 服务日志选项和设置方法同 Web 服务类似。

（4）设置账号安全。为了对 FTP 服务器进行访问，用户必须先登录，单击"安全账号"选项卡，随即出现"安全账号"管理界面。在该界面上可以控制哪些人可以访问 FTP 服务器，以及谁可以管理它。若 FTP 站点提供一般的 Internet 访问，则选定"只允许匿名连接"，然后选定一个匿名用户访问的账号。默认的匿名账号和 IIS Web 服务的匿名用户名相同，除非匿名 FTP 访问的用户建立了一个新的账号。通过使用不同的账号，NTFS 文件系统能够控制访问的权限。选定"只允许匿名连接"复选项还可以阻止用户使用非匿名的用户名和口令在毫无安全的 FTP 传输中连接，或被攻击者利用管理员账号得到控制权。如果不选定"只允许匿名连接"复选项，那么每个用户访问 FTP 站点都必须输入用户名和口令。如果要使用非匿名的连接，必须使用 Windows 安全策略来强制用户使用可靠的口令。

（5）设置主目录。单击"主目录"选项卡，随即出现"主目录"管理界面。设置站点的主目录和权限时，注意不要选择"另一台计算机上的共享位置"单选项，它会允许用户跳过 FTP 服务，直接连接到其他服务器，这样会使 IIS 的安全措施失效。

（6）设置目录安全。单击"目录安全性"选项卡，随即出现目录安全管理界面。在该界面上可以使用基于 IP 地址的方式限制用户的访问权限。默认的 FTP 服务器设置授予所有 IP 地址访问权限。例如：分别使用"只允许匿名连接"和"允许 IIS 控制器密码"策略设置 FTP 站点，并进行实际连接，分析它们的不同之处；在 FTP 站点上新建两个虚拟目录，分别设置只读和只写，并进行实际连接的测试。

12.3　基于 Unix/Linux 系统的服务器安全配置

12.3.1　基于 Unix/Linux 系统的 Web 服务器安全配置

Unix/Linux 系统中最常用的 Web 服务器是 Apache。Apache 是开放源代码的 Web 服务器软件。同其他应用程序一样，Apache 服务器也存在安全隐患。Apache 服务器的主要安全缺陷是使用 Http 协议来进行拒绝服务攻击 DoS（Denial of Service）、缓冲区溢出攻击以及被攻击者获得 root 权限缺陷攻击。但是正确维护和配置能够保护 Apache 服务器免遭黑客的攻击。Apache 服务器主要有 3 个配置文件（位于/usr/local/apache/conf 目录下）：httpd. conf（是服务器的主配置文件）、srm. conf（是 Web 的资源配置文件）和 access. conf（是文件的访问权限配置文件）。

　　Apache 的默认配置为用户提供了一个良好的模板，基本的配置几乎不用修改，服务器就可以很好地运行。但是默认配置没有提供安全配置的需求，下面主要介绍如何对 Apache 服务器进行安全配置。

　　Apache 使用 3 个指令来配置访问控制：Order 用于指定执行允许访问规则和执行拒绝访问规则的先后顺序；Deny 定义拒绝访问列表；Allow 定义允许访问列表。

　　Order 指令有以下两种使用形式：①Order Allow，Deny：执行拒绝访问规则之前先执行允许访问规则，默认情况下将会拒绝所有没有明确被允许的客户；②Order Deny，Allow：执行允许访问规则之前先执行拒绝访问规则，默认情况下将会允许所有没有明确被拒绝的客户。

　　Deny 和 Allow 指令的后面需要跟访问列表，访问列表可以有以下几种形式：①All：表示所有客户；②域名：表示域内所有客户；③IP 地址：可以指定完整的 IP 地址或部分 IP 地址；④网络/子网掩码：比如 192.128.1.0/255.255.255.0；⑤CIDR 规范：比如 192.128.1.0/24。

　　Apache 有基本（Basic）认证和摘要（Digest）认证两种认证类型，摘要认证比基本认证更加安全，但是有些浏览器不支持摘要认证；因此在多数情况下还是使用基本认证。Apache 通过认证配置指令配置认证方式，认证配置指令有如下几种形式：①AuthName：定义受保护的领域的名称；②AuthType：定义所使用的认证方式，如基本（Basic）认证或摘要（Digest）认证；③Auth-GroupFile：指定认证组文件的位置；④AuthUserFile：指定认证口令文件的位置。

　　一般情况下下，当使用了认证指令配置认证后，还需要为指定的用户或组进行授权。指令 Require 是为用户或用户组进行授权的，有以下 3 种格式：①Require user 用户名［用户名］：授权给一个或多个用户；②Require group 组名［组名］：授权给指定的一个或多个组；③Require valid-user：授权给认证口令文件中的所有用户。

　　Apache 支持两种认证格式：文本格式的认证口令文件和认证组文件；基

于数据库的认证口令文件和认证组文件。为了安全起见，认证口令文件一般不要和 Web 文档存储在同一个目录下。下面以 Linux 操作系统和 Apache Server 为例介绍 Web 服务器的安全配置。

（1）安全运行环境的设置

①系统以 Nobody 用户运行。一般情况下，Apache 是由 root 来安装和运行的。若 Apache Server 进程具有 root 用户特权，那么它将给系统的安全带来很大的威胁。可以通过修改 httpd. conf 文件的选项（如下所示），以 Nobody 用户运行 Apache 达到相对安全的目的。

user nobody

group♯－1

②Server Root 目录的权限设置。为了确保所有的配置是安全的，需要严格控制 Apache 主目录的访问权限，使非法用户不能修改该目录中的内容。Apache 的主目录对应于 Apache Server 配置文件 httpd. conf 的 Server Root 控制选项中，应为：server root /usr/local/apache

③SSI（Server Side Includes）的配置。在配置文件 access. conf 或 httpd. conf 文件中的 options 指令处加入 includes NOEXEC 选项，用来禁用 Apache Server 中的执行功能，避免用户直接执行 Apache 服务器中的执行程序，而造成服务器系统的公开化。

< directory /var/ * /public _ html>

options includes noexec

</directory>

④阻止用户修改系统设置。在 Apache 服务器的配置文件中进行以下设置，阻止用户建立和修改. htaccess 文件，防止用户超越规定的系统安全特性。在配置文件 httpd. conf 中加入以下内容：

</directory>

allowoveride none

options none

allow from all

</directory>

然后再分别对指定的目录进行适当的配置。

⑤Apache 服务器的默认访问特性。Apache 服务器的默认设置只能保障一定程度的安全，若服务器能够通过正常的映射规则找到文件，那么客户端就可以获得该文件，如 http：//localhost/～root/将允许用户访问整个文件系统。在配置文件 httpd. conf 中加入以下内容：

　　</directory>

　　order deny，allow

　　deny from all

　　</directory>

这样，将禁止对文件系统的默认访问。

　　⑥CGI 脚本的安全考虑。对系统的 CGI 而言，最好将其限制在一个特定的目录下，如 cgi-bin 目录下，以便于管理。另外，还应保证 CGI 目录下的文件是不可写的，避免一些欺骗软件驻留或混迹其中。为了防止异常的信息泄露，需要去除 CGI 目录下的所有非业务应用的脚本。

　　（2）用户认证和访问控制

　　①在/var/www（apache 的主页根目录）下建立一个 test 目录，然后编辑 httpd. conf，并添加以下内容：

　　allias /test "/var/www/test"

　　<directory /test "/var/www/test" >

　　options indexes multiviews

　　allowoverride authconfig＃进行身份验证（这是很关键的设置）

　　order allow，deny

　　allow from all

　　</directory>

　　②在/var/www/test 下创建 . htaccess 文件，键入以下内容：

　　authname "mywebsite" ＃描述认证名称

　　authtype basic

　　auhtuserfile /var/www/passwd/. htpasswd＃描述口令文件

　　require valid-user or require user mywebsite＃是限制所有合法用户还是指定用户

　　③创建 apache 的验证用户 testuser1 和 testuser2

　　htpasswd-c /var/www/passwd/. htpasswd testuser1

　　htpasswd /var/www/passwd/. htpasswd testuser2

　　注：第 1 次创建用户时要用到－c 参数，第 2 次添加用户就不用－c 参数，然后将认证口令文件的属性改为 nobody。

　　④重启 apache 服务，然后访问 http：//mywebsite/test。若顺利的话，应该能看到一个用户验证的弹出窗口，这时只要按照要求填写第③步创建的用户名和密码即能登录系统。

　　⑤也可以直接在 httpd. conf 文件中配置认证和授权。在 httpd. conf 中添加

如下内容：

<directory /test "/var/www/test" >

allowoveride none

authname "mywebsite"

authtype basic

auhtuserfile /var/www/passwd/. htpasswd

require valid-user

order allow，deny

allow from all

</directory>

然后再创建认证口令文件和添加用户，方法与第③步中的一样；重新启动 apache 服务，同样可以对用户进行认证的作用。

⑥添加访问控制列表。编辑 httpd. conf，添加如下内容：

<local /server-status>

sethandle server-status

order deny，allow //配置访问控制

deny from all

allow from 192. 168. 0//允许 192. 168. 0 网段内主机的访问配置认证和授权

authtype basic

authname "admin"

auhtuserfile /var/www/passwd/. htpasswd

auhtggroupfile /var/www/passwd/. htpasswdgrp

require group admin

satisfy all //all 表示访问控制和认证授权两类指令均起作用，any 表示任一条件满足即可</location>

⑦创建认证组文件，使用命令 vi /var/www/passwd/. htpasswdgrp，添加如下内容：

admin：testuser1testuser2 存、退出，然后修改文件的属主为 apache。

⑧重启 httpd 服务：service httpd restart 在客户端浏览器检测配置，在 192. 168. 0 网段上检测主机的主机的访问结果；不是 192. 168. 0 网段上的主机和没有 admin 身份的用户不能访问。

（3）日志管理

apache 日志主要有错误日志和访问日志两种类型，可以通过日志配置指令进行配置，主要配置指令有：errorlog（指定错误日志的存放路径）、loglevel

（指定错误日志的记录等级）、logformat（为一个日志记录格式命名）和 cus-tomlog（指定访问日志存放路径和记录格式）。错误日志的配置相对简单，只要说明日志文件的存放路径和日志记录等级即可，默认日志配置为：

errorlog logs/error _ log

loglevel warn

日志记录等级的主要情况如表 12-2 所示。

表 12-2　错误日志记录等级

紧急程度	等级	说明
1	emerg	出现紧急情况使得该系统不可用
2	alert	需要立即引起注意的情况
3	crit	危险情况的警告
4	error	除了 emerg、alert 和 crit 之外的其它错误
5	warn	警告信息
6	notice	需要引起注意的情况
7	info	值得报告的一般情况
8	debug	由运行 debug 模式的程序产生的消息

如果指定了等级 warn，那么记录紧急程度 1~5 所有错误信息。

①错误日志记录格式。从文件内容可以看出错误日志的记录格式为"日期和时间‖错误等级‖错误消息"。

②配置访问日志。为了便于分析 apache 的访问日志，在 apache 的默认配置文件中按记录的信息不同，将访问日志分为 4 类，可以使用 logformat 进行定义，如表 12-3 所示。

表 12-3　访问日志的格式分类

格式分类	格式名称	说明
普通日志	Common	大多数日志分析软件都支持该格式
参考日志	Referrer	记录客户访问站点的用户身份
代理日志	Agent	记录请求的用户代理
综合日志	combined	综合以上 3 种日志信息

由于综合日志格式简单地综合了 3 种日志信息，因此在配置访问日志时，要么使用 3 个文件分配记录，要么使用一个综合文件进行记录。Apache 默认的记录格式为综合日志。

　　• logformat"%h %l %u %t \"%r\"%>s%b\"%{referrer}i\"\"%{user-agent}i\""combined

　　• customlog logs/access_log combined

若使用 3 个文件分别进行记录，可以配置为：

　　• logformat"%h %l %u %t \"%r\"%>s %b\"common

　　• logformat "%{referrer} i—>%u" referrer

　　• logformat "%{user-agent}i" agent

　　• customlog logs/access_log common

　　• customlog logs/referrer_log referer

　　• customlog logs/agent_log agent

Logformat 的常用指令及说明如表 12-4 所示。

表 12-4　logformat 常用指令的格式说明

格式	说明	格式	说明
%h	客户机的 IP	%>s	响应请求的状态代码
%l	从 identd 服务器中获取远程登录名称	%b	传送的字节数
%u	来自认证的远程用户	%{referrer} i	发给服务器的请求头信息
%t	连接的日期和时间	%{user-agent} i	使用的浏览器信息
%r	http 请求的首行信息		

　　③日志统计分析。ReadHat Linux 9 自带有一款高效的、免费的 Web 服务器日志分析程序 webalizer，其分析结果是 html 格式，从而可以很方便地通过 Web 服务器进行浏览，其默认的配置即可很好地工作，无须进行更多的配置。Webalizer 的分析数据应该只能由管理员浏览，所以应在 httpd. conf 内进行认证和授权的配置，需添加以下内容：

　　<directory"/var/www/html/usage">

　　authtype basic

　　authname"admin"

　　authuserfile /var/www/passwd/. htpasswd

　　authgroupfile /var/www/passwd/. htpasswdgrp

　　require group admin

　　<directory>

　　④修改配置好后，重启服务器。在客户端的浏览器地址栏输入 http：//mywebsite/usage，经过身份认证后可以看到认证成功后的日志分析的界面。

12.3.2 基于 Unix/Linux 系统的 FTP 服务器安全配置

vsfpd 在 Unix/Linux 系统下主要的配置文件有 3 个：/etc/vsftpd/vsft-pd. conf（是主要配置文件）、/etc/vsftpd. ftpuser（指定了哪些用户不能访问 FTP 服务器）和/etc/vsftpd. user _ list（指定的用户是在 vsftpd. conf 中设置了 userlist _ enable＝yes，当 userlist _ deny＝yes 时不能访问服务器；当 userlist _ enable＝yes 和 userlist _ deny＝no 时，仅仅 vsftpd. user _ list 指定的用户才能访问服务器）。

下面以 ReadHat Linux 操作系统为例介绍 FTP 服务器的安全配置。

在默认情况下，vsftpd 在 ReadHat Linux 操作系统中的访问控制功能为：允许匿名用户和本地用户登录；匿名用户的登录名为 ftp 或 anonymous，口令为 E-Mail 地址；匿名用户不能离开匿名服务器目录/var/ftp，且只能下载不能上传；本地用户的登录名为本地用户名，口令为本地用户口令；本地用户可以离开自己的主目录切换至有访问权限的其他目录，并且在权限允许的情况下进行上传和下载；在/etc/vvsftpd. ftpusers 登录的用户禁登录。

值得注意的是：虚拟用户只能访问为其提供的 FTP 服务，不能像本地用户那样登录系统而访问系统的其他资源；本地用户登录 FTP 访问，容易暴露外界服务器的用户情况。因此，使用虚拟用户能够提高系统的安全性。传统的 FTP 服务器采用如下方法来实现虚拟用户：在本地建立普通用户账号并设置密码，将其登录 shell 设为不可登录，由操作系统对用户进行认证。

vsftpd 不采用该方式，而是通过建立独立的口令库，用 PAM 进行认证，更加安全和灵活。

（1）允许匿名用户上传

①编辑/etc/vsftpd/vsftpd. conf ，将＃anon _ upload _ enable＝yes 和＃a-non _ mkdir _ write _ enable＝yes 前的＃去掉，同时 write _ enable＝yes 有效，编辑完成后退出。

②创建匿名上传目录，在/var/ftp/pub/内创建只写目录，使用如下命令：mkdir /var/ftp/pub/upload

接下来，改变权限使匿名用户看不到目录中的内容，使用如下命令：chmod 730/var/ftp/pub/upload

③重新启动 FTP 服务器，命令为 service vsftpd restart。并使用客户端进行测试。（注：主要测试匿名用户能否上传文件）

（2）设置访问控制

若要限制指定的本地用户不能访问，其他本地用户可以访问。编辑/etc/

vsftpd/vsftpd. conf，添加下面的内容：

　　userlist _ enable=yes

　　userlist _ deny=yes

　　userlist _ file=/etc/vsftpd. user _ list

　　再在文件/etc/vsftpd. user _ list 中编辑不能访问 ftp 的用户。

　　若要限制指定的本地用户可以访问，而其他用户不可访问，/etc/vsftpd/vsftpd. conf，添加下面的内容：

　　userlist _ enable=yes

　　userlist _ deny=no

　　userlist _ file=/etc/vsftpd. user _ list

　　再在文件/etc/vsftpd. user _ list 中编辑能访问 ftp 的用户，而其他用户不可以访问 ftp 服务。

　　vsftpd 通过 tcp _ wrapper 实现对主机的访问控制，tcp _ wrapper 是使用/etc/hosts. allow 和/etc/hosts. deny 进行访问控制。/etc/hosts. allow 是允许访问表，/etc/hosts. deny 是禁止访问表，但/etc/hosts. allow 也允许使用 deny 表示拒绝。因此，也可以只使用/etc/hosts. allow 进行配置，配置的格式为：vsftpd：主机列表：setenv vsftpd _ load _ conf 配置文件名。

　　其中，"vsftpd" 表示对 vsftpd 实施访问控制，"setenv vsftpd _ load _ conf 配置文件名"表示当前遇到主机表中的主机访问本 FTP 服务器时，使用配置文件对主机进行访问控制。

　　例如，要进行这样的配置"拒绝 192.168.1.20 主机访问，允许 192.168.0.0/24 内的主机以最大传输速度进行传输，对其他主机的访问限制为每个 IP 的连接数为 1，最大传输速率为 16KB/s"，其过程如下：

　　①首先编辑/etc/vsftpd/vsftpd. conf 文件，添加如下内容：

　　tcp _ wrapper=yes

　　local _ max _ rate=16000

　　anon _ max _ rate=16000

　　lax _ per _ ip=1

　　②然后编辑/etc/hosts. allow 文件，添加如下内容：

　　vsftpd：192.168.0.0/24：setenv vsftpd _ load _ conf /etc/vsftpd/vsftpd _ tcp _ wrap _ conf

　　vsftpd：192.168.1.0/24：deny

　　③再编辑/etc/vsftpd/vsftpd _ tcp _ wrap _ conf，添加如下内容：

　　local _ max _ rate=0

anon _ max _ rate＝0

lax _ per _ ip＝0

然后重新启动服务程序。

(3) 配置虚拟用户的 ftp 服务器

①生成虚拟口令库文件。首先生成 ftppass. txt 文件，内容如下：

virtual _ user1

cuitzsb

virtual _ user2

i12345678t

在 ftppass. txt 文件中，奇数行为用户名，偶数行为口令，即 virtual _ us-er1 的口令为 cuitzsb，virtual _ user 的口令为 i12345678t。然后使用命令 db _ load 产生口令库文件。

db _ load-T-t hash-f ftpass. txt/etc/vsftpd/vsftpd _ login. db

chmod 600/etc/vsftpd/vsftpd _ login. db

②生成 vsftpd 的认证文件。编辑/etc/pam. d/vsftpd. vu，添加如下内容：

auth required /lib/security/pam _ userdb. so db＝/etc/vsftpd/vsftpd _ log-in

account required /lib/security/pam _ userdb. so db ＝/etc/vsftpd/vsftpd _ login

③建立虚拟用户要访问的目录，并设置权限

useradd-d /home/ftpsite/ virtual

chmod 700/home/ftpsite

④修改 vsftpd 主配置文件/etc/vsftpd/vsftpd. conf，添加如下内容：

listen＝yes

anonymous _ enable＝no

local _ enable＝yes

write _ enable＝no

anon _ upload _ enable＝no

anon _ mkdir _ write _ enable＝no

anon _ other _ write _ enable＝no

chroot _ local _ user＝yes

ftpd _ banner＝This Ftp Server is virtual user only.

guest _ enable＝yes

guest _ userbame＝virtual

pam_service_name=vsftp.vu

⑤虚拟用户的权限分配。在 vsftpd 主配置文件/etc/vsftpd/vsftpd.conf 添加如下内容：

user_config_dir=/etc/vsftpd_user_conf

mkdir /etc/vsftpd_user_conf//创建虚拟用户的配置文件存放路径

在目录下为每个用户建立配置文件，文件名同用户名。virtual_user1 用户具有浏览目录和下载权限，其配置文件内容为 anon_world_readable_only=no；virtual_user2 用户具有浏览目录，上传、下载、文件改名和删除的权限等。

anon_world_readable_only=no

write_enable=yes

anon_upload_enable=yes

anon_other_write_enable=yes

⑥重启 vsftpd，并进行测试。（注：账户 virtual_user1 测试结果应满足只能下载不能上传；账户 virtual_user2 的测试结果应能满足既能上传也能下载。）

参 考 文 献

[1] G Stoneburner, A Goguen, A Feringa. Risk Management Guid for Information Technology System [EB/OL]. http：//csr. nist. gov/publications/nistpubs/800−30/sp800 −30. pdf. [2007−09−08].

[2] GB/T 9387. 2−1995ISO 7498−2−1989 信息处理系统开放系统互联基本参考模型 (第2部分)"安全体系结构 [EB/OL]. http：//www. secdriver. com/web/bzgf/bzgf10. htm. [2009−04−08].

[3] NIST fips−197 Advanced Encryption Standard (AES) [EB/OL]. http：//www. csrc. nist. gov/publications/fips/fips197/fips197. pdf. [2009−04−08].

[4] R Bacel, P Mell. Intrusion Detection Systems (IDS) [EB/OL]. http：// csrc. nist. gov/publications/nistpubs/800−31/sp800−31. pdf. [2009−04−08].

[5] S Kent, R Security Architecture for the Internet Protocol [EB/OL]. http：// www. ietf. org/rfc/rfc2402. txt. [2009−04−08].

[6] 张仕斌，何大可，盛志伟. 信任管理模型的研究与进展 [J]. 计算机应用研究，2006，07.

[7] 谢建全. 信息系统安全防护技术 [M]. 北京：中国宇航出版社，2006.

[8] 杨茂云. 信息与网络安全 [M]. 北京：电子工业出版社，2007.

[9] 徐国爱，彭俊好，张秀. 信息安全管理 [M]. 北京：北京邮电大学出版社，2008.

[10] 冯登国，孙锐，张阳. 信息安全体系结构 [M]. 北京：清华大学出版社，2008.

[11] 张仕斌，陈麟，曾派兴. 网络安全基础及应用 [M]. 北京：人民邮电出版社，2009.